環境と法

国際法と諸外国法制の論点

永野秀雄＋岡松暁子　編著

はじめに

　今日の環境問題は，自国の環境規制だけで解決しうるものではない。他国からの影響を考慮することはもちろん，地球規模での問題にも目を向ける必要がある。本書は，これらの環境問題のうち，特に重要な問題を選び出し，各法律分野の専門家が正面から取り組んだ論考を集積したものである。研究者はもとより，政府関係者，マスコミ，国際的な環境問題に興味のある市民の方々にお読み頂ければ幸いである。

　国際的な環境問題に対する法的な分析を行うにあたり，本書では，まず国際法分野の問題を取り上げ，その後，外国法分野の問題を扱っている。EUに関しては，各論考の性格から，1つを第1編の国際法で，もう1つを第2編の外国法で取り上げている。

　国際法に関する論考の筆頭を飾るのは，宇宙環境問題である。この第1章「持続可能な宇宙探査利用のための国際法形成をめざして」では，「宇宙のごみ」であるスペースデブリを中心に，国際法上の現行規制と今後のあり方が検討されている。第2章「海洋生物遺伝資源に関する国際法上の規制─現状と課題」は，現在，その利用可能性が注目されている生物遺伝資源について，これが公海や深海底に存在する場合，国際法がどのように規制すべきであるのかを緻密に分析している。第3章「武力紛争と環境保護─国際法の視座から」は，武力紛争による環境破壊という重大な問題について，現行の武力紛争法による環境保護規制を分析したのち，武力紛争が発生した場合に地球環境条約が継続的に適用され得るのかという理論的な問題に取り組んでいる。第4章「EU環境法の実効性確保手段としてのEU環境損害責任指令」は，EU環境法の実効性確保手段の1つである環境損害責任指令が，具体的にどのように機能しているかにつき，その意義を明らかにしている。第5章「国際環境立法と国際組織」は，国際環境法の形成において国際組織がいかなる役割を担い，どのような意思決定がなされているかにつき，国連環境計画の活動を中心に分析した貴重な論考である。

次に，外国法分野の論考を紹介する。第6章「海洋哺乳動物の保護のためにアクティブ・ソナーの使用はどこまで制限されるべきか」は，米国の連邦最高裁判所により，環境保護を目的とした軍事演習の仮差止請求が否定された判例を考察し，軍事活動と環境保護の法的バランスを明らかにしている。第7章「最近の欧州環境政策の動向」は，最近の欧州環境政策について，大気，水，土壌保全，製品管理に関する政策動向と，これに伴う課題を明らかにした力作である。第8章「自然資源管理の法理と手法―地下水資源管理の日独比較から」は，自然資源である地下水をどのように管理すべきかについて，わが国における管理制度を検証した後，ドイツの法制度を分析し，日本の今後とるべき選択肢を提示するものである。第9章「中国における環境民主の原則をめぐる法的議論動向―環境権および公衆参加を中心として」は，中国における環境権論に関する学説動向を丹念に分析するとともに，環境問題への公衆参加がどのように行われているかについて検証するものである。

　このように，本書の論考は，非常に重要かつ複雑な問題に正面から取り組んだものばかりである。多忙極まりない研究・教育活動のなかで本書に参加して頂いた執筆者には，感謝の気持ちでいっぱいである。

　最後になるが，本書の出版につき，法政大学人間環境学会から出版助成を頂いた。学会員の方々に深く感謝したい。また，本書の出版を引き受けて頂いた三和書籍の社長・高橋考氏，編集長・下村幸一氏に，深くお礼を申し上げたい。

2010年4月

編著者　永野秀雄　岡松暁子

環境と法—国際法と諸外国法制の論点—　目次

第1編　国際法

第1章　持続可能な宇宙探査利用のための国際法形成をめざして
（青木 節子）

はじめに—宇宙環境問題とは何か　5
Ⅰ　スペースデブリ低減のための国際法・制度　6
Ⅱ　21世紀の課題となり得る新しい宇宙環境問題　19
Ⅲ　結論　24

第2章　海洋生物遺伝資源に関する国際法上の規制
　　——現状と課題
（岡松 曉子）

Ⅰ　問題の所在　35
Ⅱ　既存の法的枠組　36
Ⅲ　諸提案の対立　41
Ⅳ　結びに代えて—今後の展望と課題—　47

第3章　武力紛争と環境保護
　　——国際法の視座から
（吉田 脩）

Ⅰ　国際法による戦争抑制と環境保護　59
Ⅱ　武力紛争法における環境保護　61
Ⅲ　武力紛争時における地球環境条約の適用問題　70
Ⅳ　結びに代えて　78

第4章　EU環境法の実効性確保手段としてのEU環境損害責任指令
(中西 優美子)

はじめに 91
Ⅰ　環境損害責任指令採択に至るまで 93
Ⅱ　環境損害責任指令 97
Ⅲ　環境損害責任指令の国内法化・国内実施 107
結語 115

第5章　国際環境立法と国際組織
(長井 正治)

はじめに 125
Ⅰ　国際環境法の現況と国際組織 125
Ⅱ　国連環境計画と国際環境立法 129
Ⅲ　モンテビデオ・プログラムに見る国際環境立法の展開 132
Ⅳ　国際組織における国際環境立法の諸段階 139
Ⅴ　展望：国際環境ガバナンスにおける国際組織と国際環境立法 152

第2編 外国法

第6章 海洋哺乳動物の保護のためにアクティブ・ソナーの使用はどこまで制限されるべきか
―― Winter v.NRDC 事件連邦最高裁判決が示す軍と環境法制のあり方

（永野 秀雄）

はじめに	163
Ⅰ　事実の概要	164
Ⅱ　訴訟の経緯	167
Ⅲ　関連する諸立法の背景	170
Ⅳ　連邦最高裁判決	180
Ⅴ　Winter 事件連邦最高裁判決の分析とその後の和解	182

第7章 最近の欧州環境政策の動向

（柳 憲一郎）

はじめに	193
Ⅰ　大気環境政策	195
Ⅱ　水環境政策	197
Ⅲ　土壌保全政策	205
Ⅳ　製品政策	210
おわりに	214

第8章 自然資源管理の法理と手法
―― 地下水資源管理の日独比較から　　　　　　　　　　　（勢一 智子）

はじめに…自然資源としての地下水の特性 ……………………………… 221
Ⅰ　日本における地下水資源管理制度 …………………………………… 222
Ⅱ　ドイツにおける地下水資源管理制度 ………………………………… 231
Ⅲ　まとめにかえて…自然資源管理法制のあり方について …………… 244

第9章 中国における環境民主の原則をめぐる法的議論動向
―― 環境権および公衆参加を中心として　　　　　　　　　（奥田 進一）

Ⅰ　90年代の理論動向―環境保護法6条への拘泥 …………………… 255
Ⅱ　環境権をめぐる議論 …………………………………………………… 256
Ⅲ　地方環境条例における「環境権」に関する規定 …………………… 264
Ⅳ　公衆参加をめぐる法政策 ……………………………………………… 266
Ⅴ　紛争事例から見る行政と公衆の関係 ………………………………… 267
Ⅵ　公衆参加の基盤としての「社区」 …………………………………… 272
おわりに …………………………………………………………………… 274

著者紹介 …………………………………………………………………… 279

第1編 国際法

第1章
持続可能な宇宙探査利用のための国際法形成をめざして

慶應義塾大学総合政策学部教授　青木　節子

はじめに──宇宙環境問題とは何か

　宇宙の環境問題が国際社会の注目を集めるようになったのは，ごく最近とまではいえないものの，それほど以前のことではない。広大無辺の宇宙空間において，人間が宇宙環境を汚染し，悪化させ，またはそれ以外の変化を与えるほど大規模な活動を営むことは，予見し得る将来にはあり得ないであろうと楽観視されていたからである。確かに，宇宙開発初期は，年間数十の衛星を打ち上げる米ソは別として，フランス，日本，中国などが少数の衛星を打ち上げるだけであった。しかし，21世紀に入る頃までには，宇宙技術の発展により，比較的安価で性能の優れた小型衛星の製造および市場での調達が容易になったため，20カ国以上が衛星製造能力を保有し，約50カ国が衛星またはその機能の一部を購入・リースして宇宙活動に参加するようになった[1]。国家だけではない。1970年代前後から，通信衛星を運用していた国際組織，多国籍企業に加え，1990年代以降は，中小企業や大学・研究所が続々と宇宙活動に参入するようになり，通信・放送，リモート・センシングを中心に宇宙利用に従事する主体は飛躍的に増加した[2]。

　また，1991年の湾岸戦争は「軍事革命」(Revolution in Military Affairs: RMA)[3]を決定づけ，ネットワークで運用する衛星システムの能力が地上の戦闘能力に比例する時代の到来を世界に示した。そのため，宇宙活動国は，宇宙の軍事利用の重要性を改めて認識し，それが2007年1月の中国の衛星破壊（Anti-Satellite: ASAT）実験の遠因となったと考えられる。米ソ（ロ）が20年以上守ってきた衛星の物理的破壊実験の自粛が破られたことは，武力紛争の際に宇宙が戦場となる懸念をもたらしただけではない。ASAT実験が生み出す膨大な数のスペースデブリ（後述）により，安全で持続可能な宇宙利用が妨げられる事態の到来が現実のものと認識され，強く懸念されるようになったのである。宇宙環境保護・保全が，国際社会の喫緊の課題として，初めて宇宙コミュニティを超えて強く認識されるようになった瞬間といってもよいであろう。その後，2009年2月の低軌道での衛星衝突によるデブリの大量発生（後述）により，懸念はいっそ

う強まった。

　宇宙の環境問題としては，現在，スペースデブリが圧倒的に重要ではあるが，それ以外にも，(1)原子力電源衛星のもたらす宇宙と地上の放射能汚染の懸念，(2)宇宙空間への地球の生命体の持ち込みや，有人往還機の利用による地球外生命体の地球環境への導入による環境改変，(3)月の環境保護問題，(4)小惑星や彗星の地球衝突がもたらし得る地球への物理的・化学的被害への懸念の可能性などが，これまで国際宇宙科学界を中心に濃淡の差はあれ注目を集めてきた[4]。宇宙環境は広義に解すると，周波数帯や静止軌道，さらには，コンステレーションで使用する測位航法衛星や移動体通信衛星のための低軌道の位置分配も含められる場合がある。しかし，本稿では，環境を「地球（生物相，岩石圏，水圏及び気圏を含む。）又は宇宙空間の構造，組成又は運動」[5]ととらえ，人間に便益と富をもたらす宇宙技術応用を実施するための経済的および政治的前提条件としての宇宙の状況や機能は「環境」には含めない。

　以下，Ⅰで，スペースデブリ問題の概要を示し，状況改善に向けて国際社会が作成した文書とその運用の国際法上の意味を考える。また，Ⅱで，上述した原子力電源衛星等それ以外の問題についての国際法規制を概観し，結論部で今後の望ましい宇宙環境保護の方策について記述する。

Ⅰ　スペースデブリ低減のための国際法・制度

1　「スペースデブリ」問題の概観

（1）「スペースデブリ」の定義

　人類の宇宙活動の最初の半世紀において，6000回を超える衛星打上げが行われてきたが，米国家航空宇宙局（NASA）の計測によると2010年1月6日現在，3,299の衛星はいまだに地球を周回しているとされる[6]。もっともそのなかで，現在機能しているのは，約800機と推計され，残りは機能を終了し軌道上を今後，場合によっては数世紀以上周り続ける「宇宙のゴミ」であり，有用な宇宙物体にとって活動の障害となる[7]。

このような宇宙のゴミは，機能を停止した衛星だけではない。正常な打上げ活動に伴い，ロケットの上段，ノズルのカバー，衛星の連結具，衛星レンズ保護用キャップ，複数の衛星を同時に打ち上げる場合にはその敷居装置などのミッション関連部品が，衛星が軌道上に配置されるまでの間にゴミとして宇宙空間に廃棄される。その数は，デブリ全体の約1割を占めるとされる[8]。固体燃料ロケットから出るススや，太陽輻射により剥がれるロケット・衛星の外部塗料も，宇宙空間で独立したゴミとなる。上述のように，衛星は，寿命が尽きると機能を停止したまま軌道周回を続ける不要物，すなわちゴミとなるが，残存推薬や過充電のためロケットの段や衛星が偶発的な爆発をして破片をまき散らすことも少なくなく，また，破片同士や破片と衛星やロケットの段が衝突してゴミを等比級数的に増やすこともある。軌道上の破砕により生じるデブリは，デブリ全体の4割強を占め，直径5cm以上のデブリに限定すれば，85％を占めるとされている[9]。このような偶発的な破砕は，20世紀中だけでも150件以上確認されている[10]。さらに，人為的なASAT実験によって大量に宇宙のゴミを作り出すこともある。
　このような「宇宙のゴミ」は，「スペースデブリ」，「軌道デブリ」，「スペースジャンク」等と呼ばれるが，本稿では，以後，「スペースデブリ」または「デブリ」と称する。
　「スペースデブリ」の確立した法的な定義はなく，技術的な定義にしても，たとえば，国連が2007年にエンドースしたスペースデブリ低減ガイドライン（後述）には，国連宇宙空間平和利用委員会（Committee on the Peaceful Uses of Outer Space: COPUOS）の科学技術小委員会（「科技小委」）としての定義はみられない。なお，同科技小委が1999年に作成した「スペースデブリ技術報告書」では，小委員会としてのコンセンサスは存在しないことを付記しつつ，「スペースデブリとは，地球周回軌道にあるかまたは大気圏内の密度層に再突入するすべての人工物体（その破片および部分を含み，所有者を認識できるか否かを問わない。）であり，当該宇宙物体に正当に認められているかまたは認められ得る機能またはその他のすべての機能を失っており，当該機能が働きまたは回復することは合理的に期待し得ない物体をいう。」という定義をおく[11]。世界の11の宇宙機関からなる「国際機関間デブリ調整委員会」（Inter-Agency Space Debris Coordination Committee: IADC）のスペースデブリ低減ガイドラインは，「ス

ペースデブリとは，機能していないすべての人工物体（その破片および要素を含む。）で，宇宙空間にあるかまたは大気圏内に再突入するものをいう。」と定義する[12]。宇宙空間での活動や地球自体に危険を与える物体としては，小惑星，隕石，彗星なども存在するが，一般的な範囲としては，スペースデブリとは(i)人工物のみを指し，また，(ii)機能を喪失している，という少なくとも2つの条件が満たされることが要請されていると思われる。

（2）スペースデブリ問題の認識

　スペースデブリが宇宙の持続可能な利用を妨げる最大の障壁の1つであると認識されるようになったのは，世界の宇宙コミュニティにおいても1980年代半ば以降であるが，宇宙活動のごく初期から，米国は将来のスペースデブリ問題をかなり正確に把握し，懸念を抱いていた。世界初の衛星打上げは，1957年10月，ソ連（国名は当時）のスプートニク1号であったが，1961年6月28日には，すでに米空軍は，北米航空防衛司令部（North American Air Defense Command: NORAD）[13]や海軍宇宙偵察システム（Naval Space Surveillance System: NAVSPASUR）等が運用するさまざまな光学カメラ，望遠鏡・レーダー等の媒体を用いて115機の宇宙物体の大きさ，軌道，任意時刻における物体の位置を確定し，物体に番号を付して記録していた。これを「カタログ化」するという[14]。1961年6月29日には，米国は初めての衛星爆発を観察し，爆発により294の追跡可能なスペースデブリをカタログ化した。このとき生じたデブリのうち，約200は，1998年に至っても軌道上を漂流していることが確認されている[15]。

　1963年2月になると，米海軍研究所（Naval Research Laboratory: NRL）運用研究部のピーターキン（E. Peterkin）博士は，毎年318ずつカタログ化される宇宙物体は増加すると予測し，スペースデブリが海軍の宇宙利用の主要な障壁となるであろうと警告した[16]。事実，1980年代半ばまでの宇宙物体増加率はピーターキン博士の予測値がほぼ，あてはまるものであった[17]。

　衛星の寿命がのび，一度に2機以上の衛星を打ち上げる大型ロケットも増加し，1機の衛星が複数の任務を果たすことが増えたため，また，冷戦期のように，二大超大国が，相手陣営をさまざまな方法で監視する緊迫した状態にないため，衛星の打ち上げ数自体は，長期低落傾向にあり，1984年には130回であった打上げ

回数は，2008年には67回に減少した[18]。

米国防総省が運用する宇宙偵察ネットワーク（Space Surveillance Network: SSN）は，高度1800－2000km程度の低軌道（LEO）を周回する直径10cm以上の物体をカタログ化し，宇宙科学界に公表している。SSNによると，宇宙物体の数は，最近では，2005年1月には9,233個[19]，2005年末日には9,428個[20]，2006年末日には9,948個[21]，2008年1月1日には12,456個[22]，2009年1月1日には12,743個[23]，2010年1月6日には15,090個[24]と着実に増加している。これらの宇宙物体のうち，大体6－7％が機能する宇宙物体といわれ，残りはスペースデブリである[25]。2007年のデブリ増加率は史上最大であるが，これは，2007年1月12日（現地時間）に，高度864kmの太陽同期軌道上にある自国の気象衛星を中距離弾道ミサイルで破壊した中国のASAT実験のためであり，SSNは，実験から約1年後の2008年2月1日現在，同実験の結果放出されたデブリ2,317個をカタログ化した[26]。2年後，直径5cm以上のデブリは2,378個，追跡はできるがカタログ化するための軌道確定ができないデブリは400個以上，直径1cm以上のデブリは，15万を超えるとされている[27]。中国のASAT実験に加え，2009年2月10日にはロシアの機能を失った古い軍事衛星コスモス2251と米国の民間通信衛星イリジウム33が衝突したため，実験と事故を併せて約5,000のデブリを新たに生み出し，カタログ化されたデブリ数は約50％増加した[28]。

SSNでは探知できないLEOを周回するスペースデブリの数は，直径1cmから10cm程度のものが約30万個，それより微小なものが数十億個であろうといわれる。そのうち，直径1cmより小さいデブリに対しては，宇宙物体を強靱化することにより対処が可能であり，カタログ化される直径10cm以上の宇宙物体は，SSNからの情報に基づいて，地上から衛星軌道を変更することにより，衝突が回避可能である[29]。問題なのは，LEOにおいて秒速7－8km以上で運動するため，巨大な破壊力を有する探知も対処もできない直径1－10cmのデブリである。宇宙空間の無限大ともいえる広大さの前には，一見，地球近傍に30万個以上のこのような危険なデブリがあることもそれほどの問題とはなり得ない，と考えがちである。しかし，有用な軌道は実は，かなり限られているため，スペースデブリとの衝突の危険はそれほど小さくはないのである。

たとえば，通信・放送に有益な地上から35,800km上空の静止軌道（GEO）の

混雑と軌道位置確保の困難は，1970年代からつとに指摘されている。これは，当初は，経済的価値を生み出す「有限な天然資源」としての周波数帯や軌道位置の配分の問題と考えられてきたが[30]，1980年代半ば以降，衛星の衝突も視野に入れた宇宙の環境問題として意識されるようになった。国際電気通信連合（International Telecommunication Union：ITU）では，1986年以降，GEOの衛星間の物理的干渉を防止するための一方策として，機能を停止する直前の衛星をGEOから約300km離れた墓場軌道に再配置するための技術的基準を討議しはじめ，1993年にその方式を確立している[31]。また，偵察や有人宇宙基地には地上400kmまでの軌道，地球観測，測位，早期警戒，気象などには700－1,000km付近の太陽同期軌道と，どこの国も使用したい軌道はかなり限定的である。そのため，1990年代に入ると，衛星とデブリの衝突が散見されるようになり，ときには，大きく衛星の機能を損なうこともあった。NASAによると，21世紀初めまではSSNからの通報により，1，2年に1度，スペースシャトルの軌道変更をして，スペースデブリとの衝突を回避していた[32]。また，国際宇宙ステーション（International Space Station：ISS）については，2009年に，3回の回避行動をとっている。デブリの危険性が高くなっていることの一証左といえよう[33]。最近では，コスモス2251とイリジウム33の衝突事故によるデブリの増加のため，SSNが特に注意を払って軌道混雑度を測る対象の衛星は300から800に増加したとされる。具体的には，1日あたりの衝突危険観測衛星が5機から75機に増えたことになり，観測機能の向上が課題となった[34]。

2　スペースデブリ低減に関する国連諸条約

（1）国連宇宙諸条約――二重に不十分な規制

　COPUOSで作成した「宇宙物体により引き起こされる損害についての国際的責任に関する条約」（「損害責任条約」）[35]第1条(d)および「宇宙空間に打ち上げられた物体の登録に関する条約」（「登録条約」）[36]第1条(b)は，「『宇宙物体』には，宇宙物体の構成部分並びに宇宙物体の打上げ機及びその部品を含む。」と定義される。条文上明記されてはいないが，宇宙物体から小惑星のような自然物は除外されており，機能しなくなった物体は含まれることが起草過程から明らかである

とされる[37]。しかし、「宇宙物体」の定義が置かれた損害責任条約および登録条約は、衛星もしくはロケット等の落下または宇宙空間での衛星同士の衝突から生じる物理的損害の賠償責任を負う「打上げ国」[38]を明確にし、被害者の救済を確実にするために作成された条約である。そのため、地上損害においては比較的大きいスペースデブリで、もとの宇宙物体の「打上げ国」を同定できる場合、宇宙空間での衝突においては、上記条件に加えて、過失がどちらの側にあるのかを認定できるものであれば被害者の救済という目的は果たし得るが、打上げ国が不明確な場合には、また、微小デブリであり過失の証明が難しい場合には、条約は被害者の救済の役には立たない[39]。さらに、より本質的な問題点として、2つの条約は、宇宙環境の保護を目的として作成されたものではないことに留意しなければならない。現在、いかなる宇宙諸条約にも、スペースデブリの発生自体を極力抑制し、発生したデブリが破砕や衝突で増加しないように努力し、デブリを人間の宇宙利用の障害とならないように、使用頻度の少ない軌道に再配置するか大気圏内で燃やし尽くすよう努力することを義務づける規定は置かれていない。スペースデブリの規制という目標に鑑みると、現行宇宙諸条約は、二重に不十分な規制にとどまるのである。

現行諸条約が、直接にスペースデブリ問題解決の回答をもたないことを念頭に、以下、まず、現行国際法規による規制について概観し、次節で、法的拘束力をもたない文書の有効性を検討する。

（2）国連宇宙諸条約によるデブリ低減の規定

①事前の協議義務の意義と限界

「月その他の天体を含む宇宙空間の探査及び利用における国家活動を律する原則に関する条約」（「宇宙条約」）[40]は、条約の当事国は、「自国又は自国民によって計画された月その他の天体を含む宇宙空間における活動又は実験」が他国の宇宙空間における探査・利用に「潜在的に有害な干渉を及ぼすおそれがあると信ずる理由があるときは」、計画を実行に移す前に事前の適当な国際協議を行う義務があり（同条約第9条3文）、また、逆の場合には、そのような活動または実験について「協議を要請することができる」（同第4文）という規定を置く。これを、科学実験および軍事実験等により発生するデブリ防止のた

めに国が事前に一定の行動をとることを義務づける規定と解することは可能であろう。しかし，あくまでも事前の協議義務に過ぎない点，協議の必要性の有無の判断が活動実施国に委ねられている点，義務の要請に応えない国に対する紛争解決手続きが見られない点など，デブリ低減のためには不十分な規定であることについては見解の一致がある[41]。

　宇宙条約第9条は，米国が1961年に開始した宇宙空間に針の帯を打ち上げる軍事実験（「ウェスト・フォード計画」）に懸念を抱いた科学者集団の注意喚起が契機となってできた部分（特に第1文）と[42]，アポロ計画進展に際して「宇宙空間の有害な汚染及び地球外物質の導入から生ずる地球の環境の悪化を避けるように」（同第2文）宇宙空間の研究および探査を実施するように求め，そのために国内検疫措置の確保を要求する部分とからなる[43]。第9条は，宇宙空間がいかなる国の管轄下にも属さない国際公域であることの結果として，他国の同等の利益に妥当な考慮を払って行動することを要請する規定というのがその本質であり[44]，仮に特定の宇宙探査・利用活動において，スペースデブリが発生して他国の宇宙探査利用に追加的コストを与えたとしても，それが意図的な実験によるものではなく，国際宇宙法に明らかに違反する活動ではない限り，現状では，これに国家責任を追及することはできないであろう[45]。

　スペースデブリ低減のための具体的な規定に欠けること，および，宇宙諸条約の規定に対する明白な違反の場合の罰則規定や紛争解決条項が存在しないことにより，国連宇宙諸条約による防止義務は，実効性に欠ける，といわざるを得ないであろう[46]。

②損害責任措置

　比較的大きなデブリが与えた宇宙空間または地球上での損害の原状回復や賠償，さらにデブリの返還については，宇宙条約第7条およびその細則について規定する損害責任条約，ならびに「宇宙飛行士の救助及び送還並びに宇宙空間に打ち上げられた物体の返還に関する協定」（「救助返還協定」）[47]が適用される。損害責任条約では，地表または飛行中の航空機に物理的損害が加えられた場合に無過失責任（第2条），「宇宙物体またはその宇宙物体内の人若しくは財産に対して他の打上げ国の宇宙物体により地表以外の場所において引き起こさ

れた」(第3条) 損害に対しては, 過失責任が適用される (同)[48]。

　救助返還協定では, デブリ (同協定では, 「宇宙物体又はその構成部分」と規定される。) が落下した締約国は, 打上げ機関[49]の要請に基づいてデブリを返還しなければならないが, 回収費用は打上げ機関が負担する (第5条3, 5項)。デブリが自国領域下に落下した場合に打上げ機関および国連事務総長にその事実についての通報義務があるのは被落下国であり打上げ機関ではない (同1項)。また, デブリの回収を打上げ機関が要請する場合や落下したデブリが「危険又は害をもたらすもの」(同4項) である場合には, 打上げ機関がデブリの除去・回収のためデブリの所在国を訪問して活動することが前提となるなど (同2-4項), 打上げ機関側に有利なものとなっている。宇宙物体の落下に起因する地上損害について, 被害国を救済する措置として, 枠組の設定自体に問題があるといわざるをえない[50]。

　2008年2月, 2mm以下のデブリにより, ISSの米国モジュールの減圧室の取っ手が陥没し, 2008年3月には5mm程度のデブリによりISS外部に接続する船外活動用設備に, やはり衝撃による陥没と破損が生じた[51]。また, 前述のように, 2009年には, ISSは3回, デブリ回避のために軌道変更を行った[52]。このような微少デブリの打上げ国, および過失の有無を認定することは, 現状の宇宙状況監視 (Space Situational Awareness : SSA) 能力ではほとんど不可能であり, デブリ発生を低減する施策, デブリを除去するための国際合意に加えて, 被害が発生した場合の国際基金による救済等, 中長期的には新たな立法または国際社会の協調行動が求められている。

③デブリによる環境損害──コスモス954事件

　過去, デブリによる環境損害に関して賠償が主張された例として, 1978年1月24日に原子力を電源とするソ連の海洋偵察衛星コスモス954がカナダ北部に落下して, 高濃度の放射能を帯びた破片約100kgを放出した「コスモス954事件」が存在する[53]。この事故による人損は生じなかったが, 放射能汚染により将来発生するかもしれないカナダ国土の環境損害を予防する措置として, カナダは, 米国の協力を得て破片の捜索・回収のみならず, 落下地域の清浄化作業を同年10月15日まで継続し, 総計約1,400万ドルを費やした。カナダは,

放射能を帯びた破片の落下とそれに伴う領域の使用不能は「財産の損傷」(損害責任条約第1条 (a)) を構成すると主張して，予防措置の部分を除き，デブリの捜索・回収費用を含む損害額約600万ドルを請求したが，ソ連は，損害責任条約に基づく賠償支払いの前提条件である物理的損害が生じていないことを理由に[54]，賠償の責を負わないと主張した。その後，1981年に両国が締結した議定書により，ソ連が300万ドルの見舞金を支払うことにより，この事件の完全かつ最終的な解決とした[55]。2国とも損害責任条約の当事国ではあったが，「損害」の有無について同条約の請求委員会による強制調停に進むことはなく，条約の外での解決が成立した。

米国の援助協力により，破片の捜索，回収，清浄化作業を行ったカナダの行動は，救助返還協定に必ずしも完全に合致したものといえない部分があり，その点がソ連に対する妥協をもたらしたともいえよう。コスモス954事件の今日的意義としては，放射能汚染された破片の落下それ自体を環境損害に含めて考えることができるか，将来に向けての清浄化措置にかかる費用は環境損害補償に含めるべきなのか，または遮断すべきか，また，含める場合の補償の算定基準はいかなるものか等を考える素材という側面が指摘できるであろう[56]。

3　スペースデブリ低減のためのソフトロー

(1) IADC スペースデブリ低減ガイドライン

1986年，アリアンロケットの第2段が打上げから9カ月後に爆発して放出した488個のデブリを米国のSSNが正確に探知し，欧州宇宙機関 (European Space Agency : ESA) に通報したことが契機となり，翌年，NASAとESAの間の，続いて1989年にはNASAとソ連宇宙機関およびNASAと日本の宇宙開発事業団 (National Space Development Agency of Japan: NASDA) (2003年10月以降宇宙航空研究開発機構 (Japan Aerospace Exploration Agency: JAXA)) のデブリ低減をめざす宇宙機関間協力が始まった。米国の国家宇宙政策は，1988年に初めてデブリ発生を極力抑制することを踏み込んだ表現で米国の官民の宇宙開発における目標に掲げ[57]，1989年ブッシュ政権 (第41代) の国家宇宙政策では，さらに，米国は他の宇宙活動国がデブリ低減政策を採択し，実行することを奨励

すると記載する[58]。デブリ低減が安全な宇宙利用を確保するために死活的重要性を帯びる時代が近いことを早くから認識していた米国は，デブリ低減策はすべての活動主体がとらないと最善の効果が期待できないという事実に加え，米国が率先して措置をとることにより宇宙活動のコストが上がり，そのために米国企業の国際競争力が低下することを懸念して，宇宙活動国が一斉にスペースデブリ低減策をとるよう指導的役割を果たすことにしたのである。そのために，前述のように，各国の宇宙機関とまず，二国間の低減協力を進め，1993年にはデブリについての情報交換や共通の低減策の採択を行う国際フォーラムとしてのIADCを設置した。2010年1月現在，メンバーは，米，英，仏，伊，独，ロ，ウクライナ，日，中，印の宇宙機関およびESAである。

　IADCは，2002年にスペースデブリ低減ガイドラインをコンセンサスにより採択し，参加宇宙機関の宇宙活動については，ガイドラインに従って，設計・製造段階，打上げ段階，運用段階（軌道破砕防止策，意図的爆発の回避等），運用終了後のデブリ対処を行うこととなった[59]。運用修了後の処理としては，LEOの衛星は，意図的に早期に大気圏内に再突入させて，25年以内に衛星が燃え尽きるようにし（「デオービット」）[60]，GEOについては，移動の燃料が残っているうちに地上からの管制で，衛星を使用頻度の小さい軌道（「墓場軌道」）に移動させることにより，衝突の可能性を回避する方法がとられる（「リオービット」）[61]。

　その後，2004年には，同ガイドラインの補完文書を採択し，2007年には，新たな科学的知見の確立に伴い，ガイドラインを改訂し，リオービットの方式などが変更された[62]。

　GEOについては，すでに，ITUが1993年に，衛星の機能終了に伴い，300km以上GEOから離れた軌道に移動させることを要請していたが[63]，2004年にITUは，93年以降の技術上の進展を反映したIADCガイドラインの規則5.3.1を摂取して，「235［GEO保護域（200km）と月・太陽と重力による摂動効果による最大高度変化量（35km）の和］＋1000×Cr［太陽輻射圧係数］×A/m［乾燥質量に対する有効面積］］km離れた軌道に再配置するようにという要請に変えた[64]。

　IADCガイドラインは，法的拘束力をもたない勧告的文書であり，この内容を反映した国内法や宇宙機関のガイドラインが宇宙活動国内で履行されることによ

り，実効性のあるものとなる。ガイドラインが採択される前，NASAが世界に先がけて安全標準を作成し[65]，翌年にNASDAがNASA標準に類似した安全標準を採択した[66]。欧州は，1999年にフランスの宇宙機関CNESがCNES標準を作成し，2004年に，英，独，仏，伊の宇宙機関およびESAがCNES標準に基づく「欧州スペースデブリ低減行動規範」[67]を採択した。

　国内宇宙法をもつ国については，デブリ低減策は国内法に規定されることがある。もっとも，法律では，デブリ除去の一般的義務を課すにとどまり，詳細な技術規則・標準は，IADCガイドラインの要件を満たすものとしての打上げ許可または衛星運用許可のための規則に規定されることが一般的である。たとえば，米国商業宇宙打上げ法（1984年）[68]に基づく輸送免許規則（1999年）[69]では，連邦航空局（Federal Aviation Administration: FAA）が，打上げ段階での残留推進剤除去の方途や，運用中にバッテリーの過充電を防ぐ具体的措置をとることを要求する[70]。陸域リモート・センシング政策法（1992年）[71]においても，衛星の機能が停止したときには大統領が満足する方法で衛星を処理することが免許付与条件として記載され[72]，関係する国家海洋大気庁（National Oceanic and Atmospheric Agency: NOAA）や連邦通信委員会（Federal Communications Commission: FCC）の免許規則条件でIADCガイドラインに従うことが要求される[73]。1986年の英国宇宙法[74]は，衛星の運用終了時には，宇宙活動の許可付与条件に従って当該衛星の処理を行い，その事実を可及的速やかに国務大臣に通報するよう規定し，具体的に要求される詳細な措置は付与規則による[75]。同様の方式を，宇宙活動に関するウクライナ法[76]，オーストラリア法[77]，ベルギー法[78]，カナダ法[79]，オランダ法[80]が採用している。したがって，IADCスペースデブリ低減ガイドラインは，法的拘束力をもたない宇宙機関間の技術文書ではあるが，国内法および許可規則を通じて，国際標準として履行されており，条約の国内履行の場合と実施する行為の内容は変わらないと考えられる。

　スペースデブリ低減除去のための規則の法的性質は，少なくとも現在は，条約という拘束力をもつものである必要がない，といえるのではないであろうか。なぜなら，自律的宇宙活動国ではないとしても，宇宙機の製造，打上げ，多くの衛星を所有し運用する国，という意味での能動的な宇宙活動国の数が限られており，その利害関係が大きくは対立しないため，関係国の宇宙機関間の合意は遵守

されることが合理的に期待できるからである。しかし，ほとんどすべての国が宇宙利用に参画し，仮にスペースデブリガイドラインは法的拘束力がないことを理由に宇宙条約第9条に明白に違反しなければよい，という姿勢をとる国が出現すれば，宇宙の持続的な開発利用は非常に困難となる。では，条約を作成すればよいのか，という問いについては，次にみるように，現在のCOPUOSの合意形成のありかたと宇宙の南北問題等から，宇宙開発利用の持続性と環境保護を両立させることの困難が予想され，条約作成は解答とはならないと思われる。

（2）国連スペースデブリ低減ガイドライン

COPUOS科技小委では2001年にIADCに国連加盟国が自主的に行うべきスペースデブリ低減ガイドラインの起草を委託した[81]。その際，国際社会が実効的にデブリ低減に取り組むためには，(i)可能な限り多くの宇宙活動国，政府間・非政府間の国際組織，多国籍企業を含む企業が同一の基準を守ること，(ii)新たな科学的知見や技術に合致した最新の低減策を随時取り入れて効率的に低減策を実行し，宇宙探査・利用の実行への負担を最小限にすることが重要であるとされ，文書の採択や発効に多大な時間を要する条約という形式は，その目的のためには有用とは考えられていなかった。特に，法律小委員会で69カ国のコンセンサスを得て条約作成に臨もうとするならば，途上国が，宇宙先進国のみが宇宙活動コストを上昇させるデブリ低減策をとる責任があると主張することや，打上げ国が不明なデブリによる損害から被害国を救済するために，先進国が資金を拠出する基金設立制度が提案されることなどが予想された[82]。争点の政治化を避けるためにも，敢えて科技小委での技術的な標準勧告でなければならなかったのである。

2004年にIADCが提出した草案は，ロシア，インド等の要求に基づき，その後若干の修正が行われ，2007年2月に科技小委，6月に本委員会で，それぞれコンセンサスにより採択された後，同年12月には，2007年のCOPUOSでの成果を記載したオムニバス総会決議「宇宙の平和利用における国際協力」[83]の一部として同文書に添付される「国連スペースデブリ低減ガイドライン」[84]となった。同ガイドラインは，運用段階から終了後の衛星再配置に至るまでの7つのガイドラインからなるが，内容が簡潔かつ抽象的であるため，具体的な運用には，IADCガイドラインを参照し，適用する必要がある[85]。たとえば，運用終了

後のGEOにおけるデブリ低減をガイドライン7では，「GEO領域を通過する軌道で運用を終了した宇宙機やロケット軌道投入段はGEO領域との長期的干渉を避ける軌道に放置すること。GEO領域近傍の宇宙物体については，将来の衝突の可能性はミッション終了時にGEOと干渉しない軌道またはGEO領域に戻ってこないGEO領域より上方の軌道に放出することで低減できる。」とあり，推奨値やそのための具体的方法についての言及はない。IADCガイドラインの該当箇所は，「ミッションを終了した宇宙機は，静止軌道上の宇宙システムと干渉を起こさないように十分遠くに移動させること。すべての軌道摂動効果を考慮して定めたリオービット完了時点での近地点高度の最小上昇高度推奨値は，235 km + (1000・CR・A/m).」という表現から始まり，そのための推進システムの設計基準にまで規定は及ぶ[86]。国連ガイドラインの主たる意義は，したがって，主要な宇宙活動国の宇宙機関およびESAの間の自主的な約束を，国連加盟国全体への勧告に拡大したことにあるといえよう。

　科技小委では，現在，各国のデブリ低減の実行について自主的な報告を継続しており，法小委でも，2008年に新規議題「スペースデブリ低減措置に関する国家メカニズムについての一般的情報交換」を採択して[87]，2009年の会期では，日本，ドイツ，ロシア，米国等の宇宙機関およびESAが，国連ガイドラインおよびIADCガイドラインに従ってとる低減措置を報告した[88]。

　COUOPSの両小委員会で，加盟国が低減実行の履行状況を自主的に報告する制度が，一種の緩やかな相互監視の機能を果たし，新興宇宙活動国に対してベストプラクティス勧告として国連デブリガイドラインの履行を促す力となり，スペースデブリ低減が国際制度となる方向に少しでも向かうかもしれない。そのような期待をもつことは可能である。しかし，そのためには，初期にスペースデブリを最も多く放出したソ連とそれに次ぐ米国が誠実にデブリ低減を実施すること，米中ロは2度と物理的破壊を伴う衛星破壊実験を実施しないこと[89]，デブリ低減のみではなく，SSAの向上，宇宙交通管理における国際協力の増進などを同時に実施することが必要であろう。SSAは米欧等の協力が緒に着いた[90]。宇宙交通管理についても，その初期段階が始まるかもしれない。科技小委で2010年2月から，2012年または2013年までの予定で，「宇宙活動に関する長期的持続性」のガイドラインづくりを開始するからである[91]。スペースデブリ低減策の強化も

長期的持続性ガイドラインに含まれると予想されるが，国連内外で幾重もの勧告文書と実行を積み重ねることにより，スペースデブリ低減制度づくりをめざすことが重要であろうと考える。

II　21世紀の課題となり得る新しい宇宙環境問題

1　原子力電源利用原則のフォローアップとしての国際安全枠組

「コスモス954事件」を契機に，宇宙空間および地表の双方の環境を保護するために，1979年以降COPUOS法小委では原子力電源衛星（Nuclear Power Satellite：NPS）の利用についての規制が議論された。そして，1992年にコンセンサスで「宇宙空間における原子力電源の利用に関する原則」が総会決議として採択され，安全基準に留意しつつ，惑星探査等のために原子力利用を行うことを勧告した[92]。その際，ソ連が用いた危険度の高い大型原子炉と米国が利用していた比較的安全な放射性同位元素発電機とでは，使用可能な任務や空間範囲に区別を設けた（原則3）。同決議は，スペースデブリ低減規則と同様，技術の発展に伴いより望ましい運用方法が見出されたときに速やかに使用制限規則を変更する必要があること，また，1992年原則の諸原則間の内容の一貫性に若干の問題点が残り，将来のある時期に文言の修正を図ることが期待されていたことなどから，同原則採択の2年以内にCOPUOSで原則改正問題の可能性を図ることが規定された（原則11）。そのため，法小委では，2010年1月現在も，NPSを単年度議題（「宇宙空間におけるNPSの使用に関する原則の再検討および改訂の可能性」）として残している[93]。しかし，科技小委で「宇宙空間におけるNPSの利用」の技術的側面を継続討議していることもあり，科技小委での結論が出てから，法小委での取組の方法を議論するという合意があり，NPSに関しては実質的討議に入ったことはない。

宇宙先進国は，21世紀に入ってから月，火星等の惑星探査に力を入れているが（後述），深宇宙探査のためには太陽電池では不十分で，莫大な電力の供給が可能な原子力電源に頼らざるを得ない。そのため，2006年以来，科技小委で

は，国際原子力機関（IAEA）との協力の下，IAEA/科技小委専門家グループの共同作業部会が設置され，2005年に「宇宙空間での予定されたまたは現在予想が可能なNPS応用の安全のための目標と勧告に関する国際的な技術的枠組み」（「安全枠組」）を作成するための多年度計画を策定した[94]。作業は予定より1年早く終了し[95]，2009年2月には同「安全枠組」が科技小委で採択され[96]，2カ月後IAEAでも合意が得られた[97]。

NPSの規制にはスペースデブリと似た側面があり，法的拘束力をもつ条約はもとより，法小委を経て，国連総会で採択する政治的勧告ですら宇宙の南北問題に基づく政治的対立を再燃させる可能性があるとして，米国をはじめとする原子力電源使用国がこの方向に進むことを許容しない。科技小委で専門家集団が作成する技術的安全枠組を，宇宙機関の自主的利用のための参照文書としておくことが望ましいとする強い意向が，原子力電源使用国の共通理解といえる。そもそもNPSを用いるための安全枠組文書には途上国からの懸念や反発は強く，2009年の枠組み合意をすぐに詳細かつ技術的な行動ガイドラインとして展開し，途上国の懸念を和らげるべきであるという提案も，枠組合意採択時には出された[98]。このような対立がある中で，近い将来，技術的規則という性質を超える形で，法小委で，92年原則の改訂に向けて議論がなされるとは考えにくい。科技小委のNPSに関する作業部会議長は，2010年以降は2015年まで，成立した安全枠組の普及活動を行う多年度計画を提案した[99]。

NPS応用勧告も，スペースデブリ低減と同じように，法的拘束力の有無ではなく，内容の詳細さと具体性が重視され，数少ないNPS実施国の国内履行に依存する規則といえるであろう[100]。

2　生命体の宇宙への持ち出しと宇宙からの持ち込みの規制

Ⅰ2(2)①で軽く触れたように，初の打上げ実施以来，地球から持ち出す生命体による宇宙空間の汚染（forward contamination, outbound contamination）および，宇宙空間からの地球への帰還時の汚染（back contamination, inbound contamination）への対処が求められており，特に，惑星や衛星の探査の開始に伴って，生命体の前駆形，痕跡等の移動管理が要請されるようになった。1956

年の国際宇宙航行連盟（International Astronautical Federation: IAF）の第7回会合以来の一連の国際会合の成果が，米ソが月惑星探査に用いた検疫ガイドラインとなったのがその一例である。宇宙空間研究委員会（Committee on Space Research：COSPAR）の「惑星保護分科会」（Panels on Planetary Protection: PPP）は，惑星保護政策を作成し，これは，関連する宇宙会議の決議という形式で公表されてきた。宇宙から地球への帰還についての対処（back contamination countermeasures）は，概ね遵守されている，というのがCOSPARの評価である。現在は，その決議は，単一文書に纏められている[101]。

米国は，アポロ計画については，IAFやCOSPARの基準を遵守しつつ，宇宙条約第9条の規定を国内履行する目的で，地球から宇宙へ，また，宇宙から地球への生命体等汚染導入を規制する文書を1960年代から作成し，NASA規則として実施している[102]。NASA規則にとどまり米国法が存在しない直接の理由は，検疫法の制定が可能なのは農務省，保健福祉省，内務省に限られ，NASAはそのような権限をもたないからである。1967年に設置された地球帰還汚染に関する省庁間委員会（Interagency Committee on Back Contamination：ICBC）は，上記検疫法制定の権限をもつ省庁とNASA等の関連機関からなり，検疫実務はこの省庁間連携の下で制定されたNASA規則を通じて実施されてきた[103]。大統領が特別に権限を付与すれば，NASAも検疫関連法を制定することができるが，現状ではそこまでの必要はないとされ，NASA規則により，宇宙条約第9条や国際科学界の決議等が適切に遵守されていると考えられている[104]。

最近の日本に関する事例では，日本の小惑星探査機「はやぶさ」（MUSES-C）が微少量のサンプルを小惑星1998 SF-36（イトカワと命名）から採取して地球に持ち帰る計画の実施段階で受けた審査がある。「はやぶさ」は，オーストラリアのウーメラ基地に帰還する予定であったため，オーストラリアは自国の検疫法に基づき，基地の立入禁止地区が地球外生命体その他の汚染物質により損害を受けることがないかを調査し，最終的に危険は最小限で無視し得るものであるという結論を出した[105]。

この検疫規則は，宇宙ステーションでの多くの国籍の人間の長期滞在が始まり，月の探査，開発が進むにつれて，重要な宇宙の環境問題として浮上するであろう。この規則も技術的かつ科学的知見に基づき迅速な改正ができる用意をし

21

ておく必要があるので，スペースデブリ低減，NSPと同様に科学者団体が客観的な基準に基づく法的拘束力のない文書を拡充する方式をとることになるであろう。

3 月の環境保護

　広義の宇宙空間だけではなく，人類が宇宙に進出していくときの最初の天然の基地となることが運命づけられている月の環境保護も，今後重要な課題となるであろう。2004年1月に公表された米国の新宇宙ビジョン以来，「第二次月ラッシュ」といわれることもあるほど，世界の月探査熱は高まっており，2007年には，日本と中国が，2008年にはインドが，無人の月周回探査機を打ち上げた[106]。1960年代末のアポロ計画のときと異なり，「第二次月ラッシュ」においては，月探査の参加国数が増え，また米，中，印，ロが有人活動をめざしている。そのうち，米ロは月を中継点として，火星の有人探査まで行うことを目標としている[107]。そのため，有人施設の建設や月での資源開発，また，月の観光業などがもたらす月環境への影響が深く懸念されるようになった。特に，中国は，月の有人活動の目的の1つにヘリウム3（核融合に用いる）やチタンを月で採掘してエネルギー不足を解消することを挙げており，また，月基地を運営する過程では，各国で水資源競争（氷が存在する場合）が起こる可能性もある。

　月はその物理的な性質を科学探査することにより，地球の始まりや生命進化の過程がわかるとされており，人類全体にとって有益な科学的知見を共通の知的資産とするためにも，脆弱な月の環境維持のための法制度作りは，重要な課題といわれることがある[108]。しかし，現状では，デブリの予防措置と同様，宇宙条約第1条，第9条などに規定する，他国が自国と同じく有する探査・利用の自由を侵さないように活動する自己抑制を各締約国に求めるという一般的規範が月の活動において存在するに過ぎない。

　月の環境保護については，「月の探査及び利用に関する国家活動の原則に関する協定」（「月協定」）[109]が規定をおき，締約国は，月の探査・利用にあたり，月の環境の悪化をもたらすか，環境外物質の持ち込みにより有害な汚染を生じさせるか，またはその他の方法によるかを問わず，月にすでに存在する環境の均衡が

破壊されるのを防止するための措置をとる義務を有する（第7条1項）。原子力の利用についても制限をおき，月に放射性物質を配置する計画がある締約国は，実行可能な最大限度まで，国連事務総長に放射性物質を配置する旨とその目的を事前に通報しなければならない（同2項）。一方，締約国は，他の締約国の権利を侵害しない範囲で，国連の権限ある機関と協議した上で，自国が特別な科学的関心を有する月の一定の区域について，特別な保護取極を結んで保護すべき「国際的科学保存地域」として指定することを，他の締約国および国連事務総長に通報することができる（同3項）。月協定の適用上，「月」とは，地球以外の太陽系の天体すべてならびに月を回る軌道または月に到達しもしくは月を回るその他の飛行経路を含む広範な概念である（第1条1，2項）。しかし，すべての宇宙先進国が加盟国である他の4つの国連宇宙条約と異なり，月協定の締約国は，2010年1月現在13カ国にとどまり，その中に宇宙先進国は1国も含まれていない[110]。これは，月協定が「月」およびその天然資源を「人類の共同遺産」と規定し，自由競争に基づく開発を禁じ，先行投資国の努力のみならず途上国の利益および必要に特に考慮を払って国際制度による開発を行うことを計画しているためである（第11条）とされる[111]。

　世界の14の宇宙機関が月の探査を実効的に行うことをめざして，月のミッションの重複を避けて国際協力により2007年5月に「グローバル探査戦略」（Global Exploration Strategy: GES）という枠組文書を発表した。同文書には，GESの枠組で月の法制度を検討する可能性も記されている[112]。

4　NEOの探知・追跡

　2005年以来，COPUOS科技小委では，地球軌道と抵触する軌道を回る小惑星や彗星を意味する「地球近傍物体」（Near Earth Objects: NEO）が地球にもたらす影響，とりわけ，地球との衝突の可能性とそれに対する対策についての情報交換を討議し始めた[113]。小惑星が地球に与えるとされる脅威だけではなく，小惑星の組成を調べることは，太陽系の歴史を認識する有力な手がかりであることや，小惑星を構成する資源は経済的価値が大きいとされることからもNEOに対する注目度は高い。科技小委では，地球を守るためにも，地上から，また，宇宙

からの監視網により，NEOの精確な追跡や早期警戒を国が単独で，または国際協力により実施している現状を歓迎している。米国は，直径1km以上のすべてのNEOを探知し，そのうち136個が地球と衝突する危険性があることを突き止め，2020年までには，直径140メートルを超えるNEOのカタログ化を予定している[114]。

国際天文学連合所属の第Ⅲ分科会第20委員会（小惑星・彗星・衛星の位置と運動に関する委員会）の監督下にある小惑星センター（Minor Planet Center: MPC）は，小惑星と彗星のデータを集め，軌道を計算し，21世紀中に地球に衝突する可能性のある小惑星リストを距離順，および年代順に公表している[115]。最も時間的に近い例としては，2029年4月13日にアポフィス（Apophis）が地球の3万4670kmまで接近すると計算され，衝突可能性が憂慮されている[116]。衝突した場合は，フランスとほぼ同面積の砂漠が発生すると予想されるため，ロシア宇宙庁長官は，2009年12月アポフィスの地球衝突可能性を回避するめに，軌道変更のための装置の開発なども検討する科学者の対策委員会を設置することを発表した[117]。

NEOの議論は，国連内外で始まったばかりであるが，地球の安全とともに環境保全にも直接に関係する問題である。また，小惑星などの回避技術の開発は，同時に宇宙の軍事技術を開発することにもなるので，国際社会が共同して行うこと，技術の開発，装置実験，装置の打上げ，配備，使用などについての判断と決断は国連事務総長を初めとする国際機関の長が行うこととし，宇宙先進国の独自の判断に委ねないようにすることが重要であろう。さらに，装置や技術の使用により損害を受けた人や動植物に対する責任解除，賠償責任の問題も考えなければならず，今後，検討すべき事項は多い。

Ⅲ　結論

宇宙の環境問題として，現在，喫緊の課題といえるのはスペースデブリの低減である。しかし，中長期的には，スペースデブリ低減，地球外生命体の持ち込み規制，NPSによる放射能汚染防止規制，月の環境保護などが等しく，人間が宇

宙の探査・利用を持続的に行うために必要な宇宙の環境保護・保全措置とされるであろう。NEOの監視および地球にとって脅威となる場合の国際協力に基づく対処も，小惑星や彗星の軌道管理という点で，スペースデブリ低減と同様に21世紀前半の課題である「宇宙交通管理」の1側面である。

　宇宙の探査および利用は，地球上の他の国際公域での活動に比して法的拘束力のある規範の作りにくい分野である。すでに30年以上，国連では新たな宇宙関係条約を採択することができず，法的拘束力のない総会決議やCOPUOSのガイドラインという形でベストプラクティスを国際社会に示してきた。これまでは，それでも宇宙活動を能動的に行う国が決して多くはなかったので，そのようなベストプラクティスと有志国間の合意を国内法で担保するという方式で，国際法の欠缺が無秩序な宇宙活動をもたらすことを防いできた。

　しかし，21世紀も10年目に入り，宇宙利用を行う国の数が飛躍的に増加すると，これまでの手法では「全人類の活動分野」（宇宙条約第1条）としての宇宙の持続可能な探査利用は不可能となる可能性もある。それを回避する手段として，(i)科学的知見に基づく技術的で内容が具体的な規則を作成する，(ii)規則を作成した後は，その履行状況を緩やかに相互監視するフォローアップの仕組みを作り，規則の国内履行を定着させる，(iii)持続可能な宇宙の探査・利用のために，宇宙探査，宇宙開発，宇宙利用等のさまざまな側面について網の目を張り巡らすように多くの規則を作成し，そのフォローアップを丁寧に行う，ということが必要であろう。スペースデブリ，NPS等で見てきたように，(i)から(iii)について一定の成功は収めているともいえるのである。

　しかし，本稿では扱わなかった2つの点，(iv)少数の国のみが大きな力をもち南北問題の著しい宇宙活動の領域で，環境保護のための協調制度の中味をどのようなものにするのか，という点，換言すればいかに公平な制度構築を行うのかという点，そして(v)持続可能な活動の基本である宇宙の平和利用をいかに確保するのかという点，つまりいかに宇宙の軍備競争を防止すべきなのか，という点については，今後，責任ある主体としての宇宙先進国の知的で誠実な取組が求められるのである。

〈注〉

1 もっとも，2010年1月現在，自国領域内の射場から国産ロケットで国産衛星を打ち上げる自律的宇宙能力をもつ国は8カ国に限られている。打上げ順に，ソ連（国名は当時），米，仏，日，中，印，イスラエル，イランである。

2 タイ，インドネシア，マレーシア，トルコ，エジプト，ナイジェリア，アルジェリア等豊かな途上国は通信・放送衛星のみではなく，リモート・センシング（地球観測）衛星も保有する。小型のリモート・センシング衛星の供給元は，英国のサリー工科大学のスピンオフ企業をはじめとする欧州宇宙企業や途上国の宇宙市場参入に積極的な中国の企業等である。

3 湾岸戦争時，米軍は，人工衛星を多用する情報処理システムの高度化と精密誘導装置の圧倒的な優位を背景に，偵察監視，精密攻撃などさまざまなシステムを結合して相乗効果を発揮する「システム・オブ・システムズ」を構築し，攻撃能力を飛躍的に高めた。同時にネットワークで結合された部隊の広域分散化により被害を最小限度に食い止めることが可能となり，地上の戦闘能力が宇宙利用の進度により決定する新しい時代を世界に印象づけた。

4 その他，たとえば，いまだ研究開発段階にある太陽光発電衛星がもたらす地球環境への悪影響の可能性も論じられることがある。

5 「環境改変技術の軍事的使用その他の敵対的使用の禁止に関する条約」第2条の定義を利用した。1977年署名開放，1978年発効。1108 UNTS 152; 31 UST 333; TIAS 9614. 日本は，1982年加入。

6 NASA, *Orbital Debris Quarterly News*, Vol. 14, Issue 1 (Jan.2010), p. 11.

7 ゴミとなって軌道を周回し続けている最古の衛星は，1958年1月に打ち上げられ1964年に機能停止した米国初の衛星，ヴァンガード1号である。See, e.g., http://www.nationalgeographic.co.jp/science/space/solar-system/orbital.html (last visited 2 Dec. 2009).

8 Science and Technical Subcommittee (STSC) of the Committee on the Peaceful Uses of Outer Space (COPUOS), *Technical Report on Space Debris*, A/AC.105/720 (1999), pp.28-32.

9 *Ibid.*

10 *Ibid.* 21世紀に入り，さらに40回ほど宇宙機の破砕があったとされる。

11 *Ibid.*, p. 2. 国際法協会（International Law Association: ILA）の宇宙法部会は1986年以来スペースデブリに関する議論を行い，1994年に「スペースデブリに起因する損害から環境を保護するための国際文書」を採択した。同文書は，「『スペースデブリ』とは，宇宙空間にある人工物体で，活動しているかまたはその他の方法で有益な衛星以外のものであり，予見し得る将来にかかる条件に変化が生じると合理的に期待できないものをいう。スペースデブリは，特に次の行為から生じ，または次のものをいう。日常的な宇宙運用（ロケットの使用済みの段，宇宙機および正常な操作中に放出されるハードウェアを含む。）；軌道上の爆発および衛星の破砕（意図的なものであるか事故であるかを問わない。）；衝突から生じるデブリ；たとえば固体ロケットの消耗により放出される粒子または他の形態で噴出される汚染；廃棄された衛星。」（第1条(c)）と定義する。ILA, *Report of the Sixty-Sixth Conference*, Buenos Aires, Argentine (1994), p.147.

12 IADC, IADC Space Debris Mitigation Guidelines, IADC-02-01 (15 Oct. 2002), p.5.

13 1957年に設立され，1981年に，北米航空宇宙防衛司令部（North American Aerospace Defense Command: NORAD）と改称された。

14 David S. F. Portree & Joseph P. Loftus, Jr., *Orbital Debris: A Chronology*, NASA/TP-1999 (1999), p. 4.

15 *Ibid.*

16　*Ibid.*, p.5.
17　*Ibid.*
18　ロシア27回，米国14回，中国11回，仏6回，インド3回，日本1回である。また，英国籍から米国籍となった多国籍企業シーローンチ社の打上げも5回あり，合計67回となる。NASA, "USA Space Debris Environment and Policy Updates", presentation to the 46th STSC, COPUOS, 9-20 February, 2009, p.5. 近年は，年間約60回の打上げで衛星約85機を軌道に乗せている。2006年の衛星打上げ数は86機であった。「衛星打上げ動向から見た世界の宇宙開発・利用状況」『科学技術動向トピックス』（2007年2月号）*Available at* http://www.nistep.go.jp/index-j.html (last visited 7 Dec.2009).
19　Spacesecurity..org, ed., *Space Security 2006* (2006), p.27.
20　Spacesecurity.org., ed., *Space Security 2005*, (2005), p. 2.
21　Spacesecurity.org., ed., *Space Security 2007* (2007), p. 23.
22　NASA, "USA Space Debris Environment and Policy Updates", presentation to the 45th Session of the STSC, COPUOS, 11-22 February, 2008, p. 3.
23　NASA, *supra* note 18, p.5.
24　NASA, *supra* note 6, p.11.
25　Spacesecurity@orgが毎年公表するSpace Securityシリーズの2003年以降の情報，COPUOSの科技小委に提出された情報等に依拠した数字である。
26　Spacesecurity@org., ed., *Space Security* 2008 (2008), p.29.
27　"Fengyun 1-C Debris: Two Years Later", *Orbital Debris Quarterly News*, Vol.13, Issue 1 (Jan.2009), p.2.
28　J.C.Liou, "An Updated Assessment of the Orbital Debris Environment in LEO", *supra* note 6, p.7.
29　US National Science and Technology Council, Committee on Transportation Research and Development, *Interagency Report on Orbital Debris* (1995), p.3.
30　1973年にITU条約（マラガトレモリノス条約）第33条2項を改正して，静止軌道の周波数帯と軌道位置を「有限な天然資源」と明記した。現行は，ITU憲章第44条2項参照。
31　CCIR Question 34/4 (1986), renamed as ITU-R 34/4 (1986) in 1993. Recommendation ITU-R S.1003 (1993).
32　Steven Mirmina, "Reducing the Proliferation of Orbital Debris: Alternatives to a Legally Binding Instrument", *American Journal of International Law*, Vol.99 (2005), p.652.
33　NASA, *supra* note 6, p.2.
34　"Space Debris Remediation Seen as a New Business Area" (Dec.14, 2009), *available at* http://www.spacemart.com/reports/Space_Debris_Remediation_Seen_As_A_New_Business_Area_999.html (last visited 18 Dec. 2009).
35　1972年署名開放，同年発効。961 UNTS 187; 24 UST 2389; TIAS 7762. 日本は1983年加入。
36　1975年署名開放，1976年発効。1023 UNTS 15; 28 UST 695; TIAS 8480. 日本は1983年加入。
37　Bin Cheng, *Studies in International Space Law*, (Clarendon Press, 1997), pp. 324-326 & p. 509.
38　「打上げ国」とは「(i)宇宙物体の打上げを行い，又は行わせる国，(ii)宇宙物体が，その領域又は施設から打ち上げられる国」（損害責任条約第1条(c)および登録条約第1条(a)）という4種類の国をいう。「打上げを行わせる（procuring）国」の意味は不明確であり，私企業が外国領域からの商用打上げを利用して衛星を所有した場合，当該企業の国籍国が「打上げ国」となるかについては，

統一された解釈, 実行はみられない.

39　SSNや米国のものより精度が劣るが世界第2位の性能を備えているとされるロシアの宇宙偵察システム (Space Surveillance System: SSS) に加え, 限定的ではあるが, 欧州, 中国, 日本などの宇宙物体・デブリ観測網により, 宇宙状況監視 (Space Situational Awareness: SSA) の能力は近年向上した. また, 欧州は, 米国との国際協力の最重要課題としてSSAシステム構築を考えてはいるが, 仮にGPSに次ぐ国際公共財としてのSSAシステムが構築されるとしても中長期的将来のことである. See, e.g., Nicholas L. Johnson, "Space Traffic Management: Concept and Practices", *Space Policy*, Vol.20 (2004), p. 82. 2009年11月19日米国下院科学技術委員会宇宙航空小委員会における公聴会での欧州宇宙政策研究所 (ESPI) Kai-Uwe Schrogl博士の証言によると, 大西洋間の最も有望な宇宙協力は宇宙の安全保障に関するものであり, SSAは, 米国と欧州の協力により組織されるべきである, という. *Available at* http://gop.science.house.gov/Media/hearings/space09/nov19/Schrogl.pdf (last visited 7 Dec. 2009).

40　1967年署名開放, 同年発効. 610 UNTS 205; 18 UST 2410; TIAS 6347. 日本は原当事国.

41　See,. e.g., ILA, *Report of the Sixty-Fifth Conference*, Cairo, Egypt (1992), esp. pp.149-152.

42　Cheng, *supra* note 37, pp.256-257.

43　George S. Robinson "Exobiological Contamination: the Evolving Law," *Annals of Air and Space Law*, Vol.17, No.1 (1992), pp.325-367. なお, 検疫については, IIのその他の環境問題部分で触れる.

44　第9条1文は,「条約の当事国は, 月その他の天体を含む宇宙空間の探査及び利用において, 協力及び相互援助の原則に従うものとし, かつ, 条約の他のすべての当事国の対応する利益に妥当な考慮を払って, 月その他の天体を含む宇宙空間におけるすべての活動を行うものとする.」と規定する.

45　「月その他の天体を含む宇宙空間の探査及び利用は, すべての国の利益のために, その経済的又は科学的発展の程度にかかわりなく行われるものであり, 全人類に認められる活動分野である. (以下略)」と規定する宇宙条約第1条もスペースデブリ低減措置をとり, スペースデブリによる宇宙空間の環境悪化を予防する義務を一般的な形で規定するものと解することができるであろう. しかし, 予防義務の程度およびとるべき措置が不明確であるため, 宇宙探査・利用国を名宛人とした義務としての意義は相当程度限定的なものにとどまるといえよう.

46　スペースデブリ低減をめぐる宇宙諸条約の分析として, たとえば松掛暢「スペース・デブリに対する国連宇宙関係条約適用の可能性」『大阪市立大学法學雜誌』第51巻2号 (2004年) 365-398頁参照.

47　1968年署名開放, 同年発効. 672 UNTS 119; 19 UST 7570; TIAS 6599. 日本は1983年に加入.

48　地表以外の場所でA国の宇宙物体によりB国の宇宙物体 (その中の人または財産を含む.) が損害を受け, その結果, C国の宇宙物体 (その中の人または財産を含む.) に対して損害が生じたときには, A, B両国はC国に対して過失に基づく連帯責任を負う. A国, B国は過失の程度に応じて賠償の負担をするが, 過失の程度が確定できない場合は, 損害賠償責任は, 均等に分担する. (損害責任条約第4条).

49　救助返還協定では,「打上げ国」ではなく,「打上げ機関」という用語を用いており,「打上げ機関」は「打上げに責任を有する」国および政府間国際機関をいう (第6条) と規定される.「打上げに責任を有する国」の意味は起草過程において明らかにはされなかったが, 宇宙条約第7条や損害責任条約第1条(c)の「打上げ国」を含む概念であろうとされている. See, e.g., Cheng, *supra* note 37, p.281.

50　救助返還協定が宇宙活動国に有利なものであることへの反発が，被害者救済を目的とする損害責任条約作成の契機となった。

51　NASA, *supra* note 18, p.14.

52　NASA, *supra* note 6, p.2.

53　デブリ落下について初期には，1961年にキューバで牛が1頭，デブリに当たって死んだとされる例や，同年，スプートニク4号の10kg程度の破片が米国ウィスコンシン州の市街に落下した例，1963年にソ連衛星のデブリがオーストラリアの牧場に落下した例などがある。原子力電源に関するものには，コスモス954事件から10年後，ソ連のコスモス1900が軌道制御に失敗して落下しそうになった例がある。たとえば，ジュディ・ドネリィ，サイデル・クレイマー著（平林祐子訳）『宇宙汚染－地球の上空をおおう廃棄物』（原題 *Space Junk*）（ほるぷ出版，1990年）98-107頁。

54　損害責任条約第1条(a)参照。

55　*International Legal Materials*, Vol.18, 1979, pp.899-930. 太寿堂鼎等編『セミナー国際法』，東信堂（1992年），75-78頁。

56　日本に関係するスペースデブリの事例としては，たとえば，1999年11月に6年前に打ち上げられた米国のペガサスロケットの破片が与論島の海岸に漂着した例がある。日本は，2000年1月に救助返還協定第5条に従って国連事務総長および米国に通報し，かつ米国に確認を依頼した。翌月，米国は物体を回収し，同条5項に基づき，与論島町役場が水難救護法（明治32年3月29日法律第95号）第24条および第25条に基づいてペガサスの破片を保管した費用等を支払った。「損害」は発生していない。同じく損害が発生しなかった事例として，1995年1月に日本と西ドイツの共同プロジェクトとして種子島から打ち上げたEXPRESS衛星がガーナの首都から北西90kmに落下した事件がある。1996年1月に西ドイツが95年12月に落下した同衛星を回収し，回収費用を負担した。損害責任条約上の「損害」は生じなかった。なお，ガーナは宇宙諸条約のいずれにも加入していなかった。

57　U.S. National Space Policy (1988), Point 9 of the Inter-Sector Policies, *available at* http://www.hq.nasa.gov/office/pao/History/policy88.html (last visited 2 Dec.2009).

58　U.S. National Space Policy (1989), Point 9 of the Inter-Sector Policies, *available at* http://www.globalsecurity.org/space/library/policy/national/nspd1.htm (last visited 2 Dec.2009).

59　IADC, *supra* note 12.

60　*Ibid.*, 5.3.2.

61　*Ibid.*, 5.3.1.

62　IADC WG4, Support Document to the IADC Space Debris Mitigation Guidelines (Al.20.3), Issue 1 (5 Oct. 2004); IADC, IADC-08-01 (8 Feb. 2008), pp.17-21. 決定は2007年9月である。

63　ITU-R S. 1003, *supra* note 31.

64　IUT-R, S. 1003-1 (2003). *Available at* http://www.fcc.gov/ib/sd/ssr/docs/ITU-R_S1003-1.pdf (last visited 3 Dec. 2009).

65　NASA, NSS 1740.14 (1995).

66　NASDA-STD-18（1996年3月28日）は，JAXA成立後，JAXAプログラム管理文書（JMR）番号に基づいてJMR-0003Aとなった。

67　European Code of Conduct for Space Debris Mitigation (28 June 2004), *available at* http://www.stimson.org/wos/pdf/eurocode.pdf (last visited 3 Dec.2009).

68　Commercial Space Launch Act（1984）の現行法は，2004年に改正された有人飛行の規定を含むPublic Law108-492である。*Available at* http://www.spacelaw.olemiss.edu/library/space/

US/Legislative/Public_Laws/108-492-CSLAA.pdf (last visited 20 Dec.2009). 現行法の許可要件 sec.70105(b)(2)(B)「公衆衛生および安全，財産の安全，米国の国家安全保障および外交政策上の利益を保護するために必要な追加要件」および同(c)「安全規則」等がデブリ低減に関係する。

69　14 CFR 400 *et seq.*

70　*Ibid.*, 415.39.

71　Land Remote Sensing Policy Act, Public Law 102-555 (28 Oct. 1992).

72　*Ibid.*,sec.5622(b)(4).

73　同法によって廃止された陸域リモート・センシング商業化法（1984年）も第4242条(b)(3)に同一の規定を置く。具体的措置は，許可付与規則（15 CFR 960.9 & 960 11(12)）に規定する再配置の計画および手続きの承認取得義務に基づいてとられる。

74　Outer Space Act 1986, *available at* http://www.bnsc.gov.uk/assets/channels/about/outer% 20space% 20act% 201986.pdf (last accessed 2 Dec. 2009).

75　*Ibid*, Art. 5(2)(e). 免許人への命令として「宇宙空間の汚染または環境悪化を防止する」義務が課される。（英国では，「有害な汚染」（harmful contamination）にデブリを含めて考える。）および Art. 5(2)(g).

76　第21条（許可要件としての公衆の安全および環境保護）。

77　第18条(d)，第26条(3)(e)，第35条(2)(b)，第44条(1)(a)等は許可要件としての公衆衛生および公衆の安全確保を規定する。

78　第8条2（許可要件としての宇宙空間の環境影響評価）等。

79　第9条1（許可要件としての環境保護）等。

80　第3条3b（許可要件としての環境保護）等。

81　スペースデブリを科技小委の議題に加える1989年の試み（豪州，ベルギー，カナダ，ドイツ，オランダ，スウェーデン提案）は米国の反対などにより挫折したが，1994年にデブリ低減策を議論するのではなくデブリ問題を客観的に評価するという条件で議題として採択された。

82　デブリ低減において，気候変動緩和と同様「共通だが差異ある義務」として先進国により多くの義務を課すことを要求する声は国連では決して少数派とはいえない。M.Y. S. Prasad, "Technical and Legal Issues Surrounding Space Debris- India's Position in the UN", *Space Policy*, Vol.21 (2005), pp.243-249, esp.pp. 247-248.

83　A/RES/62/217 (1 Jan. 2008).

84　A/62/20 (2007), Ⅱ.C.3, paras. 116-128 & Annex 4 (pp.47-50).

85　①通常の運用時のデブリ放出の制限，②運用時の破砕可能性最小化，③軌道上衝突の蓋然性制限，④意図的な破壊・有害活動回避，⑤残存燃料に起因する運用終了時破砕可能性最小化，⑥運用終了後のLEOにおけるデブリ低減策，⑦運用終了後のGEOにおけるデブリ低減策，の7つのガイドラインからなる。*Ibid*.

86　IADC, *supra* note 62, 5.3.1.

87　A/AC.105/917 (18 Apr. 2008), p.24.

88　A/64/20 (2009), paras.211-216.

89　軌道上の衛星を破壊しないと，人命が脅威にさらされるとき，また，より大きな地上の環境破壊が生じ得る場合等の例外はあり得る。2008年2月の米国の有毒物質を積んだ制御不能の軍事衛星USA193の撃墜処理がその目的に完全に適うかについては議論はあるが，低軌道での撃墜の実施により，数週間後にはまったくデブリを残さなかった点，撃墜前後の国際社会への通報と行動の透明化などの点は，中国のASAT実験とはまったく異なる。

90　註 39 参照。
91　A/AC.105/L.274 (21 May2009),esp. para.7;. A/AC.105/2009/CRP.15 (10 Jun.2009)..
92　A/RES/47/68 (14 Dec. 1992).
93　2009 年の法小委第 48 会期において，新規議題として NPS を 2010 年の第 49 会期に残した。A/AC.105/935 (20 Apr. 2009), para.186.
94　See, e.g., A/AC.105/848 (25 Feb.2005), paras.121-122.
95　A/64/20 (2009), *supra* note 88, para.137.
96　A/AC.105/C.1/L.292/Rev.4 (19 Feb.2009); A/AC.105/933 (6 March 2009), para.130. なお，ボリビアは安全枠組に留保を付した。*Ibid.*, para. 131.
97　A/64/20, *supra* note 88, paras.136 & 140.
98　*Ibid.*, paras.142-143.
99　A/AC.105/C.1/L.302 (27 Nov.2009), pp.1-2.
100　青木節子「宇宙法におけるソフトローの機能」小寺彰・道垣内正人編『国際社会とソフトロー』（有斐閣，2008 年），103-106 頁参照。
101　最新版は COSPAR, *Planetary Protection Policy* (24 Mar. 2005), *available at* http://cosparhq.cnes.fr/Scistr/Pppolicy.htm (last visited 2 Nov.2009). 最初の決議は 1964 年に採択され，以後，1969 年，1974 年，1984 年，1994 年，2002 年に改正された。Robinson, *supra* note 43, pp.325-367; Jacque Arnould, "An Ethical Approach to the Planetary Plotection", *Space Research*, Vol.42 Issue 6, (2008), pp.1089-1095.
102　最新の規則は，NASA, The Code of Federal Regulations, and Extraterrestrial Exposure (1991), 14 CFR 1211 である。（アポロ 11 号打上げ時に作成された規則 34 Fed. Reg., 11974-11976, No. 135, 16 July 1969 の最終改正に該当する。）
103　Robinson, supra note 43, pp.341-343.
104　法律制定を求める研究者もいるが，少数派にとどまる。*Ibid.*, pp.350-354.
105　Draft Quarantine Review of the MUSES-C Project：Surface Sample Returned from Asteroid 1986 SF36(2002), *available at* http://www.daff.gov.au/__data/assets/pdf_file/0016/17341/2002-28a.pdf (last visited 2 Dec.2009).
106　日本の「かぐや」がまず 2007 年 9 月に，中国の嫦娥が同年 10 月に打ち上げられ，それぞれ成功裏に予定通りの任務を終了した。2008 年 10 月には，インドのチャンドラヤーンが打ち上げられたが，一部不具合があり，予定より早く任務を終了した。かぐやは，初めて月の裏側の実態を撮影するなど，アポロ以来，最も顕著な科学的成果を挙げた。
107　たとえば宇宙開発担当大臣の下に設置された「月探査に関する懇談会」資料参照。*available at* http://www.kantei.go.jp/jp/singi/utyuu/tukitansa/dai1/gijisidai.html (last visited 4 Nov. 2009).
108　月の環境保護については国際宇宙航行アカデミー（International Academy of Astronautics: IAA）が現在研究しており，2010 年には報告書をまとめる予定である。
109　1979 年署名開放，1984 年発効。1363 UNTS 3. 日本は非締約国である。
110　宇宙先進国の中で，仏，印は署名したが，未批准である。
111　もっとも，第 11 条の文理解釈によると，国際制度の外での開発は必ずしも禁止されていない。
112　GES, *The Global Exploration Strategy: The Framework for Cooperation* (May 2007), esp. p.23.
113　最も最近の地球と NEO との衝突は，1908 年，ロシアに落下した小惑星 Tunguska である。

A/AC.105/848, *supra* note 94, p.26.
114 See, e.g., A/AC.105/911 (11 Mar.2008), p.27.
115 スペースガード協会が公表する小惑星情報についてわかりやすい表示としては，http://www.jsforum.or.jp/technic/sg.html (last visited 2 Dec.2009) を参照。
116 *Ibid.*
117 Ellen Barry, "Russia to Plan Deflection of Asteroid from Earth", *The New York Times* (31 December 2009).

第2章
海洋生物遺伝資源に関する国際法上の規制
―― 現状と課題

法政大学人間環境学部准教授 　岡松　暁子

I　問題の所在

　海洋生物資源の管理に関しては，それら資源を科学的根拠に基づき持続的に利用することが，国連海洋法条約（UNCLOS，以下，UNCLOS）[1]やアジェンダ21[2]で合意されている。しかしながら，既存の法的枠組であるUNCLOSによっては十分な管理ができず，アジェンダ21にも言及されていないものがある。すなわち，「範囲」として，国家管轄権の範囲外に存在し，「対象」として，生物遺伝資源，「利用目的」として，商業利用となるものがあり，それらは当初，生物多様性条約[3]との関係で問題となってきた。さらに，この問題は国連の場でも議論されるようになり，第59回国連総会にて，「国家管轄権の区域を越える海洋の生物多様性の保全及び持続可能な利用に関する問題を研究するアド・ホック・オープンエンディドな非公式作業部会」[4]の設置が決定され，これまでに2006年，2008年と2回の会合が開催されている[5]。また，持続可能な開発に関する世界首脳会議（WSSD）実施計画[6]においても，「沿岸国の管轄権の及ぶ区域の内外を含めて，重要かつ脆弱な海洋及び沿岸地域の生産性及び生物多様性を維持すること」が目標として掲げられている[7]。

　ここで問題となってくる生物遺伝資源は，その利用可能性については未知数であるが，医薬品（インシュリン等），酵素の工業生産，遺伝子組換えによる食料・農業問題解決，再生可能資源への転換，環境修復（バイオレメディエーション）等に貢献する可能性があり，とりわけEU，アメリカの製薬会社等により注目されていると言われている。具体的には，国家管轄権外である深海底に存在する生物遺伝資源の商業的開発に関心が持たれている[8]。並行して，(1) かかる生物遺伝資源そのものの帰属（有体物の所有権）自体を問題とするのか，あるいは，(2) そこから得られる遺伝子情報の衡平な分配，すなわち生物遺伝資源原産国と遺伝子情報に基づく製品開発国との間の知的財産権の帰属を問題にするのか，も問題となっている。

　さらに，海洋生物資源の持続可能な利用のための新しい管理手法として，アジェンダ21やWSSD実施計画等の近年採択された国際的な行動計画におい

て,「予防的アプローチ」(precautionary approach)や「生態系アプローチ」(ecosystem approach)等の新しい概念が提示されており[9],これらの概念との関係も問題となる。しかしこれら諸概念の具体的内容については,現在のところ国際的に共通の理解は存在せず,法原則としての確立を見ていないことも事実である。

このような極めて複雑な状況に対して,本稿ではまず第1に,国家管轄権の及ばない海域である公海と深海底に存在する生物遺伝資源について,既存の法的規制からどのようにアプローチできるかを整理することとする。第2に,国家管轄権の範囲外にある海洋生物資源の管理方式について,これまでに国連総会の下で開催された部会,及び国連の非公式協議プロセスにおいて参加国より出された提案について,予防的アプローチや生態系アプローチの概念をも考慮しながら検討する。そして最後に,国家管轄権の範囲外にある生物遺伝資源の今後の管理方式ないし規制形態について,いくつかの可能性を提示することで本稿の結びとする。

II 既存の法的枠組

まず,既存の法的枠組において生物遺伝資源がどのように扱われているかを考察する。最初に,海洋法の観点から,UNCLOSにおける生物資源の法的な位置づけを見ることとし,その際,国際管理の一形態として,国際海底機構の権限についても合わせて,検討・整理する。次に生物多様性の維持という観点から,生物多様性条約における生物資源の法的な位置づけを検討する。

1 UNCLOSに基づく規制

UNCLOSにおいては,場所(国家管轄権の外)については公海及び深海底に関する規定が,利用目的については科学的調査に関する規定が,本問題に関連する可能性がある。

(1) 公海

　公海における生物資源については，第7部第1節第87条1項（e）[10]の「漁獲を行う自由」を受け，第2節に「公海における生物資源の保存及び管理」として規定が置かれている。まず第116条[11]では，全ての国に自国民が漁獲を行う権利を認め，117条[12]，118条[13]及び119条[14]で，漁獲可能量の決定等を含む生物資源の保存のための措置をとることや，生物資源の保存・管理のための国際協力を義務付けている[15]。また，海産哺乳動物の保存及び管理について，排他的経済水域に適用されている規定（第65条）[16]を適用する旨が定められている（第120条）[17]。

　但し，ここで規定の対象となっている生物資源は，いずれも漁獲あるいは調査研究の対象となる漁業資源に限られている。すなわち，ここで保障されているのは公海における各国の漁獲の権利であり，第116条以下はその漁獲に伴って生じる具体的な漁業資源の保存措置の規定である。従って，かかる規定で対象とする生物資源には，物質そのものよりも遺伝情報自体が問題となる生物遺伝資源は含まれていないか，あるいは直接想定されていないと解されるのである。

　尚，公海自由の原則一般との関係に関しては，各国諸提案との関連で，後に述べることとする。

(2) 深海底

①一般原則

　UNCLOSは，まず「深海底」の定義について，「国の管轄権の及ぶ区域の境界の外の海底及びその下をいう。」と規定している（第1条）。そして具体的な深海底制度は，第11部に規定されている。

　深海底制度の原則は，「深海底及びその資源は，人類の共同の財産（Common Heritage of Mankind）である。」というものであり（第136条），これは深海底が，「万民共有物」（*res communis omnium*）概念に基づく公海とは法的地位が異なることを意味している。そこでは，国家は領域主権や主権的権利を主張できないのみならず，深海底とその資源の開発と管理及びその利益の衡平な分配等の管轄・規制の権限が国際機関に任されるというように[18]，国際管理化

が計られている[19]。

　しかしながら，かかる条項によって規制・管理される資源は，第133条の用語の規定によって鉱物資源に限定されている[20]。従って上記の関連規定は，生物遺伝資源はもとより，生物資源一般にさえも適用されないのである。

②国際海底機構の権限

　海洋法の法的枠組のうち，海洋の国際管理を行う権限を付与されている国際機関として，国際海底機構がある。この機構は第11部第156条によって設立され[21]，特に深海底の資源を管理することを目的としている（第157条）。以下では，前述の点と若干重複する部分もあるが，国際海底機構の権限の観点から，整理しておくこととする。

　国際海底機構の権限は，第157条に機構の性質及び基本原則[22]，第160条に権限及び任務として[23]，それぞれ規定が置かれている。これらによれば，この機構は上述のように特に深海底の資源管理を行うことを任務としており，第133条（a）項の「資源」の定義から，そこでの管理の対象となる「資源」は「鉱物資源」であり，当然その権限も「鉱物資源」の管理，探査・開発に関する範囲に限定されていることとなる。また，「人類の共同の財産」概念という視点を考慮しても，この概念は，そもそもの経緯として，鉱物資源の利用・開発について開発途上国の利益と必要を充足するための国際管理構想と先進国の開発構想との妥協の産物であり，それ以上の資源，例えばここで問題となっている遺伝資源を想定したものではなく，それが条文に反映されていると考えられよう[24]。すなわち，生物遺伝資源の管理主体として，現在の国際海底機構が権限を持ちうる根拠は存在しないのである[25]。

(3) 海洋の科学的調査

　海洋の科学的調査という観点から見てみると，深海底の科学的調査については，国際海底機構の権限として第143条で定められている。ここで国際海底機構に付与されている権限は，「深海底及びその資源に関する海洋の科学的調査」（同条2項）を実施する権限であり，従って対象となる資源は上述のように鉱物資源に限定され，生物遺伝資源には適用されないと考えられる。また，第13部の海

洋の科学的調査に関する規定においても、「すべての国（地理的位置のいかんを問わない。）及び権限のある国際機関は、第11部の規定に従って、深海底における海洋の科学的調査を実施する権利を有する（下線、筆者）」（第256条）とされ、条文上、国際海底機構による生物遺伝資源開発に関する法的根拠とはならない。

さらに付言すれば、ここで規定されている行為は純然たる科学的調査であり、本稿で問題としている生物遺伝資源の商業利用とは、規制対象としての性質がそもそも異なるということにも注目する必要があろう。そのため、後述するように、生物遺伝資源の商業利用は、かかる規定によって規制されている科学的調査とは別個のレジーム、具体的には公海自由の原則に基づくレジームの下で行うことができるという見解も呈せられているのである[26]。

(4) 小括

以上のように、UNCLOSにおいては、国家管轄権以遠の天然資源に関する規制・管理についての規定はあるものの、そこでの規制対象に生物遺伝資源は少なくとも直接には含まれていない。このように、現行のUNCLOSの規定は、生物遺伝資源に単純に適用することはできないのである[27]。

2 生物多様性条約と生物遺伝資源

1993年に発効した生物多様性条約には、生物遺伝資源に関する規定が置かれている。まず第1条は、本条約の目的として、遺伝資源の利用から生ずる利益について言及しており[28]、また第2条には遺伝資源そのものの定義を置いているが[29]、ここで問題となるのは主として第4条が規定する、本条約の適用範囲である[30]。

(1) 適用範囲

本条約の適用については、対象となる領域が国家の管轄権の範囲内であるか、それ以遠であるかを基準として、2つに分類されて規定されている。なお、ここで言う「管轄」とは、領域主権・主権的権利といった空間的な領有・支配を指し、「管理」とは、その範囲に関しては争いがあるものの、基本的

には，国籍・登録を基盤とする属人的管轄権に服するものを指すと考えられる[31]。

①自国の管轄の下にある区域

まず（a）項では，「生物多様性の構成要素」そのものについて，「自国の管轄の下にある区域」とあり，国家領域と排他経済水域・大陸棚までの「生物多様性の構成要素」について規定している。そのため，条約は，「生物多様性の構成要素」については，それ以遠の領域については適用しないこととされている。

②旗国主義

続く（b）項は，「自国の管轄又は管理の下で行われる作用及び活動については，自国の管轄の下にある区域及びいずれの国の管轄にも属さない区域」にも適用されるとしており，国家管轄権外の区域の生物多様性の保護も，一定の要件を満たせば，本条約の適用対象となることが理解できる。これによれば，第3条にある「自国の管轄又は管理の下における活動が他国の環境又はいずれの国の管轄にも属さない区域の環境を害さないことを確保する責任を有する」という原則と相まって，他国に影響を生じさせる場合には，国家領域内のみならず旗国主義に基づいても，条約規定が適用されることに一応なる。

（2）協力

第5条[32]にある，いずれの国の管轄にも属さない区域についての他の締約国との協力については，具体的内容は示されていない。従って，その都度必要に応じて具体的に協定を結ぶ等の手段を通じ，協力を実現していくことになる。

以上，生物多様性条約における生物遺伝資源の管理については，国家管轄権下については領域主権ないし主権的権利により，国家管轄権外の区域については旗国主義に基づいて規制・管理を行うということになるが[33]，その実体的規制に関しては，不十分である（第14条が定める悪影響の最小化の問題に関しては，後述）。

3　小括

 以上が，既存の国際的取極め（UNCLOS及び生物多様性条約）における国家管轄権外にある生物遺伝資源の管理についての規制・管理の状況である。現状での結論としては，国家管轄権外にある生物遺伝資源については，少なくともそれを管理するための適切な規定が存在していない，すなわち法が実質的に欠缺している状態であろう[34]。

III　諸提案の対立

 次に，以上のような法状況を踏まえて，国家管轄権外にある生物遺伝資源についてどのような管理形態が考えられるかを検討する。そこではまず，その前提として，生物遺伝資源に関する国家管轄権を規律する法原則を整理する。次に，これまでに国連総会の下で開催された部会や国連の非公式協議プロセス会議，及び国連総会において各国が提出した提案をそれぞれ検討する。

1　概論

 そもそも生物遺伝資源がいずれの国家に帰属するかという問題は，17世紀以来の伝統的国際法を機械的に適用すれば，単純な二元論によって説明されよう。すなわち，国家の領域主権下に存在する事項はその国家の規制に服し，それが及ぶ範囲を越える場所に存在するものは，公海自由の原則に基づき，全ての国家が自由にアクセスし，使用・占有できるというものであった[35]。
 しかし，20世紀，特に第二次大戦後には，天然資源の分配と管理について新しい概念が導入されるようになってきた。すなわち，伝統的な海洋法レジームを基礎とした新しいルールの導入[36]，「人類の共同の財産」（Common Heritage of Mankind）の概念[37]，国際管理[38]，「人類共通の関心事」（Common Concern of Humankind）の概念[39]等である[40]。

このような諸原則を前提として，本稿で問題となる国家管轄権外の生物遺伝資源を法的に位置づけうる枠組を，上述の諸会議で提出された提案に基づいて分類すると，大きく2つに分けることができよう[41]。1つは新しい制度設計，すなわち新規立法論であり，この新規立法論はさらに後述のように2つに分けられる。もう1つは「現行の法的枠組」の中で規制・管理を行うというものである。それぞれについて，以下で検討する。

2　新規立法論

(1) 海洋保護区（Marine Protected Areas：MPAs）の設定

①沿岸国の立法管轄権の域外適用

　第1に，主としてEU諸国によって提案されているものであるが，国家管轄権外の区域に海洋保護区を設定し，沿岸国の立法管轄権の域外適用を行うという構想である。海洋保護区とは，海洋の環境や生態系の保護，生物多様性の保全を目的として，海洋の特定の区域における人間活動の規制を行うために設定される保護区のことである[42]。現時点で海洋保護区それ自体を規定した条約はなく，従ってその定義も明確にされてはいないが，これまでにEU諸国家がモデルとして挙げている南極レジームの他[43]，国際捕鯨取締条約の下での保護区[44]，北東大西洋の海洋環境の保護に関する条約（OSPAR条約）の下での保護区[45]，地中海における特別保護区と生物多様性に関する議定書[46]の下での特別保護区等，個別条約に基づく保護区の設定の事例はいくつか見られる[47]。

　EU諸国は，国家管轄権外の生物多様性の保全に関し，短期的には既存の枠組であるUNCLOSや生物多様性条約の実施について協力するという姿勢ではあるが，中期的には，統合的・予防的アプローチに基づく新しい枠組が必要であるとして，海洋保護区の設定案を提出している。その際，生物多様性条約が国家管轄権外の生態系の保護に特別の役割を果たしているとし，それを法的根拠として2012年までに生物多様性条約の締約国が国内制度及び地域制度に海洋保護区に関するグローバルネットワークを拡大することを提案し，そのためには科学的調査に基づくアセスメントと海洋保護区の設定が不可欠であると主

張している。但し，保護区そのものの内容に関する説明が行われているわけではない。

②実施協定の締結

　海洋保護区は，各国の領域，EEZ・大陸棚に設定され，UNCLOSが認める枠内での措置にとどまる場合には国際法上の問題は生じないが，それが国家管轄権以遠の海域に及ぶ場合には，国際法上の特別の法的根拠を必要とする。これまでに見られる海洋保護区は，いずれも個別条約の特定の条文に基づいて設定されたものであるのに対し，ここでEU諸国が主張している海洋保護区の設定には，根拠となる具体的規定が存在しない。そのため，EU提案に基づき実際に海洋保護区を設定するのであれば，利害関係国間での特別協定等を必要とすることになる。その際にはUNCLOS第311条[48]に則り，本条約と牴触しないことが重要となるであろう。

　このことを，従前，UNCLOSを「具体化」した実施協定の例と比較して検討してみよう。そのような例としては，深海底に関する第11部実施協定と国連公海漁業協定がある。前者は，深海底の鉱物資源について，1994年に第48回国連総会再開会合で採択された「1982年12月10日の海洋法に関する国際連合条約第11部の実施に関する協定」（The 1994 Agreement Relating to the Implementation of Part XI of the Convention on the Law of the Sea of 10 December 1982）であり，第11部の規定を実質的に改正する内容が規定されている[49]。後者は，1995年採択の「分布範囲が排他的経済水域の内外に存在する魚類資源（ストラドリング魚類資源）及び高度回遊性魚類資源の保存及び管理に関する1982年12月10日の海洋法に関する国際連合条約の規定の実施のための協定」（Agreement for the Implementation of the Provisions of the United Nations Convention on the Law of the Sea of 10 December 1982 relating to the conservation and management of straddling fish stocks and highly migratory fish stocks）であり，第63条[50]に定められた資源保存に向けての努力義務を基礎として，経済水域の内外にわたって生息または回遊するストラドリング・高度回遊性魚種の保存管理について，公海での措置との一貫性を保つこととした[51]。しかしながら，上述のとおり，UNCLOSには

公海・深海底いずれの規定においても，生物遺伝資源についての規定は存在せず，従って実施協定の根幹となる条項や法的根拠はなく，国連海洋法条約上の義務を具体的に履行するという意味での実施協定は締結することができない。

このように見ると，近年，生物資源の保存とその衡平な配分を追求するために，各国がUNCLOSの枠組を超えてその沿岸国管轄権の拡大を図る傾向があり，EU提案は，むしろ，その1つに位置付けられるとも考えられる。すなわち，沿岸国が一方的な国内措置を採り，それを根拠に二国間ないし地域的な特別協定を締結しようとする動きである[52]。EU提案の文言は「UNCLOSの文脈で」(in the context of UNCLOS and in a manner consistent with international law) となっており，この点をEU自身も認識していると考えられよう。

③予防的アプローチ及び生態系アプローチ

EUの提案する実施協定もしくは特別協定は，さらに予防的アプローチ及び生態系アプローチに基づいた基準を採用して，海洋環境保護という観点からのアプローチをもって保護区を設定することとされている[53]。しかしながらこの予防的アプローチ及び生態系アプローチについては，現時点では定まった定義や概念がなく，各国に共通理解が存在しない。これらのアプローチに関して，以下，若干の検討を行うこととする。

第1に，予防的アプローチとは，一般に，「重大又は回復不可能な損害の脅威が存在する場合には，完全な科学的確実性の欠如が，環境悪化を防止するための費用対効果の大きな対策を延期する理由として使われてはならない」と定義される[54]。環境への重大な損害を未然に「防止」するのみならず，予見可能性や科学的確実性が存在しなくともその発生を阻止する義務を課そうとするものである[55]。このアプローチに基づけば，科学的不確実性が残る状況においても，環境破壊や生物多様性の減少の「恐れ」があれば措置をとることができることとなり，安易に保護区が設定されたり，とりわけ先進国による囲い込みが積極的に行われたりする可能性がある[56]。

第2に，生態系アプローチとは，陸上起源の汚染，外来生物の移入などの様々な要素も考慮した上で，生態系全体の維持・管理を行うという考え方であ

る。EUは，この生態系アプローチを沿岸国の立法管轄権の根拠として援用し，国家管轄権の下でとられる措置とその範囲外でとられる措置は，それら措置の実効性確保という観点から一貫し，両立している必要があるとするのである。

確かに，生物多様性条約においては，前述のとおり，本条約の適用が，自国の管理下の活動の及ぼす影響については国家管轄権外の区域にも及ぶことを規定しており（第4条 (b)），締約国には，重大な危険又は損害を防止し又は最小にするための行動をとることが義務づけられている（第14条）[57]。その際，生態系アプローチの採用が条約上に明記されていなくとも，生物多様性の保全という目的の特質から，生態系が考慮されうることについては疑問はなかろう。実際，本条約の第2回締約国会議で採択されたジャカルタ・マンデイトでは，海洋及び沿岸域環境において，生物多様性条約上の義務を履行するために締約国がとるべき行動のリストを勧告したが，その1つが，海洋保護区と海洋及び沿岸域の統合的管理であった。前者に関しては前述の通りであるが，後者は，海洋及び沿岸域における生物多様性に対する人間の影響，生物多様性の維持と持続可能な利用という問題に取り組む際に最も適したアプローチとして提示された，「海洋及び沿岸域の統合的管理」(Integrated Marine and Coastal Area Management) という考え方である。そして，海洋及び沿岸に保護区が指定され，そこでは生物多様性の保全という目的達成のために，人間の活動や資源の利用が規制されることになる。これは，生態系アプローチの1つの発現形態として，海域に保護区を設定することを推奨していると解釈することができよう[58]。

しかしこの生態系アプローチのみでは，科学的知見の不確実性，曖昧性，概念の不明確性ということから，精密な指標や基準を設定することは極めて困難である。そのため，実際には現在のところこのアプローチのみに基づいた規制の実例はない[59]。さらにこれは，周辺の海洋環境への影響や，様々な要素を考慮した統合的かつ複合的なアプローチのため，実際にこれに基づいた規制を行うとなると莫大な労力ないし費用を要する。それゆえ，実現可能性の観点からも問題があり，たとえ実施するとしても一部の先進諸国のみが可能ということになり，途上国の参入が妨げられることが危惧される。また，生物多様性における生態系の「一体性」については，そもそも，沿岸国の管轄権内の生態系と

管轄権外の生態系が「一体性」を構成しているかどうかの判断基準に関する科学的信憑性にも，議論の余地が残されている。

このような2つのアプローチがあるが，実際にはいずれのアプローチも海洋環境保護という観点からのものである。そのため，より本質的な問題として，EU諸国が本来問題としている生物遺伝資源の商業利用のための管理との関係はどうあるべきか，という規制目的からする機能的相違から生じる問題の調整が残されている。例えば海洋環境保護に基づく生態系アプローチについて言えば，これは本来生態系全体を保護する概念であり，特定の区域を関係国のために留保するためのものではない。従って，このアプローチを根拠として海洋保護区を設定し，各国に生態系の維持・生物多様性の維持のための義務を課すことはできても，その区域で探査・開発を行う権限の根拠とはならないのである。この点が，EU諸国の提案が各国を説得できないのみならず，これら内在的な問題が存在することが，具体的な提案に進展しない重要な理由と言えよう[60]。

(2) 新しい制度構築：「人類の共同の財産」

2つ目の立法論は，深海底の生物遺伝資源をUNCLOS第136条で言う「人類の共同の財産」に含め，国際海底機構の管理の下に置くという提案であり，中国，77カ国グループ（G77）等の途上国が主張しているものである。深海底における「人類の共同の財産」である資源が鉱物資源のみを意味することは前述のとおりであるが，「人類の共同の財産」概念は，その後，様々な分野への援用が試みられてはきた[61]。とりわけ途上国は，生物多様性との関連でこれを強く主張してきた。しかし，生物多様性条約においても，前文に「生物の多様性の保全が人類の共通の関心事（common concern of humankind）」であることを確認し，」と述べられるにとどまり，結局，この概念が規定されることはなかった[62]。

もとより，現行UNCLOS上，国際海底機構にそのような権限が付与されていないことはすでに述べたとおりである[63]。よって，現時点ではこの構想を支える法的根拠はなく，国際海底機構の権限を拡大するためには，UNCLOSを改定する必要がある。具体的には，第11部第133条，137条[64]，153条[65]，157条[66]の他，第12部（海洋環境の保護及び保全），第13部（海洋の科学的調査），第14部（海

洋技術の発展及び移転）等の関連規定の改定が必要となる。結局，その部分に関しては，現行レジームとは異なる全く新しいレジームの形成を意味するものであり，理論的にも実際的にも多大の障壁が容易に想像され，現時点での実現可能性は極めて低いと言わざるを得ないであろう。

3　現行の法的枠組の利用──公海自由の原則に基づく旗国主義──

　他方，伝統的な国際法の原則に則り，既存の法的枠組の中で規制・管理を行うという立場もある。これは，特にアメリカが主張しているものであるが，我が国も基本的にこの立場に立っている。

　この原則によれば，国家管轄権以遠にある生物遺伝資源は，(1) 生物多様性条約との関係ではその資源の存在する場所という観点から，原則として第4条 (b) 項に基づく旗国主義が援用されることとなり，また，(2) UNCLOSにおける深海底制度との関係では，適用対象外であり，公海自由の原則の下で自由競争となる，と言う。換言すれば，沿岸国のコントロールも第三者機関のコントロールも受けずに，公海レジームを基盤として，旗国主義に基づき各国が自由に活動を行うということである。すなわちそこでは，海洋の科学的調査は自由に行われることになり，商業利用のための探査・開発も促進されることになろう。しかし，伝統的な公海自由の原則の適用には，解決すべき問題点も指摘でき，これに関しては最後に述べることとする。

Ⅳ　結びに代えて──今後の展望と課題──

　以上に述べてきた点を踏まえて，ここでは，若干の今後の展望と課題を述べて，結びに代えたい。

1　実体法上の規制

　実体法上の規制に関しては，まず，その規制理由が，海洋環境保護と生物遺

伝資源の商業利用の円滑な実施のどちらかを確定し，場合によっては相互の関係を調整しなければならないという問題があることが確認できよう。次に，その規制内容としては，その区域での活動を完全禁止とするのか，公海自由の原則の下で自由競争とするのか，あるいは国際管理を行うのか，という問題が指摘されよう。

　これらは，日本が支持する「公海自由」原則に対しても，繊細な法的調整を迫るものである。本原則の単純な適用に関しては，一方で科学技術や費用という面から，一部の先進国のみしか行えないということになるとの途上国からの反対が見られ，他方で，環境保護の観点から，過剰開発による生物多様性の減少を阻止したり，生態系の一体性を維持したりする必要性にどのように応えるかという問題も残されているからである。前者は，生物遺伝資源の商業利用の問題に関わるものであるが，これについては，遺伝資源から生じる利益（遺伝情報，技術等）の衡平な分配について，様々な議論があり，今後，詳細に検討する必要があろう[67]。さらに，次に述べる，先進国企業間の調整も問題となりうるのである。

2　管轄権の配分とその限界

　管轄権の配分については，第三国の企業を拘束するための管轄権配分をどのように構築するかという問題がさらに残る。海洋保護区を設定する場合であっても，UNCLOS第311条に基づき，他の締約国の権利義務に影響を与えないような特別協定を結ぶ場合には，協定当事国の行動を規制することはできても，当該区域で活動を行う第三国については，その効力を及ぼし得ないからである。

　また，「公海自由」原則に基づく場合にも，各国は旗国主義の下で自由に活動が行えるものの，海洋保護区の設定の場合と同様，その区域における第三国の新規参入企業に対する規制をどのように行うのか，さらには，問題が起こった際の裁判・執行管轄権は旗国主義のままでよいのか，という諸問題が指摘されることになろう。ここで問題となっている活動が生物遺伝資源の商業利用であることを考えると，活動に参加する全ての企業を拘束することのできる体制が必要となる可能性があろう。そのような体制を考えるならば，「公海自由」を基盤とした旗国主義を原則とした場合にも，利害関係国間で特別協定を結ぶ必要が，将来

的に生じ得ることは否定できないであろう。その意味では,「公海レジーム」は,伝統的な内容から,機能的変化を迫られる可能性も否定できない。そのため,UNCLOS発効（第11部実施協定成立）以前の深海底開発における,「公海自由」原則と「人類の共同の遺産」原則の関係,前者に基づいた「協調国レジーム」の法的意義等と比較し再検討することが,今後,重要かつ有益であると考えられる[68]。

3　法規範の形式

　法規範の形式については,新たな規制・管理レジーム形成を模索する場合にも,また公海自由の原則の下で旗国主義による規制・管理を原則として考え,利害関係国間の協定による調整を行う場合にも,法規範の形式が問題となる。すなわち,新規の特別協定によって行うのか,既存条約の改正を行うのか,あるいは実施協定（現段階では実施協定の法的根拠となる条約規定がないため,形式的には既存の条約の実施協定を装うことになる）を締結するか等,いくつかの可能性がある。現実的には,条約の締結は近い将来には困難なため,まずは国連や関連国際組織において,決議やガイドライン等を作成し,実行を積み重ねていくことになろう[69]。但し国連総会等の決議やガイドラインには法的拘束力がないため,将来的には,少なくとも利害関係国間による条約の締結が不可避となる可能性も否定できないであろう。

〈注〉

1　United Nations Convention on the Law of The Sea. 1982 年採択, 1994 年発効。排他的経済水域の生物資源の保存については, 第 61 条, 利用については, 第 62 条, 公海の生物資源の保存及び管理については, 第 7 部第 2 節 (第 116-120 条) が規定する。

2　1992 年, リオデジャネイロにおける国連環境開発会議 (UNCED) にて採択された行動計画であり, 形式的には, 法的拘束力はない。詳細は, 以下の HP 参照。http://www.un.org/esa/dsd/agenda21/ (last visited 24 February 2010).

3　Convention on Biological Diversity (CBD). 1992 年採択, 1993 年発効。

4　Ad Hoc Open-ended Informal Working Group to study issues relating to the conservation and sustainable use of marine biological diversity beyond areas of national jurisdiction. 設立の背景については, http://www.un.org/Depts/los/consultative_process/consultatire_process_background.htm (last visited 24 February 2010).

5　作業部会の目的は(a)国家管轄権の区域を越える海洋の生物多様性の保全及び持続可能な利用に関する国連及びその他の関連諸機関の現在と過去の活動の調査, (b)当該諸問題の科学的, 技術的, 経済的, 法的, 環境的, 社会経済的, その他の側面の検討, (c)それらをより詳細に研究することで諸国家による考慮を促進するような鍵となる論点や問題の確認, (d)当該諸問題のための国際協力や調整を促進するための適切で可能な選択肢や方法の示唆, を行うことである。*GA Res.*, A/RES/59/25, 4 February 2005, para. 73. この問題の重要性については, *Report of the Secretary-General*, Addendum, A/62/66/Add.2, 10 September 2007 を参照。簡潔には, 田中則夫「海洋の生物多様性の保全と海洋保護区」『ジュリスト』1365 号, 2008 年, 26 頁。

6　2002 年のヨハネスブルク・サミットにて採択。*Report of the World Summit on Sustainable Development*, A/CONF. 199/20 and A/CONF. 199/20/Corr. l.

7　WSSD 実施計画 32(a)。文書番号を入れる。

8　深海底, とりわけ海底熱水鉱床における生態系保全の重要性については, David Kenneth Leary, *International Law and the Genetic Resources of the Deep Sea*, Martinus Nijhoff Publishers, 2007, pp. 7-27.

9　WSSD 実施計画 32(c)に, 2012 年を達成目標年として,「生態系アプローチ, 破壊的漁業慣習の排除, 代表的ネットワークの 2012 年までの設立及び幼育の場と期間を保護するための期間・区域禁漁を含む国際法に整合し科学的情報に基づいた海洋保護区の設置, 適切な沿岸陸域の利用, 集水域計画及び海域・沿岸域管理の重要部門への統合を含む, 多岐にわたるアプローチ及び手段の利用を開発・促進すること。」とされている。

10　「第 87 条　公海の自由　1　公海は, 沿岸国であるか内陸国であるかを問わず, すべての国に開放される。公海の自由は, この条約及び国際法の他の規則に定める条件に従って行使される。この公海の自由には, 沿岸国及び内陸国のいずれについても, 特に次のものが含まれる。……(e)第 2 節に定める条件に従って漁獲を行う自由……」

11　「第 116 条　公海における漁獲の権利　すべての国は, 自国民が公海において次のものに従って漁獲を行う権利を有する。(a)自国の条約上の義務(b)特に第 63 条 2 及び第 64 条から第 67 条までに規定する沿岸国の権利, 義務及び利益(c)この節の規定」

12　「第 117 条　公海における生物資源の保存のための措置を自国民についてとる国の義務　すべての国は, 公海における生物資源の保存のために必要とされる措置を自国民についてとる義務及びその措置をとるに当たって他の国と協力する義務を有する。」

13　「第 118 条　生物資源の保存及び管理における国の間の協力　いずれの国も, 公海における生物

資源の保存及び管理について相互に協力する。二以上の国の国民が同種の生物資源を開発し又は同一の水域において異なる種類の生物資源を開発する場合には，これらの国は，これらの生物資源の保存のために必要とされる措置をとるために交渉を行う。このため，これらの国は，適当な場合には，小地域的又は地域的な漁業機関の設立のために協力する。」

14 「第119条 公海における生物資源の保存 1 いずれの国も，公海における生物資源の漁獲可能量を決定し及び他の保存措置をとるに当たり，次のことを行う。(a)関係国が入手することのできる最良の科学的証拠に基づく措置であって，環境上及び経済上の関連要因（開発途上国の特別の要請を含む。）を勘案し，かつ，漁獲の態様，資源間の相互依存関係及び一般的に勧告された国際的な最低限度の基準（小地域的なもの，地域的なもの又は世界的なもののいずれであるかを問わない。）を考慮して，最大持続生産量を実現することのできる水準に漁獲される種の資源量を維持し又は回復することのできるようなものをとること。(b)漁獲される種に関連し又は依存する種の資源量をその再生産が著しく脅威にさらされることとなるような水準よりも高く維持し又は回復するために，当該関連し又は依存する種に及ぼす影響を考慮すること。 2 入手することのできる科学的情報，漁獲量及び漁獲努力量に関する統計その他魚類の保存に関連するデータは，適当な場合には権限のある国際機関（小地域的なもの，地域的なもの又は世界的なもののいずれであるかを問わない。）を通じ及びすべての関係国の参加を得て，定期的に提供し，及び交換する。 3 関係国は，保存措置及びその実施がいずれの国の漁業者に対しても法律上又は事実上の差別を設けるものではないことを確保する。」

15 かかる条項では，公海における生物資源の保存・管理と関連の国際協力達成のために国際機関の介在を想定しているが，その機能には，科学的根拠の信頼性，履行確保手段の欠如から，実効性を欠くという問題が残っている。山本草二『国際法［新版］』有斐閣，1994年，436頁。

16 「第65条 海産哺乳動物 この部のいかなる規定も，沿岸国又は適当な場合には国際機関が海産哺（ほ）乳動物の開発についてこの部に定めるより厳しく禁止し，制限し又は規制する権利又は権限を制限するものではない。いずれの国も，海産哺（ほ）乳動物の保存のために協力するものとし，特に，鯨類については，その保存，管理及び研究のために適当な国際機関を通じて活動する。」

17 但し，本条に関しては，理論的な疑問も提示されている。小田滋『注解国連海洋法条約 上巻』有斐閣，1985年，214頁。

18 深海底の資源に関する全ての権利は，人類全体に付与され，国際海底機構が人類全体のために行動するものとされ，具体的には，深海底から採取された鉱物は，11部の規定と機構の規則・手続に従って譲渡されることとなっている（第137条）。

19 山本，前掲書（注15），437-439頁。

20 「第133条 用語 この部の規定の適用上，(a)「資源」とは，自然の状態で深海底の海底又はその下におけるすべての固体状，液体状又は気体状の鉱物資源（多金属性の団塊を含む。）をいう。(b)深海底から採取された資源は，「鉱物」という。」

21 「第156条 機構の設立 1 この部の規定に基づいて任務を遂行する国際海底機構を設立する。 2 すべての締約国は，締約国であることによって機構の構成国となる。 3 第三次国際連合海洋法会議のオブザーバーであって，最終議定書に署名し，かつ，第305条1の（c），（d），（e）又は(f)に規定するものに該当しないものは，機構の規則及び手続に従ってオブザーバーとして機構に参加する権利を有する。 4 機構の所在地は，ジャマイカとする。 5 機構は，その任務の遂行のために必要と認める地域のセンター又は事務所を設置することができる。」

22 「第157条 機構の性質及び基本原則 1 機構は，締約国が，特に深海底の資源を管理する

ことを目的として，この部の規定に従って深海底における活動を組織し及び管理するための機関である。　2　機構の権限及び任務は，この条約によって明示的に規定される。機構は，深海底における活動についての権限の行使及び任務の遂行に含まれ，かつ，必要である付随的な権限であって，この条約に適合するものを有する。　3　機構は，そのすべての構成国の主権平等の原則に基礎を置くものである。　4　機構のすべての構成国は，すべての構成国が構成国としての地位から生ずる権利及び利益を享受することができるよう，この部の規定に基づいて負う義務を誠実に履行する。」

23　「第160条　権限及び任務　1　総会は，機構のすべての構成国で構成される機構の唯一の機関として，他の主要な機関がこの条約に明示的に定めるところによって責任を負う機構の最高機関とみなされる。総会は，この条約の関連する規定に従い機構の権能の範囲内のあらゆる問題又は事項に関して一般的な政策を定める権限を有する。」

24　山本，前掲書（注15），438頁。

25　尚，この機関設立の背景に，人類全体の利益，とりわけ開発途上国の利益と必要の考慮があることから，後述するように開発途上国諸国は，生物遺伝資源の国際管理構想としてこの機関の権限拡大を主張している。

26　この見解を主張している代表的な国家が，アメリカと日本である。

27　海洋環境に関しても，UNCLOSの起草経緯においては，その主要な論点は海洋汚染であり，生態系の保全については重要視されていなかった。

28　「第1条　目的　この条約は，生物の多様性の保全，その構成要素の持続可能な利用及び遺伝資源の利用から生ずる利益の公正かつ衡平な配分をこの条約の関係規定に従って実現することを目的とする。この目的は，特に，遺伝資源の取得の適当な機会の提供及び関連のある技術の適当な移転（これらの提供及び移転は，当該遺伝資源及び当該関連のある技術についてのすべての権利を考慮して行う。）並びに適当な資金供与の方法により達成する。」

29　「第2条　用語　この条約の適用上，……「遺伝資源」とは，現実の又は潜在的な価値を有する遺伝素材をいう。……」

30　「第4条　適用範囲　この条約が適用される区域は，この条約に別段の明文の規定がある場合を除くほか，他国の権利を害さないことを条件として，各締約国との関係において，次のとおりとする。(a)生物の多様性の構成要素については，自国の管轄の下にある区域(b)自国の管轄又は管理の下で行われる作用及び活動（それらの影響が生ずる場所のいかんを問わない。）については，自国の管轄の下にある区域及びいずれの国の管轄にも属さない区域」

31　この問題に関しては，宇宙やその他の法領域でも問題となるものであるが，国際環境法に関するものとして，山本草二『国際法における危険責任主義』東京大学出版会，1982年，23-25頁，村瀬信也「国際環境法における国家の管理責任——多国籍企業の活動とその管理をめぐって——」『国際法外交雑誌』第93巻3・4号，1994年，418-447頁，同「管轄権・管理」『国際環境法の重要項目』日本エネルギー法研究所，1995年，35-40頁，加藤信行「環境損害に関する国家責任」水上千之・西井正弘・臼杵知史編『国際環境法』有信堂，2001年，231-246頁。

32　「第5条　協力　締約国は，生物の多様性の保全及び持続可能な利用のため，可能な限り，かつ，適当な場合には，直接に又は適当なときは能力を有する国際機関を通じ，いずれの国の管轄にも属さない区域その他相互に関心を有する事項について他の締約国と協力する。」

33　尚，UNCLOSと生物多様性条約との関係という観点から海洋の生物遺伝資源について検討したものに，Rüdiger Wolfrum-Nele Matz, "The Interplay of the United Nations Convention on the Law of the Sea and the Convention on Biological Diversity", *Max Plank Yearbook* of *United Nations Law*, 2000, pp. 445-480 ; Giuseppe Cataldi, "Biotechnology and Marine Biogenetic Resources : The Interplay between UNCLOS and the CBD", Francioni and Tullio Scovazzi eds, *Biotechnology and International Law*, Hart Publishing, 2006, pp. 102-107.

34　国際法の欠缺一般に関しては，森田章夫「国家管轄権と国際紛争解決──紛争要因と対応方法の分類に基づく解決方式の機能分化──」『国家管轄権 山本草二先生古稀記念』勁草書房，1998，513-539頁，特に515-521頁，小寺彰『パラダイム国際法』有斐閣，2004年，第2章，特に13-19頁，奥脇直也・小寺彰編『国際法キーワード［第2版］』有斐閣，2006年，54-57頁（小寺彰）．

35　Francesco Francioni, "International Law for Biotechnology : Basic Principles", Francesco Francioni and Tullio Scovazzi eds, *op. cit.*, pp. 7-8.

36　伝統的な公海自由原則が，排他的経済水域や大陸棚における天然資源の開発に関する機能的な主権を沿岸国に認める国際慣習法が出現したことによって，変化を遂げたものである．

37　国連海洋法条約における深海底に関するレジーム，月協定における資源開発レジーム．

38　領域主権の及ばない領域，あるいは領域権原について争いがある地域の国際管理として南極条約体制を詳しく論じたものに，Francesco Francioni and Tullio Scovazzi eds., *International Law for Antarctica*, 2nd ed. Kluwer Law International, 1996.

39　これは，1990年代に，地球規模の生態系の保全を国際社会の一般利益と見て，使われるようになった概念である．国連気候変動枠組条約前文や，生物多様性条約前文に見られるが，「人類の共同の財産」概念とは異なり，この概念にはそれらの資源に対する法的な権原を付与する意味はなく，国際社会が全体としてそれらの資源の保全・利用に関して利害関係を有していることを喚起しているにすぎない．

40　以上に関しては，Francioni, *op. cit.*, pp. 8-9.

41　以下の提案については，2006年2月に第60回国連総会の下で開催された第2回「国家管轄権の区域を越える海洋の生物多様性の保全及び持続可能な利用に関する問題を研究するアド・ホック・オープンエンディドな非公式作業部会」，及び，2006年6月の「第7回海洋・海洋法に関する国連非公式協議プロセス」(United Nations Open-ended Informal Consultative Process on Oceans and the Law of the Sea) に参加国より提出された文書による．まとまったものとして，*Report on the work of the United Nations Open-ended Informal Consultative Process on Oceans and the Law of the Sea at its seventh meeting*, A/61/156, 17 July 2006.

42　海洋保護区に関しては，本稿で言及した文献以外に，加々美康彦「海洋保護区──場所本位の海洋管理」栗林忠男・秋山昌廣編『海の国際秩序と海洋政策』2006年，東信堂，185-223頁参照．

43　南極条約及び南極の海洋生物資源の保存に関する条約の前文は，南極での活動は全人類の利益であるとし，生物資源には科学的調査のためにのみアクセスできることを規定している．南極大陸は領土権が凍結されているため（南極条約第4条），隣接する海域は公海となり，環境保護に関する南極条約議定書附属書Ⅴ（地区の保護及び管理）に基づいて指定される南極特別保護地区や南極特別管理区は公海上に設定される保護区となる．

44　国際捕鯨取締条約第5条1項．

45　OSPAR条約附属書Ⅴ「海洋区域の生態系と生物多様性の保護及び保存」．詳しくは，David Kenneth Leary, *op. cit.*, pp. 66-67.

46　地中海汚染防止条約の議定書である，地中海の特別保護地域と生物多様性に関する議定書．

47　海洋保護区の先行事例については，David Kenneth Leary, *op. cit.*, pp. 65-78，田中則夫，前掲論文（注5），27-30頁，同「国際法における海洋保護区の意義」中川淳司・寺谷広司編『国際法学の地平　大沼保昭先生記念論文集』東信堂，2008年，637-658頁．

48 「第311条 他の条約及び国際協定との関係　1　この条約は，締約国間において，1958年4月29日の海洋法に関するジュネーヴ諸条約に優先する。　2　この条約は，この条約と両立する他の協定の規定に基づく締約国の権利及び義務であって他の締約国がこの条約に基づく権利を享受し又は義務を履行することに影響を及ぼさないものを変更するものではない。　3　二以上の締約国は，当該締約国間の関係に適用される限りにおいて，この条約の運用を変更し又は停止する協定を締結することができる。ただし，そのような協定は，この条約の規定であってこれからの逸脱がこの条約の趣旨及び目的の効果的な実現と両立しないものに関するものであってはならず，また，この条約に定める基本原則の適用に影響を及ぼし又は他の締約国がこの条約に基づく権利を享受し若しくは義務を履行することに影響を及ぼすものであってはならない。　4　3に規定する協定を締結する意思を有する締約国は，他の締約国に対し，この条約の寄託者を通じて，当該協定を締結する意思及び当該協定によるこの条約の変更又は停止を通報する。　5　この条の規定は，他の条の規定により明示的に認められている国際協定に影響を及ぼすものではない。　6　締約国は，第136条に規定する人類の共同の財産に関する基本原則についていかなる改正も行わないこと及びこの基本原則から逸脱するいかなる協定の締約国にもならないことを合意する。」

49 山本，前掲書（注15），445頁。

50 「第63条　二以上の沿岸国の排他的経済水域内に又は排他的経済水域内及び当該排他的経済水域に接続する水域内の双方に存在する資源……　2　同一の資源又は関連する種の資源が排他的経済水域内及び当該排他的経済水域に接続する水域内の双方に存在する場合には，沿岸国及び接続する水域において当該資源を漁獲する国は，直接に又は適当な小地域的若しくは地域的機関を通じて，当該接続する水域における当該資源の保存のために必要な措置について合意するよう努める。」

51 山本，『国際法［新版］』，前掲書，388-389頁，加々美康彦「国連公海漁業実施協定第七条における一貫性の原則」『関西大学法学論集』第50巻4号，2000年，94-145頁。

52 詳細は，同上，349-352頁。

53 WSSD実施計画32(c)。

54 この定義は，1992年にリオデジャネイロで開催された国連環境開発会議（地球サミット）で採択された「環境と開発に関するリオ宣言」（The Rio Declaration on Environment and Development）の原則15において定式化されたものである。

55 予防的アプローチの詳細については，山本，前掲書（注31），330-340頁，兼原敦子「予防原則」『国際環境法の重要項目』，前掲書，87-93頁，David Freestone and Ellen Hey eds., *The Precautionary Principle and International Law : The Challenge of Implementation*, Kluwer Law International, 1996, 水上千之「予防原則」水上・西井・臼杵編，前掲書（注31），225-226頁，Patricia W. Birnie Alan E. Boyle, and Catherine Redgwell, *International Law and the Environment*, 3rd ed., 2009, pp. 152-164, 最新版が望ましい，西井正弘・上河原献二・遠井朗子・岡松暁子「地球環境条約の性質」西井正弘編『地球環境条約』有斐閣，2005年，25-31頁，坂元茂樹「環境・生物資源の保全のためにとり得る措置――海洋保護区の問題を中心に――」『海洋法の執行と適用をめぐる国際紛争事例研究』海上保安協会，2008年，68-70頁。

56 厳密には，予防的アプローチと言うよりも，「予防原則」の採用に関する議論ではあるが，例えば，漁業分野にこの原則が適用された場合には，一切の漁業が禁止される危険がある。Francisco Orego Vicuna, *Changing International Law of High Seas Fisheries*, Cambridge, 1999, pp. 157-162, 西村弓「公海海洋生物資源管理と予防原則」『『海洋生物資源の保存及び管理』と「海洋秩

序の多数国による執行」(海洋法制研究会第三年次報告書)』日本国際問題研究所，2001年，47-49頁。

57　「第14条　影響の評価及び悪影響の最小化　1項……　(b)生物の多様性に著しい悪影響を及ぼすおそれのある計画及び政策の環境への影響について十分な考慮が払われることを確保するため，適当な措置を導入すること。……　(d)自国の管轄又は管理の下で生ずる急迫した又は重大な危険又は損害が他国の管轄の下にある区域又はいずれの国の管轄にも属さない区域における生物の多様性に及ぶ場合には，このような危険又は損害を受ける可能性のある国に直ちに通報すること及びこのような危険又は損害を防止し又は最小にするための行動を開始すること。　(e)生物の多様性に重大なかつ急迫した危険を及ぼす活動又は事象（自然に発生したものであるかないかを問わない。）に対し緊急に対応するための国内的な措置を促進し及びそのような国内的な努力を補うための国際協力（適当であり，かつ，関連する国又は地域的な経済統合のための機関の同意が得られる場合には，共同の緊急時計画を作成するための国際協力を含む。）を促進すること。……」

58　The Jakarta Mandate, A/51/312, Annex II to decision II /10. 詳細は，Robert Beckman, "The Role of Law in the Protection of Coastal Ecosystems"『沿岸海洋生態系の保護と管理に関する国際シンポジウム報告書』国際エメックスセンター，2000年，29-50頁。

59　漁業分野での類似の考え方としては，UNCLOS実施協定である国連公海漁業協定第7条2項は，ストラドリング魚類資源及び高度回遊性魚類資源の保存及び管理の確保のために，その保存管理措置が国家の管轄下の水域と公海で一貫性のあるものでなければならないと規定する。詳しくは，加々美康彦「国連公海漁業実施協定第七条における一貫性の原則」『関西大学法学論集』第50巻4号，2000年，94-145頁。

60　尚，海洋保護区の設定の合法性について，詳細は，坂元茂樹，前掲論文（注55），2008年，73-76頁；田中則夫，前掲論文（注47），669-674頁。

61　宇宙，南極大陸などである。David Kenneth Leary, *op. cit.*, pp. 96-98；Kemal Baslar, *The Concept of the Common Heritage of Mankind in International Law*, Martinus Nijhoff Publishers, 1998, pp. xx, 1-2. 「人類の共同の財産」の概念については，*Ibid.*, pp. 9 *et seq.*, 307 *et seq.*

62　*Ibid.*, p. 97. 今後の議論の可能性について，Lyle Glowka," The Deepest of Ironies : Genetic Resources, Marine Scientific Research, and the Area", *Ocean Yearbook* 12, p. 154, 170.

63　深海底における国際海底機構の役割については，David Kenneth Leary, *op. cit.*, pp. 209-224.

64　「第137条　深海底及びその資源の法的地位　1　いずれの国も深海底又はその資源のいかなる部分についても主権又は主権的権利を主張し又は行使してはならず，また，いずれの国又は自然人若しくは法人も深海底又はその資源のいかなる部分も専有してはならない。このような主権若しくは主権的権利の主張若しくは行使又は専有は，認められない。　2　深海底の資源に関するすべての権利は，人類全体に付与されるものとし，機構は，人類全体のために行動する。当該資源は，譲渡の対象とはならない。ただし，深海底から採取された鉱物は，この部の規定並びに機構の規則及び手続に従うことによってのみ譲渡することができる。　3　いずれの国又は自然人若しくは法人も，この部の規定に従う場合を除くほか，深海底から採取された鉱物について権利を主張し，取得し又は行使することはできず，このような権利のいかなる主張，取得又は行使も認められない。」

65　「第153条　探査及び開発の制度　1　深海底における活動は，機構が，この条の規定，この部の他の規定，関連する附属書並びに機構の規則及び手続に従い，人類全体のために組織し，行い及び管理する。　2　深海底における活動は，3に定めるところに従って次の者が行う。(a)事業体(b)機構と提携することを条件として，締約国，国営企業又は締約国の国籍を有し若しくは締約国若し

くはその国民によって実効的に支配されている自然人若しくは法人であって当該締約国によって保証されているもの並びにこの(b)に規定する者の集団であってこの部及び附属書Ⅲに定める要件を満たすもの　3　深海底における活動については，附属書Ⅲの規定に従って作成され，法律・技術委員会による検討の後理事会によって承認された書面による正式の業務計画に従って行う。機構によって認められたところによって2(b)に定める主体が行う深海底における活動の場合には，業務計画は，同附属書第三条の規定に基づいて契約の形式をとる。当該契約は，同附属書第十一条に定める共同取決めについて規定することができる。　4　機構は，この部の規定，この部に関連する附属書，機構の規則及び手続並びに3に規定する承認された業務計画の遵守を確保するために必要な深海底における活動に対する管理を行う。締約国は，第百三十九条の規定に従い当該遵守を確保するために必要なすべての措置をとることによって機構を援助する。　5　機構は，この部の規定の遵守を確保するため並びにこの部又はいずれかの契約によって機構に与えられる管理及び規制の任務の遂行を確保するため，いつでもこの部に定める措置をとる権利を有する。機構は，深海底における活動に関連して使用される施設であって深海底にあるすべてのものを査察する権利を有する。　6　3に定める契約は，当該契約の定める期間中の有効性が保証されることについて規定する。当該契約は，附属書Ⅲの第十八条及び第十九条の規定に基づく場合を除くほか，改定されず，停止されず又は終了しない。」

66　「第157条　機構の性質及び基本原則　1　機構は，締約国が，特に深海底の資源を管理することを目的として，この部の規定に従って深海底における活動を組織し及び管理するための機関である。　2　機構の権限及び任務は，この条約によって明示的に規定される。機構は，深海底における活動についての権限の行使及び任務の遂行に含まれ，かつ，必要である付随的な権限であって，この条約に適合するものを有する。　3　機構は，そのすべての構成国の主権平等の原則に基礎を置くものである。　4　機構のすべての構成国は，すべての構成国が構成国としての地位から生ずる権利及び利益を享受することができるよう，この部の規定に基づいて負う義務を誠実に履行する。」

67　Francesco Francioni, *op. cit.*, pp. 20-25. 遺伝子情報の知的財産権をめぐる問題については，Ernst-Urrich Petersmann, "The WTO Dispute Over Genetically Modified Organisms : Interface Problems of International Trade Law, Environmental Law and Biotechnology Law", Francesco Francioni and Tullio Scovazzi eds, *op. cit.*, pp. 174-200；Hans Ullrich, "Traditional Knowledge, Biodiversity, Benefit-Sharing and Patent System : Romantics v. Economics?", *ibid.*, pp. 201-229；Simonetta Zarrilli, "International Trade in GMOs : Legal Frameworks and Developing County Concerns", *ibid.*, pp. 222-254.

68　この点で，極めて参考となる重要な論稿として，大沼保昭「深海底開発活動に対する国際法的評価──その総論的考察──」，河西（奥脇）直也「深海底開発と先行投資決議──国連海洋法条約の深海底レジームと「ミニ協定」の協調国レジーム」，山本草二「深海底活動と国家管轄権」『新海洋法条約の締結に伴う国内法制の研究　第3号』日本海洋協会，1984年，129-163，165-186，187-208頁。

69　このような，形式的には拘束力のない，「ソフトロー」に関する近時のまとまった研究としては，小寺彰・道垣内正人編『国際社会とソフトロー』有斐閣，2008年，参照。

第3章
武力紛争と環境保護
―― 国際法の視座から

筑波大学大学院人文社会科学研究科准教授　吉田　脩

I 国際法による戦争抑制と環境保護

　戦争ないし武力紛争と国際法の発展との間には，密接な関係がある。史的に見れば，今日の国際法の原初形態である古代国際法を特徴づける種々の取決めは，例えば，メソポタミアの都市国家ラガシュ（Lagash）とウンマ（Umma）との間で取り結ばれた紀元前3010年頃の「条約」などのように，当時の支配者たちの争いを契機として生み出されたものであるし[1]，フランシスコ・デ・ヴィトリア（Francisco de Vitoria, 1492-1546）やフーゴー・グロティウス（Hugo Grotius, 1583-1645）などの初期の国際法学者が最も関心を持ったのも戦争上の問題とその抑制であって，国際法に関する学問的な思索は，一般にまず，戦争の問題を起点として始められた[2]とも言われる。だが，そうした中で，古代国際法から近代国際法を通じて，あるいは，国際法の創始者たちの思惟の中にも，「戦争」概念とは対照的に，当然のことではあるが，今日でいうところの「環境〔の保護〕」という具体的な観念が存在しているわけではなかった[3]。

　19世紀の中葉に至り，日本も当事国となった「西暦千八百六十四年八月二十二日瑞西國ヂュネーヴ府ニ於テ瑞西國外十一國ノ間ニ締結セル赤十字條約」[4]が締結され，特に20世紀初頭にかけては，戦争に関する多くの条約が法典化されることとなった[5]。戦後は1949年のジュネーヴ四条約[6]と1977年の第一追加議定書[7]が作成され，また，猛毒のダイオキシンを含む枯葉剤が大量に使用されたヴェトナム戦争（1965—1975年）を背景として[8]，1976年には「環境改変技術の軍事的使用その他の敵対的使用の禁止に関する条約」（以下「ENMOD条約」[9]という。）が，より最近では，1999年に，「武力紛争の際の文化財の保護に関する条約」[10]（以下「武力紛争文化財保護条約」という。）に附属する第二議定書が採択され，同条約は2004年に発効している（後述）[11]。

　周知のように，戦争では尊い多くの人命が失われるのみならず，環境もまた直接に又は付随的に破壊され続けている。その事例は，湾岸戦争（1990—1991年）における原油施設の破壊や油田の爆破行為など，枚挙にいとまがない[12]。2006年7月に勃発したレバノンとイスラエルとの間の武力紛争でも，国連環境計画

(UNEP) が報告しているように，広範囲にわたる甚大な環境損害がもたらされた[13]。今日，武力紛争における環境の保護は，国際社会全体の主要関心事となっていると言えよう[14]。

　国際法学の視座から，戦争と環境保護との関係にアプローチするときには，こうした武力紛争を直接に規律する条約を中心とした実定国際法規——すなわち，武力紛争法ないし国際人道法——において，「環境」の保護がどのように位置づけられているのかという問題を，まずは考察する必要がある（Ⅱ章参照）[15]。武力紛争法は，傷病兵や文民といった人間の伝統的な保護を超えて，人を取り巻く環境をどの程度まで守ろうとしているのであろうか。WTO/GATT法のいわゆる"Greening"——環境保護という観念の高揚——なる現象のように[16]，それは武力紛争法の分野でも確認し得るのであろうか。

　他方で，環境それ自体の保護を目的として作成されてきた諸条約は，武力紛争の勃発といかなる関係に立つのであろうか。周知のように，特に1972年の「ストックホルム人間環境宣言」[17]の採択以降，数多くの環境条約が締結されてきた[18]。しかし，そのほとんどは，軍事的敵対行為の開始に伴う適用上の問題に関する規定を置いていない[19]。いわゆる「平時（peacetime）」を想定し作成されたと一応は解されるこれらの環境条約も，戦争状態の成立とは無関係に，引き続き，適用され得るのであろうか。例えば，戦闘行為の開始により，紛争当事国の間で平時の条約が当然に廃棄，終了（又は運用停止）されるという「消滅（廃止）主義」[20]（後述）の立場を採るのであれば，環境条約は，二国間の通商関係条約等と同じく，その法的効力を失ってしまい，まさに「武器の中において法は沈黙する」（*inter arma silent leges*）という事態に陥ることとなろう。そうであるとするならば，武力紛争時における法を通じた環境の保護は，大きな限界に逢着してしまう。すなわち，これは，「武力紛争が条約に及ぼす影響」[21]という別の論点を惹起するものである（Ⅲ章参照）。

Ⅱ　武力紛争法における環境保護

1　武力紛争法の一般原則と環境保護

　まずは，自然環境の保護にかかわる武力紛争法上の一般原則についての考察から始めよう。

　第26回国際赤十字・赤新月会議（1995年12月）の決議1「国際人道法」に基づき[22]，赤十字国際委員会（ICRC）法務部の指揮により作成された『慣習国際人道法』（2005年，第1巻「諸規則（Rules）」）は，本問題に係る武力紛争法の一般原則を次のように整序した上で，各規則は「国家実行により，国際的な及び非国際的な武力紛争において適用され得る慣習国際法の規範として，確立している」と捉えており，注目される[23]。

　規則43）敵対行為に関する一般原則は，自然環境に適用される。
　A．自然環境のいかなる部分も，それが軍事目標でない限り，攻撃されない。
　B．自然環境のいかなる部分の破壊も，絶対的に要請される軍事必要によらない限り，禁止される。
　C．予期される具体的かつ直接的な軍事的利益との比較において，環境に対し過度となり得る付随的な損害を引き起こすことが予測される軍事目標への攻撃は，禁止される。
　規則44）戦闘の方法及び手段は，自然環境の保護及び保全に妥当な考慮を払い，用いられなければならない。軍事活動の実施においては，環境に対する付随的な損害を防止し，かつ，いかなる場合にも最小限にとどめるため，すべての実行可能な予防措置がとられなければならない。特定の軍事活動の環境に関する影響についての科学的な確実性の欠如により，紛争当事国はそのような予防措置をとることを免れない。
　規則45）自然環境に対して広範な，長期的なかつ深刻な損害を与えることを目的とするか，又は与えることが予測される戦闘の方法及び手段の使用は，

禁止される。自然環境の破壊は、兵器として使用することができない。

ここで規則43に含まれているのは、①「目標識別の原則（principle of distinction）」、②「軍事必要の原則（principle of military necessity）」、③「均衡性の原則（principle of military proportionality）」の3要素であり、すなわち、これらは武力紛争法の存立基盤を成す基本諸原則でもある。

①目標識別の原則（いわゆる「軍事目標主義」）[24]によれば、戦闘員・軍用物（combatants and military objects）、文民・民用物（civilian population and civilian objects）の双方は区別され、後者のカテゴリーに属するものは直接の攻撃対象とはされない。この点につき、第一追加議定書52条2項は、「攻撃は、厳格に軍事目標に対するものに限定する。軍事目標は、物については、その性質、位置、用途又は使用が軍事活動に効果的に資する物であってその全面的又は部分的な破壊、奪取又は無効化がその時点における状況において明確な軍事的利益をもたらすものに限る」と規定しており、今日、軍事目標に係るこの定義は広く受け入れられていると言える。自然環境に対する目標識別原則の適用は、各国の軍事提要（マニュアル）や公的声明による支持を受けており[25]、ICRCの「武力紛争時の環境の保護に関するガイドライン」（1994年）にも規定されている（4項）[26]。

②軍事必要の原則は、軍事力の使用が軍事目的を達成するための範囲のみにおいて正当化され得るとするものである[27]。「戦争ノ必要上已ムヲ得サル場合ヲ除クノ外敵ノ財産ヲ破壊シ又ハ押収スルコト」（傍点は筆者）を禁止事項として掲げる、「陸戦ノ法規慣例ニ関スル条約」の附属書「陸戦ノ法規慣例ニ関スル規則」[28]（以下「ハーグ陸戦法規」という。）23条（ト）は、慣習法規を表すと一般には解されている[29]。各国の軍事提要、国内立法及び公的声明は、同原則が自然環境に対しても適用があることを示唆している[30]。

③均衡性の原則[31]は、過度の付随的な損害を生ずる攻撃を違法な無差別攻撃と捉えるものである。「予測される具体的かつ直接的な軍事的利益との比較において、巻き添えによる文民の死亡、文民の傷害、民用物の損傷又はこれらの複合した事態を過度に引き起こすことが予測される攻撃」（第一追加議定書51条5項(b)）は、同原則に反するものと見なされる。国際司法裁判所（ICJ）は、核兵器使用・威嚇の合法性事件において、「国家は、正当な軍事目的の追求に際して、

何が必要で均衡的かを評価するときに，環境上の配慮を考慮しなければならない。環境の尊重は，ある行為が必要性の原則と均衡性の原則と一致するか否かを評価することに関する諸要素の一つである」と述べている[32]。

このように，規則43は武力紛争時の環境保護に関する慣習法規を一応は適切に捉えるものと肯定的に解し得るが，しかし，同規則に含まれる諸原則の解釈ないし適用には，実践上，常に困難が伴うことは留意されなければならないであろう[33]。例えば，攻撃によって生ずることが予測される，どのような軍事的利益（military advantage）との比較において，いかなる種類ないし規模の環境損害（what type and amount of environmental damage）が，過度な付随的損害（excessive collateral damage）と考えられるのか。均衡性原則は，軍事上の価値，人道上の価値，環境上の価値を含む，諸価値と目標に対する主観的なバランスの考慮を伴い得る概念であって，絶えずその濫用の可能性をはらむものでもある。従って，環境破壊を抑制するためのさらに明確な規則が望ましいのは，言うまでもない[34]。

続いて，規則44は，攻撃の際の予防措置についての第一追加議定書57条[35]，国連安保理決議[36]，同総会決議[37]，諸国の軍事提要，国際環境法の発展とその一般原則（領域管理の責任原則），環境法上の「予防原則（precautionary principle）」などを踏まえ，案文されたものだという[38]。仮に同規則が慣習法規であるとしても，「妥当な配慮（due regard）」[39]や「すべての実行可能な予防措置（all feasible precautions）」の基準につき，国際社会には一致した共通の見解がいまだに存在しないであろうから，実際のところ，武力紛争におけるその適用は難しいと言わざるを得ないであろう。また，予防原則に関しては，武力紛争法というよりも，核実験の禁止等を規律する，軍備管理・軍備縮小にかかわる条約の分野において，より馴染む概念のように思われる[40]。

規則45は，第一追加議定書35条3項[41]をほぼそのままに採録したものであり，同55条1項にも「戦闘においては，自然環境を広範，長期的かつ深刻な損害（widespread, long-term and severe damage）から保護するために注意を払う」との規定が置かれている。この点につき，国際司法裁判所は，核兵器使用・威嚇の合法性事件において，「これらの規定は，広範，長期的かつ深刻な環境損害に対して自然環境を保護するための一般的義務（general obligation）を示して

いる」[42]と述べ，ほぼその慣習法的な効力を認めているように思われるが，続けて，「これら〔第一追加議定書35条3項及び55条〕は，同諸規定を支持したすべての国（all the States having subscribed to these provision）に対する強い抑制（powerful constraint）である」と位置づけており，その慣習法性にはやや否定的な評価を与えているようにも解される[43]。また，ICRCの『慣習国際人道法』は，アメリカ合衆国がこの規則45（第1文）の「一貫した反対国（persistent objector）」であること，フランス，連合王国，アメリカ合衆国が，核兵器の使用に対するこのルールの適用の「一貫した反対国」であることを示唆している[44]。この「広範，長期的かつ深刻な損害」禁止の原則の適用には，懐疑的な見解が多い。なぜならば，この違反の認定に際しては，「広範」，「長期的」及び「深刻」という3つの要件すべてが満たされなければならず，さらに，議定書上これらの文言は定義されていないが[45]，高い「基準（threshold）」を設定するものと，一般に解されているからである[46]。

規則45（第2文）はENMOD条約1条を中心とした諸規定より導かれたものと思われるが，同規則のコメンタリーは，ENMOD条約それ自体の慣習法上の効力にはかかわりなく，国内立法や諸国の声明その他の中に，これを支持するに足る十分な国家慣行があるとする[47]。

2　関連する国際条約の展開

第一追加議定書の締結後，これにより，「環境は，単に人類の環境（surrounding of homo sapiens）としてではなく，それ自体の権利にして，保護を受ける」とのやや楽観的な見解が一部の論者から示唆されたことがある[48]。しかし，既にⅡ章1で考察したように，同議定書35条及び55条に含まれる「広範，長期的かつ深刻な損害」禁止の原則の適用には高い「敷居」が存在し，また，均衡性原則その他，ICRCの『慣習国際人道法』が定式化した武力紛争法上の伝統的な一般原則による環境の保護にも限界があることが示された。軍事兵器の技術上の発達に加え，戦闘の手段・方法が多様化かつ複雑化する現代社会においては，抽象的な法的原則（legal principle）や理念（idea）よりも，特定の文脈・場面でのより実際的な適用を想定した条約上の規則（rule）の存在[49]とそれに対する諸国の幅

広い同意が求められつつあることに，おそらく異論はないであろう。問題なのは，原則として，条約がその当事国のみしか拘束し得ないということである（「パクタ・スント・セルヴァンダ（*pacta sunt servanda*）」[50]）。

　武力紛争時における環境の保護を「直接的」に定めるのは，第一追加議定書35条3項及び55条1項，ENMOD条約，1980年の「過度に傷害を与え又は無差別に効果を及ぼすことがあると認められる通常兵器の使用の禁止又は制限に関する条約」（以下「特定通常兵器使用禁止条約」という。）の「焼夷兵器の使用の禁止又は制限に関する議定書」（議定書Ⅲ）[51] 2条4項，1998年の「国際刑事裁判所に関するローマ規定」（以下「ICC規程」という。）8条2項 (b) (iv)[52] などであり，他の関連条約の規定は言わばこれを「間接的」に規定するに過ぎないものと一般には解される。

　ENMOD条約は，第一追加議定書35条3項が自然環境それ自体の保護を目的とするのに対し，環境を操作し「兵器」として変質させるような技術の使用を禁止する。すなわち，この当事国は，「破壊，損害又は傷害を引き起こす手段として広範な，長期的な又は深刻な効果をもたらすような環境改変技術の軍事的使用その他の敵対的使用を他の締約国に対して行わない」義務を負う（1条1項）。ここにおいて，第一追加議定書の「広範，長期的かつ（and）深刻な損害」という文言が，「広範な，長期的な又は（or）深刻な効果」という，選択的な要件に置き換えられている点は興味深い。「環境改変技術」とは，「自然の作用を意図的に操作することにより地球（生物相，岩石圏，水圏及び気圏を含む。）又は宇宙空間の構造，組成又は運動に変更を加える技術」（2条）を指しており，これには地震，津波，気象パターン，海流，オゾン層の状態の変更その他が含まれる[53]。「広範な」とは数百平方キロメートルの範囲に及ぶ区域，「長期的な」とは数か月の期間又はおおよその一季節，「深刻な」とは人の生活，天然資源及び経済資源又はその他の財産に対する重大な（serious）又は相当な（significant）破壊又は損害を伴うものをいう[54]。

　UNEPの報告書は，「1976年以来は，大規模な環境改変上の戦術という『ヴェトナムの事態（Viet Nam scenarios）』が一つも報告されていないのであるから，目下のところ，ENMOD〔条約〕は比較的に成功したもので実効的（successful and effective）であると結論づけることができよう」との肯定的な評価を下して

いる[55]。しかし，本条約については，前述の地震や津波等の現象を引き起こすような「環境改変技術」がそもそもまだ軍事上は実践の段階に達しておらず[56]，この意味では，将来的な法的規律を想定して作成された文書と言い得るであろう。さらに，同2条では自然作用を「意図的に（deliberate）」操作する行為が禁止されているのであって，軍事目標に対する攻撃の結果として生ずる，過度でない付随的な環境損害（collateral environmental damage）は許容されるとの解釈が成り立つ余地は十分に残されている[57]。さらに言えば，軍事作戦上の適用を目的とした環境改変技術の開発を禁止しているわけでもない[58]。かくして，UNEPによる分析は時期尚早と言わざるを得ず[59]，ENMOD条約についてはさらに慎重な評価が妥当なように思える。

　特定通常兵器使用禁止条約は，その前文で「自然環境に対して広範な，長期的なかつ深刻な損害を与えることを目的とする又は与えることが予想される戦闘の方法及び手段を用いることは禁止されている」ことを改めて確認し，議定書Ⅲ2条4項は，「森林その他の植物群落を焼夷兵器による攻撃の対象とすること」を禁止する。ただし，「植物群落を，戦闘員若しくは他の軍事目標を覆い，隠蔽し若しくは偽装するために利用している場合又は植物群落自体が軍事目標となっている場合」には，除外される。

　ICC規程が戦争による環境破壊を「戦争犯罪（war crimes）」として新たに位置づけたことは，当該行為が国際共同社会全体の関心事として一応は承認されたことを意味し得るであろう。同8条2項(b)(iv)は，「予期される具体的かつ直接的な軍事的利益全体との比較において，攻撃が，巻き添えによる文民の死亡若しくは傷害，民用物の損傷又は自然環境に対する広範，長期的かつ(and)深刻な損害であって，明らかに過度となり得るものを引き起こすことを認識しながら故意に攻撃すること」を禁止する（傍点は筆者）。絶対的禁止を意図した第一追加議定書35条3項及び55条1項と比較して言えば，ここでは，均衡性原則の導入により，最も深刻と思われる生態系上の損害さえもが「軍事的利益全体（overall military advantage）」という概念（軍事必要）に基づき許容される可能性が認められる[60]。同時に，「広範，長期的かつ深刻な損害」という厳しい累積的な要件の問題なども，残されている。こうした諸点にかんがみれば，特に環境の保護という側面からすれば，ICC規程の係る実体規定は第一追加議定書や

ENMOD条約などよりも明らかに後退したとの評価も妥当と評価せざるを得ないであろう[61]。

環境の保護を「間接的」に定める条約規定は多岐にわたるが[62]，例えば，①戦闘の方法及び手段の制限に関するもの，②「民用物（civilian object）」と「財産（property）」の保護を定めるもの，③文化財の保護に関するもの，④危険な力を内蔵する工作物及び施設の保護に関するもの，⑤ある特定の領域に基づくもの，などに分類できる。

①にはハーグ陸戦法規22条，23条，1925年の「窒息性ガス，毒性ガス又はこれらに類するガス及び細菌学的手段の戦争における使用の禁止に関する議定書」（毒ガス等禁止議定書）[63]，1993年の「化学兵器の開発，生産，貯蔵及び使用の禁止並びに廃棄に関する条約」（化学兵器禁止条約）[64]1条1項（b）[65]，特定通常兵器使用禁止条約の「地雷，ブービートラップ及び他の類似の装置の使用の禁止又は制限に関する議定書」（議定書Ⅱ）[66]及び「爆発性戦争残存物（ERW）に関する議定書」（議定書Ⅴ）[67]，第一追加議定書第三・四編の関連規定（35条，48条，51条等）などが含まれる。また，核兵器の使用禁止を定める，1967年の「ラテン・アメリカ及びカリブ地域における核兵器の禁止に関する条約」（トラテロルコ条約）[68]1条1項，「いかなる場合」にもクラスター弾の使用を禁止する，2008年の「クラスター弾条約」[69]1条1項（a）も，このカテゴリーに属するものと解されよう。

②の例としては，ハーグ陸戦法規23条（ト），文民保護条約53条[70]及び147条[71]などが挙げられる。第一追加議定書54条2項及び第二追加議定書14条も，文民たる住民の生存に不可欠な物を，攻撃し，破壊し，移動させ又は利用することができないようにすることを禁止する。

③については，例えば，1935年の「芸術上及び科学上の施設並びに歴史上の記念工作物の保護に関する条約（いわゆる「レーリッヒ協定」[72]），武力紛争文化財保護条約とその2つの議定書（1954年議定書及び1999年議定書）などが締結されている[73]。

武力紛争文化財保護条約は，第二次世界大戦中に多くの文化財・歴史的記念物が破壊されたことへの対応として[74]，国際連合教育科学文化機関（UNESCO）をフォーラムに作成されたものであり，当事国が自国の領域内に所在する「文

化財」を武力紛争により予測される影響から保全することを平時に準備するものと定めている（3条）。この条約上，「文化財」は，出所や所有者のいかんを問わず，①文化遺産として極めて重要である動産ないし不動産，②動産の文化財を保存し，展示することを目的とする建造物，③これらの文化財が多数所在する地区（「記念工作物集中地区」）として定義される（1条）。この保護の制度には，「一般的保護（general protection）」（4条1項）と「特別保護（special protection）」（8―9条）が含まれる。後者については，R. オキーフ（Roger O' Keefe）が指摘するとおり，文化財の国際登録制度（実施規則11―16条）が非常に煩雑であって，また，「重要な軍事目標」[75]から「十分な距離（adequate distance）」を置く（8条1項（a））との要件を満たすことが事実上難しいなど，度々その問題性が提起されてきた[76]。他方，1954年議定書は，ナチス・ドイツなどによる被占領国における文化財の略奪を背景に作成されたもので[77]，武力紛争の際に自国が占領した地域から文化財が輸出されるのを防止すること，占領地域から直接ないし間接に自国の領域内に輸入される文化財の管理を目的としている。

1999年議定書は，武力紛争文化財保護条約を「補足（supplement）」するもので，同条約の「特別の保護」を改善した「強化された保護（enhanced protection）」の制度（10―14条）を設置している。この「強化された保護」の下で，「文化財」は「人類にとって非常に重要な文化的遺産」と定義され，かつ，その地位の付与は，11条5項で定める手続に従い，「武力紛争の際の文化財の保護に関する委員会（Committee for the Protection of Cultural Property in the Event of Armed Conflict）」[78]の構成国の5分の4の多数決によりなされる。この「強化された保護」の導入によって，登録手続は簡略化され，一応は条約の実効性も向上したと評されている[79]。さらに，同議定書は，併せて，非国際的武力紛争（内戦）における適用（22条），刑事責任及び裁判権（15―21条），締約国会議（23条），武力紛争の際の文化財の保護に関する委員会（24条），事務局（28条）といった条約内部機関につき，規定している。

④については，第一追加議定書56条がこれを規定する。「危険な力を内蔵する工作物及び施設，すなわち，ダム，堤防及び原子力発電所は，これらの物が軍事目標である場合であっても，これらを攻撃することが危険な力の放出を引

き起こし，その結果文民たる住民の間に重大な損失をもたらすときは，攻撃の対象としてはならない」(同56条1項)。よって，湾岸戦争（1990—1991年）やレバノン紛争（2006年）などで行われた，特に油田（oil field）ないし油化設備（petrochemical facility）に対する攻撃は，この条項の適用範囲には含まれないこととなる。

⑤は，さらに，(a)「占領地域（territories under occupation）」，(b)「中立地帯〔地域〕(neutral territory)」及び (c)「非武装地帯〔地域〕(demilitarized zone)」にかかわる制度に分類できる[80]。

(a) については，例えば，ハーグ陸戦法規55条は，軍事必要が認められる場合を除き，「敵國ニ屬シ且占領地ニ在ル公共建物，不動産，森林及農場ニ付テハ，其ノ管理者及用益權者タルニ過キサルモノナリト考慮シ，右財産ノ基本ヲ保護シ，且用益權ノ法則ニ依リテ之ヲ管理スヘシ」と規定しており，また，前述の文民保護条約53条にも関連規定が置かれている。

(b) は武力紛争の際に敵対行為ができない領域を指すが，その中には国際河川[81]や国際運河[82]なども含まれ，(c) の概念と一致することが少なくない[83]。「中立地帯」の存立基盤を成すのが中立法（law of neutrality）であり，その下で，中立国は交戦国に対して，「黙認（acquiescence）」，「避止（abstention）」及び「防止（prevention）」という3つの中立義務を負う[84]。文民保護条約は，紛争当事国が，傷者，病者及び文民を戦争の危険から避難させるため，敵国に対し，戦闘が行われている地域内に中立地帯を設定することを提案できる旨を規定する（15条）。

(c) は，条約等により軍隊の駐留や軍事施設の建築を行わないことが約束された地帯である。第一追加議定書は，紛争当事者が「非武装地帯」の地位を付与した地帯に軍事行動を拡大することを禁止する（60条1項）。ここで「非武装地帯」とは，①すべての戦闘員の撤退，すべての移動可能な兵器・軍用設備の撤去，②固定された軍事施設の敵対的使用の禁止，③当局又は住民による敵対行為の不存在，④軍事上の努力（military effort）に関連する活動の終了という，通常はこれら4つの条件を満たしたものとされる（60条3項）。また，1959年の「南極条約」[85]（1条）や1967年の「月その他の天体を含む宇宙空間の探査及び利用における国家活動を律する原則に関する条約」（宇宙条約）[86]（4条）も，(c) の射程

に含まれよう。

III 武力紛争時における地球環境条約の適用問題

　国際司法裁判所は,「核兵器の合法性事件」において,「国家には,自国の管轄又は管理の下にある活動が他国の環境又は国の管轄の外の区域の環境を尊重するように確保すべき一般的な義務があることは,現在では,環境に関する国際法の総体の一部（part of the corpus of international law relating to the environment）である」[87]と述べた。しかし,「問題は,環境の保護に関する諸条約が武力紛争に適用され得るか否かではなく,これらの条約から生ずる義務が,軍事紛争の間における全面的な抑制の義務（obligations of total restraint）として意図されていたかどうか」であり,「国家は,正当な軍事目的の追求に際して,何が必要で均衡的かを評価するときに,環境上の配慮を考慮しなければならない」[88]と捉えることで,武力紛争時における平時の環境法の適用問題につき実質上の判断を回避したように思える[89]。また,1969年の「条約法に関するウィーン条約」[90]（以下「条約法条約」という。）は,「この条約は,国家承継,国の国際責任又は国の間の敵対行為の発生により条約に関連して生ずるいかなる問題についても予断を下しているものではない」（73条）と規定するにとどまり,この問題を直接に扱ってはいない[91]。

　以下では,関連する学説（理論）と国家の実行,2004年に「武力紛争が条約に及ぼす影響」（Effects of Armed Conflicts on Treaties）を作業計画に加えた国連国際法委員会（ILC）による報告書とその審議状況を概観し,武力紛争時における環境条約の適用問題について検討する。

　もとより,国家実行にかんがみても,双務的条約（bilateral treaty）が多数国間条約（multilateral treaty）よりも武力紛争の影響を受けやすいとの学説[92]はもはや支持できるものではないが[93],ここでは,紙幅の都合もあり,また議論の射程を画するため,二国間ないし少数国間の環境条約ではなく,戦時に国際社会全体の利益に影響を及ぼし得る,多数国間の地球環境条約を念頭に置きつつ,議論を進めることとする。

1　学説と理論

　信夫淳平博士（1871—1962年）は，『戰時國際法講義』（1941年）において，次のように述べている。

　「開戰の條約に及ぼす影響に就ては，由來學説に定解なく，東西古今の範例も區々で，又講和條約の上に於ける戰前の條約に關する規定の如きも，多くはその時の政治的狀勢の支配を受くる風もありて，自然統一を缺き，隨つて確たる先例に之を求めんとして得ない」[94]。

　現在においても，学説等のこうした状況には基本的に変わりはない[95]。武力紛争が条約に及ぼす影響に関する国際法の原則が確立していない要因としては，かつて，一又正雄（1907—1974年）が指摘したように，①戦争観の相違——時代的な変遷に伴う戦争観の対立ないし大陸的戦争観とアングロ・サクソン的戦争観との対立，②「条約機構」の拡大（特に多数国間条約の増加），③政治的考慮の導入，④国際主義と国家主義との対立などが挙げられるであろう[96]。

　戦後も間もない1952年に出版された体系書（Treatise）ではあるが，L．オッペンハイム著／H．ラウターパクト編の『国際法』（第2巻，紛争・戦争・中立）[97]はかかる問題を簡潔に整序しており，また通説を代表するものとして，特に参考となる。オッペンハイム（Lasa Francis Oppenheim, 1858-1919）／ラウターパクト（Hersch Lauterpacht, 1897-1960）は，「戦争の勃発による影響」（Effects of the Outbreak of War）につき，条約を5つのカテゴリーに分類する。(1)から(4)は「交戦国のみが当事国である条約」であり，(5)は「多くの国家，交戦国及び非交戦国が当事国である条約」の範疇に含まれる。

　(1)戦争の勃発は，事態の恒久的な状況を設定する目的で締結されていない，交戦国の間のすべての政治的な諸条約を，取り消す〔cancel〕（例えば，同盟条約）。
　(2)他方で，特に戦争のために締結された諸条約が廃棄されないのは，明らか

である（例えば，交戦国の領域の特定部分の中立化に関する条約）。

(3)事態の恒久的な状況（国民の既得所有権を含む。）を設定する目的で締結された政治的な諸条約その他は，戦争の勃発それ自体によって（*ipso facto*）廃棄されない。

(4)事態の恒久的な状況を設定する目的で締結されていない非政治的な諸条約は，〔戦争の勃発〕それ自体によって廃棄されない（例えば，通商条約）。

(5)いわゆる立法諸条約（law-making treaties）（例えば，「パリ宣言」〔1856年の「海上法ノ要義ヲ確定スル宣言」〕のような条約）は，戦争の勃発によって取り消されない。同じことは，多数の国家が当事国となっているすべての条約についても妥当する（例えば，「国際郵便連合」（International Postal Union）[98]といった条約）。しかし，交戦国は，当該国自身が関係する限りにおいて，戦争上の必要（necessities of war）によってそうせざるを得ない場合には，それらの履行を停止することができるのであり，実際にも，交戦国は，2つの世界大戦の間，そのように行った。

オッペンハイム／ラウターパクトの学説で興味深いのは，戦争の勃発によって立法条約が廃棄されないと分析した点であろう。オッペンハイムは，カール・ビンディング（Karl Binding, 1841-1920），トリーペル（Heinrich Triepel, 1868-1946）らによるドイツ法起源の「立法条約（Vereinbarung）」概念をイギリス国際法学界に「移植」したことでも知られるが[99]，彼自身の言葉を借りれば，立法条約は，「将来の国際的な行為のために新しい規則を策定し，又は既存の慣習法規則を確認し（confirm），定義し（define），若しくは廃止する（abolish）」という，国際法の法源の一つと定義される[100]。

次に，ハイデルベルクのルドルフ・ベルンハルト編『国際公法専門事典』（2000年）に収録される「武力紛争が条約に及ぼす影響」（ヨースト・デルブリュック執筆担当）を採り上げてみよう。デルブリュック（Jost Delbrück, 1947-　）は，交戦国のみが紛争当事国の条約又は多数国が紛争当事国の条約を，主たる3つのカテゴリーに分類している[101]。

(1)戦争によって影響を受けず，戦時にも効力を保持し続ける条約。

これらは更に2つの下位群に分類される。

(a) 戦争行為そのものに関連する条約（ハーグ陸戦法規その他）[102]。

(b)「国際レジーム（international régime）」又は「国際的地位（international status）」を創設する条約[103]。例えば、国際機構（international organization）を設立する条約、境界を画定する条約、土地の割譲を行う条約、区域ないし国際水路の非軍事化又は中立化を認める条約のようなもの。

「この一般規則には、戦争の発生によって、国際共同社会の利益のために創設された法的レジーム（legal régime）が——やむを得ないということでもない限り——影響を受けるべきではないという、理論的な根拠が潜在する。かくして、交戦国を含む国家は、そうした諸条約による拘束を引き続き受けるものと見なされる」。

(2)戦争の間も効力を保持し続けるものの、その実施の全部又は一部が停止される条約[104]。「これは専ら多数国間条約の場合であろう。〔中略〕戦争の開始によって条約が終了するというよりも、その運用が停止されると考えられるかどうかは、支配的な特定の政治的な及び軍事的な状態にかんがみた、条約の解釈上の問題である」。

(3)戦争の開始によって終了する条約[105]。上記のカテゴリーのいずれにも該当しない条約は、戦争の開始によって終了するものと一般的には考えられる。これらの条約——通例は、不精確ではあるが、「政治的条約（political treaties）」と呼ばれる——は、その適切な機能につき、国家間の通常の政治的かつ社会的な関係の存在に依存する。「戦争は、そうした通常の事実的な及び法的な関係の否定として、当該諸条約の継続的な運用及び有効性（operation and validity）とは相容れない」。

武力紛争が条約に及ぼす影響に関する学説は、単純化すれば、大きくは3つに分類され得る[106]。①「消滅主義」ないし「終了理論（termination theory; Vertragsvernichtungstheorie）」は、戦争の開始は、交戦国の間において、戦前に締結された条約を当然に廃棄又は終了せしめるとする（「コンチネンタールカウチュック・ウント・グッタベルチャ・コンパニー対合資会社二葉屋事件」[107]）[108]。逆に、②「継続〔存続〕理論（continuation theory;

Vertragserhaltungstheorie)」は，戦争の勃発それ自体（*ipso facto*）が条約に影響を及ぼさないとの立場を採る[109]。③「識別理論（differentiation theory; Differenzierungstheorie)」は，①と②の折衷説であり，条約ごとに，その性質にかんがみて武力紛争の影響を分類しようとする，より実務的な立場である[110]。前述のオッペンハイム／ラウターパクトの学説も，またこのデルブリュックの見解も，通説である③の「識別理論」に属するものと一応は解されるであろう。(1)(b)の「国際レジーム（international régime)」又は「国際的地位（international status)」を創設する条約，すなわち，領域に基づく客観的レジーム（territorial objective régime）が戦争による影響を受けないとの説は，エッカルト・クライン（Eckart Klein, 1943- ）の立場とも一致するもので[111]，また，アーノルド・マックネア（Arnold Duncan McNair, 1885-1975）を含む，既に多くの論者からも支持を受けていた点である[112]。

この問題については，武力紛争時における地球環境条約の継続的適用との関係で，最後に改めて精察する。

2 国連国際法委員会におけるトピック「武力紛争が条約に及ぼす影響」に関する法典化作業

国連国際法委員会[113]は，第52会期（2000年），長期作業計画に関する「作業部会（Working Group)」の勧告に基づき，同委員会の長期作業計画に含めるべきトピックとして，「武力紛争が条約に及ぼす影響」（Effects of Armed Conflicts on Treaties）を確認した[114]。第56会期（2004年），国際法委員会はこれを作業計画に加えることとし，イアン・ブラウンリー（Ian Brownlie, 1932-2010）を「特別報告者（Special Rapporteur)」として任命した[115]。2004年12月，国連総会はこれを決議59/41号により承認し，第57会期から60会期にかけて4つの報告書[116]が提出され，2005年には事務局による大部なメモランダムが作成されている[117]。ここでは，第60会議において採択された第一読の条文案（2008年）[118]を中心に考察する。

本条文案は，18か条及び一附属書から成る。

条文案3条は，武力紛争の当事国の間ないし武力紛争の当事国と第三国との間において，武力紛争の発生は必ずしも（necessarily）条約の運用を停止させるか，又は終了させることはないと規定する。同条は，国際法学会（Institut de Droit International）が1985年のヘルシンキ会期において採択した決議2条を採録したものである[119]。条文案のコメンタリーは，同条が法的な安定性と継続性という基本原則を確立する趣旨のものであると述べている[120]。

　条文案5条は，条約の「主題（subject matter）」が，武力紛争の間に，全体的に又は部分的に運用され続けることを含意している場合には，「武力紛争の発生それ自体は，その運用に影響しない」（the incidence of an armed conflict will not as such affect their operation）と規定する。武力紛争の場合に際して，条約の終了，脱退又は運用停止を判断するためには，条約法条約31―32条，武力紛争の性質及び範囲，条約に対する武力紛争の影響，条約の主題と当事国数が参照される（4条）。

　附属書「第5条に言及される条約の種類の例示一覧」[121]は，下記のように，その「主題」により武力紛争時にも引き続き運用され得る条約を12に分類し，(e)で「環境の保護のための条約」に言及している[122]。これは旧7条2項に含まれているものであったが[123]，作業部会の勧告により，附属書として添付されることになったものである。コメンタリーは，当該諸条約の選択が，利用可能な国家実行とともに，大部分は学説に基づくものであり，これらが相互に重複する場合があると説明する[124]。

(a) 武力紛争法に関する条約（国際人道法に関する条約を含む。）
(b) 恒久的な制度若しくは地位又は関連する永続的権利を宣言し，創設し，又は規律する条約（土地及び海洋の境界を設け，又は変更する条約を含む。）
(c) 修好，通商及び航海に関する条約並びに私的権利に関する類似の協定
(d) 人権の保護のための条約
(e) 環境の保護のための条約
(f) 国際水路並びに関連する設備及び施設に関する条約
(g) 帯水層並びに関連する設備及び施設に関する条約
(h) 多数の国家の間の立法条約

(i) 国家間の平和的手段による紛争の解決（調停，仲介，仲裁及び国際司法裁判所への付託を含む。）に関する条約
　(j) 商事仲裁に関する条約
　(k) 外交関係に関する条約
　(l) 領事関係に関する条約

　「(e) 環境の保護のための条約」についてのコメンタリーは，先述の「核兵器の合法性事件」[125]を採り上げ，「これらの提案は，言うまでもなく重要であり，武力紛争の場合にも環境条約が適用されるという推定の採用につき，一般的かつ間接的な支持を与える。しかしながら，勧告的意見の手続における書面の提出物が示すように，特定の法的な問題に関するコンセンサスは存在していない」との立場を示している[126]。

3　武力紛争時における地球環境条約の継続的な適用可能性

　最後に，武力紛争の発生にもかかわらず，地球環境条約が継続して適用され得るか否か，すなわち，同条約が戦争の影響を法的な意義で受けるかどうかという問題を考察する。
　この設問については，一般的には，武力紛争は条約を必然的（automatic）に終了・廃棄させたり，又はその運用を停止させるものではないと回答すべきである。その根拠は，次の2点にある。
　第1は，地球環境条約の多くが，立法条約の形式を採っていることである。
　前述のように，オッペンハイム／ラウターパクトらの通説は，立法条約が戦時にも存続するものとして捉えており，加えて，立法条約は，国連国際法委員会の条文案「武力紛争が条約に及ぼす影響」の附属書「第5条に言及される条約の種類の例示一覧」においても，「(h) 多数の国家の間の立法条約（multilateral law-making treaties）」として，含まれている。
　過去の国家実行に目を転ずれば，第二次世界大戦の間，公衆衛生，麻薬，労働，アフリカにおける酒類管理，奴隷，白人女性の売買，猥褻文書，海上における人命救助についての諸条約が当事国の間で効力を保持し，運用され続けたこ

とは，よく知られている[127]。アメリカ合衆国，連合王国，フランスなどの諸国も，戦時における多数国間の立法条約の継続的な適用ないし運用に対し，好意的な見解を示してきたと言える[128]。また，1976年，スコットランドの民事上級裁判所（第一審部）は，「多数の当事国の立法諸条約（multipartite law-making treaties）が戦争でも存続することは，国際公法上の承認された原則であった」と明快に判示している[129]。

第2は，地球環境条約の中には，いわゆる「国際レジーム（international régime）」[130]を創設し得るものがあるという点である。デルブリュックの所説に従えば，「国際レジーム」又は「国際的地位」を創設する条約は，「戦争によって影響を受けず，戦時も効力を持ち続ける条約」の範疇に含まれている（(1)(b)）。それでは，地球環境条約は，いかなる解釈的手法を通じて，「国際レジーム」の概念に包摂されるのであろうか。仔細に検討すれば，学説上，これには2つの立場がある。

1つは，①環境条約が領域に基づく客観的な「国際レジーム」の成立要件の一つである「一般利益（general interest）」に適うものであることをもって，同条約を「国際レジーム」概念に含めようとするものである[131]。2つ目は，②地球環境条約の多くがオッペンハイムがいう立法条約に基づくという点を重視するものであり，かつ，それらが「客観的レジーム」のように国際公益の増進に資するとともに，国際機構と類似した客観的な組織形態（国際的な行政諸機関）を整えることをもって，「国際レジーム」と捉える立場である[132]。

先述のとおり，デルブリュックが掲げる「国際レジーム」概念には，立法条約たる国際機構設立文書が含まれており（(1)(b)），また今日では，地球環境条約の多くが，締約国会議，委員会，事務局といった条約内部機関の三部構造を備えるにいたっている点にかんがみれば，①のように，論争的でイデオロギー性を帯びやすい「一般利益」――それは史的には「欧州公法（droit public européen）」においてこそ妥当してきたものであった[133]――を基にし，環境条約と「客観的レジーム」等との単純な「類推（Analogies）に依存するよりは，地球環境条約を「国際レジーム」の下位群である「国際公秩序レジーム（international public order régime）」と解する②の立場がより妥当なように思える。①の学説には，地球環境条約が，「客観的レジーム」概念とは異なり，具体的な領域

(territory) を持たない機能実体であるという視点が十分には認識されていないと言わざるを得ない。

かくして，武力紛争時における多数国間の地球環境条約の適用問題については，一般に②継続理論が妥当するものと解せられるが，しかし，実際のところは，デルブリュックらが指摘するように[134]，支配的な特定の政治的，軍事的な状態——ILC草案4条でいうところの武力紛争の性質・範囲，問題となる条約の主題など——にかんがみて，少なくともその部分的な運用停止の可能性は完全に排除できないものと思われる。言い換えれば，一般論としては，②継続理論を基本的な前提としつつも，いまだに③識別理論が妥当する余地は残されているということである[135]。

IV 結びに代えて

湾岸戦争後の一頃，「武力紛争時における環境の保護についての『第五ジュネーヴ条約』(Fifth Geneva Convention) に関するロンドン会議」(1991年6月3日)，カナダ政府及び国際連合による後援の「通常戦争の手段としての環境の使用に関するオタワ会議」(1991年7月10—12日) が開催されるなど，ジュネーヴ四条約に続く環境保護のための新たな国際条約の作成の必要性が声高に叫ばれたことがある。既存の「ジュネーヴ法」及び「ハーグ法」は環境保護にとって不十分であり，「新たな『ジュネーヴ』条約は，戦時におけるそれら〔環境条約文書，規範及び原則〕の適用を明確化するために用いられるであろう」と[136]。しかし，本稿で考察したとおり，そのようなラディカルな立法作業に着手するよりは，武力紛争において適用され得る国際慣習法規を確認することがまずは目下の急務であって，かつ，関連する既存の諸条約（II章2参照）を実効的に運用する方策を探ることがより現実的なアプローチであろう。せいぜいのところ，一部の天然資源や生態系上重要な特定地域の武力紛争時の保護につき，追加的な国際文書が必要であると言うにとどまるのである[137]。

武力紛争が環境条約等につき及ぼす影響に関しては，現代国際法の下，もはや一般的な消滅理論が妥当する余地がないことは疑いを入れないものの，問題とな

る国家実行は様々であり，識別理論による一貫した体系的な説明もまた困難な状況にある。グロティウス以来，多くの国際法学者が条約の分類につき種々の試みをなしてきたが，いまだ一致した分類基準も存在していないのである[138]。おそらく，ILCが指摘するように，「諸国の国家実行の証拠を指し示す情報の十分な提供の可能性は僅かであることは，認識されている。さらに，この領域において，関連する国家実行の確認は，通常は困難である」[139]と言わざるを得ないが，法実証主義の観点からは，実務と研究の協働作業を通じたそうした障害の克服と蓄積された諸学説（teachings）の論究によってのみ，有意義な結論が得られるであろうこともまた確かである。

〈注〉

1　Antonio Truyol Y Serra, *Histoire du droit international public*（Economica, 1995）, pp. 5 *et seq.*; A．ニュスボーム著，広井大三訳『国際法の歴史』こぶし社，1997 年，14 頁以下参照。
2　田畑茂二郎『国際法』第 2 版，岩波書店，1966 年，15 頁。
3　例えば，グロティウスにおいても，「武器に毒を塗り，又は水に毒を入れることは，諸国民の法により禁止される」などと述べるにとどまる。Hugo Grotius, *De jure belli ac pacis libri tres*, Volume 2, Translation Book Ⅲ（Francis W. Kelsey *et al.* trans.）,（Oxford University Press, 1925）, pp. 652-653. なお，「マヌ法典」にも同趣旨の規定がある（7 章 90）。田邊繁子訳『マヌの法典』岩波書店，1953 年，299 頁。
4　外務省記録局『締盟各国条約彙纂（自明治十七年至明治二十一年）第弐編』1889 年，393 頁。1865 年 6 月 22 日発効（1966 年失効）。
5　藤田久一『国際人道法』新版，有信堂，2003 年，13-17 頁参照。
6　すなわち，「戦地にある軍隊の傷者及び病者の状況の改善に関するジュネーヴ条約」（傷病兵保護条約），「海上にある軍隊の傷者，病者及び難船者の状態の改善に関するジュネーヴ条約」（海上傷病者保護条約），「捕虜の待遇に関するジュネーヴ条約」（捕虜待遇条約），「戦時における文民の保護に関するジュネーヴ条約」（文民保護条約）。いずれも 1950 年 10 月 21 日発効。2010 年 1 月現在の当事国数は，194 か国。
7　「1949 年のジュネーヴ諸条約の国際的な武力紛争の犠牲者の保護に関する追加議定書（議定書Ⅰ）」。1978 年 12 月 7 日発効。2010 年 1 月現在の当事国数は，169 か国。同時に，内戦につき，「1949 年のジュネーヴ諸条約の非国際的な武力紛争の犠牲者の保護に関する追加議定書（議定書Ⅱ）」が採択されている。
8　See e.g. Richard Falk（ed.）, *The Vietnam War and International Law: The Concluding Phase*, Vol. 4（Princeton University Press, 1976）, pp. 283-300.
9　"Convention on the Prohibition of Military or Any Other Hostile Use of Environmental Modifications Techniques". 1978 年 10 月 5 日発効。2010 年 1 月現在の当事国数は，73 か国。
10　1956 年 8 月 7 日発効。2010 年 1 月現在の当事国数は，123 か国。
11　2010 年 1 月現在の当事国数は，56 か国。
12　臼杵知史「湾岸戦争と国際環境法」『季刊 環境研究』89 号，1993 年，5-12 頁参照。
13　See United Nations Environment Programme（UNEP）, *Lebanon: Post-Conflict Environmental Assessment*（January 2007）, pp. 24 *et seq.*, available at: <http://postconflict.unep.ch/publications/UNEP_Lebanon.pdf>; Ling-Yee Huang, "The 2006 Israeli-Lebanese Conflict : A Case Study for Protection of the Environment in Times of Armed Conflict", *Florida Journal of International Law*, Vol. 20（2008）, pp. 103-113.
14　See e.g. United Nations General Assembly（UNGA）Resolution 47/37（Protection of the Environment in Times of Armed Conflict）（1993）.
15　一般的には，UNEP, *Protecting the Environment during Armed Conflict: An Inventory Analysis of International Law*（November 2009）参照。
16　See e.g. Philippe Sands（ed.）, *Greening International Law*（New Press, 1994）．
17　同宣言の第 26 原則は，「人及びその環境は，核兵器その他すべての大量破壊の手段の影響から免れなければならない。国は，関連する国際組織において，このような兵器の除去及び完全な廃棄について速やかに合意に達するよう努めなければならない」と謳う。

18 パトリシア・バーニー，アラン・ボイル著，池島大策，富岡仁，吉田脩訳『国際環境法』慶應義塾大学出版会，2007年，参照。同宣言の採択以前における国際環境法の史的展開については，Alexandre Kiss and Dinah Shelton, *International Environmental Law*（3rd ed., Transnational Publishers, 2004), pp. 39-44 参照。

19 See Philippe Sands, *Principles of International Environmental Law*（2nd ed., Cambridge University Press, 2003), p. 309.

20 一又正雄「戦争と条約の効力（1）」『國際法外交雜誌』42巻10号，1943年，679-683頁参照。

21 坂元茂樹「武力紛争が条約に及ぼす効果——国際法学会ヘルシンキ決議（1985年）の批判的検討——（1）〜（3）」『関西大学法学論集』41巻4号，1991年，1201-1224頁，同43巻5号，1993年，1616-1661頁，同44巻2号，1994年，188-228頁参照。

22 Resolutions of the 26th International Conference of the Red Cross and Red Crescent : Resolution 1, International Humanitarian Law: From Law to Action: Report on the Follow-up to the International Conference for the Protection of War Victims, available at <http://www.icrc.org/web/eng/siteeng0.nsf/html/57JMRU>.

23 See Jean-Marie Henckaerts and Louise Doswald-Beck (with contributions by Carolin Alvermann, Knut Dörmann and Baptiste Rolle), *Customary International Humanitarian Law*, Volume I: Rules (Cambridge University Press, 2005), pp. 143-158 (Chapter 14). これに対する批判的考察として，Elizabeth Wilmshurst and Susan Breau (eds.), *Perspectives on the ICRC Study on Customary International Law* (Cambridge University Press, 2007) 参照。See also Jean-Marie Henckaerts, "Armed Conflict and the Environment", *Yearbook of International Environmental Law*, Vol. 12 (Oxford University Press, 2003), pp. 197-198.

24 この原則につき，真山全「軍事目標主義（Doctrine of Military Objective）」，西井正弘編『図説国際法』，有斐閣，1998年，286-287頁，藤田『前掲書』（注5）110頁以下，真山全「陸戦法規における目標識別義務——部隊安全確保と民用物保護の対立的関係に関する一考察——」，村瀬信也，真山全編『武力紛争の国際法』東信堂，2004年，121-346頁参照。

25 See Jean-Marie Henckaerts and Louise Doswald-Beck (with contributions by Carolin Alvermann, Knut Dörmann and Baptiste Rolle), *Customary International Humanitarian Law*, Volume II : Practice, Part I (Cambridge University Press, 2005), pp. 846 *et seq.*

26 Reprinted in: Dietrich Schindler and Jiri Toman (eds.), *The Laws of Armed Conflicts : A Collection of Conventions, Resolutions and Other Documents* (4th rev. and completed ed., Martinus Nijhoff, 2004), pp. 303-306.

27 See generally Dieter Fleck (ed.), *The Handbook of International Humanitarian Law* (2nd ed., Oxford University Press, 2008), pp. 35-38; Yoram Dinstein, "Military Necessity", Rüdiger Wolfrum (ed.), Max Planck Encyclopedia of Public International Law, available at: <www.mpepil.com>〔2010年1月6日閲覧〕.

28 1910年1月26日発効。2010年1月現在の当事国数は，35か国。

29 See Richard G. Tarasofsky, "Legal Protection of the Environment during International Armed Conflict", *Netherlands Yearbook of International Law*, Vol. 24 (1993), p. 24.

30 Henckaerts and Doswald-Beck, *op. cit.* note 23, p. 144; *idem, op. cit.* note 25, pp. 846 *et seq.*

31 阿部恵「武力紛争法規における比例性（proportionality）とその変質」，『上智法学論集』42巻1号，1998年，207-238頁参照。

32 Legality of the Threat or Use of Nuclear Weapons, Advisory Opinion, *Reports of*

	Judgments, Advisory Opinions and Orders [=*ICJ Reports*] 1996, para. 30.
33	Karen Hulme, "Natural Environment", in Wilmshurst and Breau, *op. cit.* note 23, pp. 215-216.
34	See Michael Bothe, "War and the Environment", Rudolf Bernhardt (ed.), *Encyclopedia of Public International Law* [=*EPIL*], Vol. 4 (Elsevier Science, 2000), p. 1343.
35	同条は、「軍事行動を行うに際しては、文民たる住民、個々の住民及び民用物に対する攻撃を差し控えるよう不断の注意を払」い（1項）、「攻撃の手段及び方法の選択に当たっては、巻き添えによる文民の死亡、文民の傷害及び民用物の損傷を防止し並びに少なくともこれらを最小限にとどめるため、すべての実行可能な予防措置をとること」（2項 (a) (ii)）と規定する。これらの条項が慣習法を宣明するものと解しても間違いではないであろう。See Greenwood, *Essays on War in International Law*（Cameron May, 2006), pp. 587-588.
36	国連安保理決議 687 号（1991 年）。
37	国連総会決議 46/216 号（1991 年）、同 47/151 号（1992 年）。
38	See Henckaerts and Doswald-Beck, *op. cit.* note 25, pp. 861 *et seq.*
39	この文言の使用に関しては国家実行上の十分な裏づけがないことが指摘されている。Hulme, *op. cit.* note 33, p. 218.
40	この問題については、Maja Seršić, "Nuclear Tests and International Law", *Zbornik Pravnog Fakulteta zu Zagrebu*, Vol. 51（2001), pp. 897-913 参照。See also Hulme, *op. cit.* note 33, p. 222-227.
41	「自然環境に対して広範、長期的かつ深刻な損害を目的とする又は与えることが予測される戦闘の方法と手段を用いることは、禁止する」。
42	*ICJ Reports*, *op. cit.* note 32, para. 31.
43	See Ines Peterson, "The Natural Environment in Times of Armed Conflict: A Concern for International War Crimes Law?", *Leiden Journal of International Law*, Vol. 22（2009), p. 339.
44	See Henckaerts and Doswald-Beck, *op. cit.* note 23, pp. 151 *et seq.* グリーンウッドは、同規定が慣習法であることを否定する。Greenwood, *op. cit.* note 35, p. 250.
45	ただし、「長期的」とは、少なくとも 10 年を意味することが指摘されている。
46	See UNEP, *op cit.* note 15, p. 4; Richard Desgagné, "The Prevention of Environmental Damage in Time of Armed Conflict: Proportionality and Precautionary Measures", *Yearbook of International Humanitarian Law*, Vol. 3（2000), p. 111.
47	See Henckaerts and Doswald-Beck, *op. cit.* note 23, pp. 155 *et seq.*; *idem, op. cit.* note 25, pp. 876 *et seq.*
48	See Hans Blix, "Arms Control Treaties aimed at Reducing the Military Impact on the Environment", in Jerzy Makarczyk (ed.), *Essays in International Law in Honour of Judge Manfred Lachs*（Martinus Nijhoff, 1984), p. 713.
49	「原則」、「規則」及び「理念」の意味合いにつき、Jonathan Verschuuren, *Principles of Environmental Law*（Nomos, 2003) 参照。
50	この原則につき、拙稿「ハンス・ケルゼンの根本規範論考——国際法における『根本規範』概念の変遷過程の精察を中心に——」、『筑波法政』第 44 巻、2008 年、110 頁以下参照。
51	1983 年 12 月 2 日発効。2010 年 1 月現在の当事国数は、105 か国。
52	2002 年 7 月 1 日発効。2010 年 1 月現在の当事国数は、110 か国。これは第一追加議定書 35 条 3 項及び 55 条 1 項の文言とほぼ同じ規定である。

53 傍点は筆者。「第2条に関する解釈了解」, Understanding relating to Article II in Schindler and Toman (eds.), *op. cit.* note 26, pp. 168-169 参照。
54 「第1条に関する解釈了解」, Understanding relating to Article I in Schindler and Toman, *op. cit.* note 26, p. 168 参照。
55 See UNEP, *op. cit.* note 15, p. 12.
56 See Yoram Dinstein, "Protection of the Environment in International Armed Conflict", *Max Planck Yearbook of United Nations Law*, Vol. 5 (Kluwer Law International, 2001), p. 530; 瀬岡直「戦争法における自然環境の保護──環境変更禁止条約及び第一追加議定書とその後の展開」,『同志社法学』55巻1号, 2003年, 202頁。See also UN Doc. ENMOD/CONF.II/12/SR.6, p. 3.
57 See Dinstein, *ibid.*, p. 527; Tarasofsky, *op. cit.* note 29, p. 47; Greenwood, *op. cit.* note 35, p. 249.
58 See also Liesbeth Lijnzaad and Gerard J. Tanja, "Protection of the Environment in Times of Armed Conflict: The Iraq-Kuwait War", *Netherlands International Law Review*, Vol. 24 (1993), p. 187.
59 *Cf.* UN Doc. ENMOD/CONF.II/12, p. 11.
60 See Peterson, *op. cit.* note 43, p. 341.
61 See also UNEP, *op. cit.* note 15, p. 30; Antonio Cassese *et al.* (eds.), *The Rome Statute of the International Criminal Court: A Commentary*, Vol. 1 (Oxford University Press, 2002), pp. 400-401.
62 UNEP, *op. cit.* note 15, pp. 13 *et seq.*
63 1925年6月17日発効。2010年1月現在の当事国数は, 136か国。「窒息性ガス, 毒性ガス又はこれらに類するガス〔other gases/gaz similaires〕及びこれらと類似のすべての液体, 物質又は考案を戦争に使用することが, 文明世界の世論によって正当にも非難されているので」,「この禁止が, 諸国の良心及び行動をひとしく拘束する国際法の一部として広く受諾されるために」,「この禁止を受諾し, かつ, この禁止を細菌学的戦争手段の使用についても適用すること及びこの宣言の文言に従って相互に拘束されることに同意する」。
64 1997年4月29日発効。2010年1月現在の当事国数は, 188か国。
65 同条約は,「いかなる場合にも」, 化学兵器の使用を禁止する。他方, 1972年の「細菌兵器（生物兵器）及び毒素兵器の開発, 生産及び貯蔵の禁止並びに廃棄に関する条約」（生物毒素兵器禁止条約）は, 当該兵器の使用を禁止しておらず, その戦時における適用が争われ得る。なお, 藤田久一「細菌（生物）・毒素兵器禁止条約」,『金沢法学』17巻2号, 1972年, 16頁以下も参照。
66 1983年12月2日発効, 1996年改正（改正議定書II）, 1998年12月3日発効。2010年1月現在の当事国数は, 93か国。
67 2006年12月11日発効。2010年1月現在の当事国数は, 62か国。
68 1969年4月25日発効。2008年4月現在の当事国数は, 33か国。
69 2010年1月5日現在未発効。
70 軍事行動によって絶対的に必要とされる場合を除き,「私人に属し, 又は国その他の当局, 社会的団体若しくは協同団体に属する不動産又は動産の占領軍による破壊」を禁止する。
71 「軍事上の必要によって正当化されない不法且つし意的な財産の広はんな破壊若しくは懲発を行うこと」を禁止する。
72 1935年8月26日発効。
73 立松美也子「武力紛争における文化財の保護」, 村瀬, 真山『前掲書』（注24）655-682頁；

Roger O' Keefe, *The Protection of Cultural Property in Armed Conflict* (Cambridge University Press, 2007) 参照。

74　See O' Keefe, *ibid.*, pp. 61 *et seq.*; Jiří Toman, *The Protection of Cultural Property in the Event of Armed Conflict* (Dartmouth, 1996), pp. 20-23.

75　飛行場，放送局，国家の防衛上の業務に使用される施設，比較的重要な港湾又は鉄道停車場，幹線道路等が列挙される（8条1項（a））。

76　See O' Keefe, *op. cit.* note 73, pp. 140 *et seq.* See also Patrick J. Boylan, Review of the Convention for the Protection of Cultural Heritage in the Event of Armed Conflict (Hague Convention of 1954), UNESCO doc. CLT-93/WS/12 (1993), p. 8.

77　See Toman, *op. cit.* note 74, p. 337; O' Keefe, *op. cit.* note 73, pp. 195-196.

78　同委員会は，締約国会議によって選出される12の当事国から構成される。

79　可児英里子「『武力紛争の際の文化財の保護のための条約（1954年ハーグ条約）』の考察——1999年第二議定書作成の経緯——」，『外務省調査月報』No. 3（2002年）28頁参照。

80　See UNEP, *op. cit.* note 15, pp. 19-20.

81　例えば，ダニューブ河，ライン河などが挙げられる。

82　スエズ運河，パナマ運河などが挙げられる。

83　そうしたものは，「客観的レジーム（objective régime）」と位置づけられる。客観的レジームの概念につき，例えば，石司真由美「モンゴル国非核兵器地位の規範構造」，『筑波法政』46巻，2009年，135頁以下参照。

84　石本泰雄『中立制度の史的研究』有斐閣，1958年，26-35頁；村瀬信也，奥脇直也，古川照美，田中忠『現代国際法の指標』有斐閣，1994年，315-316頁参照（田中執筆）。

85　1961年6月23日発効。2009年12月現在の当事国数は，47か国。

86　1967年10月10日発効。2008年1月現在の当事国数は，98か国。

87　*ICJ Reports, op. cit.* note 32, para. 29（傍点は筆者）.

88　*Ibid.*, para. 30（傍点は筆者）.

89　村瀬信也「武力紛争における環境保護」，村瀬，真山『前掲書』（注24）646頁も参照。裁判所は，続けて，「当該諸条約が，環境を保護する国家の義務ゆえに，同国家から国際法上の自衛権の行使を奪うものと意図されていたとは考えない」と述べ，自衛権という「ユス・アド・ベルム（ius ad bellum）」の問題に論点を切り替えたとも評価できる。

90　1980年1月27日発効。2010年1月現在の当事国数は，110か国。

91　傍点は筆者。国連国際法委員会（ILC）では，「今日の国際法においては，国家間の敵対行為の発生は専ら異常な状態（abnormal condition）と考えられなければならず，その法的帰結を規律する諸規則が国家間の通常の関係に適用される国際法上の一般諸規則の一部を成すものと捉えるべきではない」との立場が示されたという。See Reports of the Commission to the General Assembly (UN Doc. A/6309/Rev.l), Part I, Report of the International Law Commission on the Work of the Second Part of its Seventeenth Session, Monaco, 3-28 January 1966, para. 29, at p. 176. See also Richard D. Kearney and Robert E. Dalton, "The Treaty on Treaties", *American Journal of International Law* [=*AJIL*], Vol. 64 (1970), p. 557.

92　See e.g. C. W. Jenks, "State Succession in Respect of Law-Making Treaties", *British Year Book of International Law* [=*BYIL*], Vol. 29 (1952), p. 120.

93　The Effects of Armed Conflicts on Treaties: An Examination of Practice and Doctrine. Memorandum by the Secretariat (11 February 2005, UN Doc. A/CN.4/550), pp. 82-83.

See also J. G. Castel, "Effect of War on Bilateral Treaties-Comparative Study", *AJIL*, Vol. 51 (1953), pp. 566-573.
94 　信夫淳平『戰時國際法講義』丸善，1941 年，774 頁。
95 　See Anthony Aust, *Modern Treaty Law and Practice* (2nd ed., Cambridge University Press, 2007), p. 308.
96 　一又「前掲論文」(注 20) 17-20 頁参照。
97 　L. Oppenheim, *International Law. A Treatise: Disputes, War and Neutrality* (H. Lauterpacht ed., 7th ed., Longmans, Green & Co., 1952), pp. 300 *et seq.*
98 　正確には，「万国郵便連合 (Universal Postal Union: UPU)」の設立文書を意味するものと思われる。
99 　See Osamu Yoshida, "Organising International Society? Legal Problems of International Régimes between Normative Claims and Political Realities", in Gerhard Loibl (ed.), *Austrian Review of International and European Law*, Vol. 9 (Martinus Nijhoff, 2006).
100 　L. Oppenheim, *International Law. A Treatise: Disputes, War and Neutrality* (1st ed., Longmans, Green & Co., 1905), p. 23.
101 　Jost Delbrück, "War, Effect on Treaties", in *EPIL*, *op. cit.* note 34, pp. 1367-1373.
102 　*Ibid.*, p. 1370.
103 　*Ibid.*, p. 1370.
104 　*Ibid.*, pp. 1370-1371.
105 　*Ibid.*, p. 1371.
106 　See e.g. Yoshida, *op. cit.* note 99, pp. 100-103; Harald J. Tobin, *The Termination of Multipartite Treaties* (AMS Press, 1967), pp. 15 *et seq.*; Johannes F. Dyba, *Der Einfluß des Krieges auf die völkerrechtlichen Verträge* (Dissertation, Heidelberg University, 1954), pp. 2 *et seq.*
107 　大判大正 4 年 4 月 15 日（大三（オ）226）大審院民事判決録第 21 輯（大正 4 年度）501 頁（「……日独間の戦争の開始は〔中略〕交戦国たる日独相互の関係においては，戦争開始の時より平和克復の時に至るまで当然にその効力を停止するものとなすを相当とす」）。祖川武夫，小田滋『日本の裁判所による国際法判例』三省堂，1991 年，503-505 頁参照。
108 　See e.g. Robert Phillimore, *Commentaries upon International Law*, Vol. 3 (3rd ed., William G. Benning, 1885), pp. 792 *et seq.* この立場は，より仔細に見れば，「絶対的消滅主義」，「一般的消滅主義」，「条約分類主義」に分けられる。一又「前掲論文」(注 20) 681-685 頁参照。J. ウェストレイクなどの学説は「一般的消滅主義」に属するとされる（See John Westlake, *International Law*, Part II :War (2nd ed., Cambridge University Press, 1913), pp. 32 *et seq.*）。
109 　1912 年の国際法学会 (Institut de Droit International) クリスチャニア規則案（「戦争が条約に及ぼす影響に関する規則案」）1 章 1 条。J. B. Scott (ed.), *Resolutions of the Institute of International Law dealing with the Law of Nations* (Oxford University Press, 1916), p. 172.
110 　See e.g. Hans Kelsen, *Principles of International Law* (Rinehart & Company, 1952), p. 360; Alfred Verdross and Bruno Simma, *Universelles Völkerrecht: Theorie und Praxis* (Duncker & Humblot, 1984), pp. 525-526.「オーストリアとアメリカ合衆国との間における友好航海条約」に関連する，ニューヨーク州最高上訴裁判所の「テヒト対ヒューズ事件」判決（Techt v. Hughes, in *Annual Digest and Reports of Public International Law Cases*, Vol. 1 (Longmans, Green & Co.,1932), pp. 387-389）などの関連する国内諸判例も参照。

111 Eckart Klein, *Statusverträge im Völkerrecht: Rechtsfragen territorialer Sonderregime* (Springer, 1980), pp. 295-300.

112 See e.g. Arnold D. McNair, "The Functions and Differing Legal Character of Treaties", *BYIL*, Vol. 11 (1930), reproduced in *idem, The Law of Treaties* (Oxford University Press, 1961), p. 720; *idem*, "La terminaison et la dissolution des traités", *Recueil des cours*, Vol. 22 (1928/Ⅱ), pp. 506 *et seq.*; Marcel Sibert, *Traité de droit international public*, Vol. Ⅱ (Dalloz, 1951), p. 355; Nguyen Quoc Dinh, Patrick Daillier and Alain Pellet, *Droit international public* (L.G.D.J., 2002), p. 313; Silja Vöneky, *Die Fortgeltung des Umweltvölkerrechts in internationalen bewaffneten Konflikten* (Springer, 2001), pp. 255 *et seq.*; *idem*, "Peacetime Environmental Law as a Basis of State Responsibility for Environmental Damage caused by War", in Jay E. Austin and Carl E. Bruch (eds.), *The Environmental Consequences of War: Legal, Economic, and Scientific Perspectives* (Cambridge University Press, 2000), pp. 199 *et seq.* See also Richard Rank, "Modern War and the Validity of Treaties", *Cornell Law Quarterly*, Vol. 38 (1953), p. 349; Georg Dahm, *Völkerrecht*, Vol. Ⅲ (W. Kohlhammer Verlag, 1961), p. 158.

113 国連国際法委員会における国際法の「法典化 (codification)」作業については、萬歳寛之「国際法における法典化概念の特質――国連国際法委員会を中心として――」、『駿河台法学』18巻1号、2004年、71-208頁参照。

114 See Official Records of the General Assembly, Fifty-fifth Session, Supplement No. 10 (UN Doc. A/55/10), paras. 726-728 and 729 (2). なお、山田中正「国連国際法委員会第60会期の審議概要」、『国際法外交雑誌』107巻4号、2009年、538-543頁も参照。

115 See Official Records of the General Assembly, Fifty-ninth Session, Supplement No. 10 (UN Doc. A/59/10), para. 364.

116 First Report on the Effects of Armed Conflicts on Treaties (21 April 2005, UN Doc. A/CN.4/552); Second Report on the Effects of Armed Conflicts on Treaties (16 June 2006, UN Doc. A/CN.4/570); Third Report on the Effects of Armed Conflicts on Treaties (1 March 2007, UN Doc. A/CN.4/578); Fourth Report on the Effects of Armed Conflicts on Treaties (14 November 2007, A/CN.4/589).

117 The Effects of Armed Conflicts on Treaties: An Examination of Practice and Doctrine. Memorandum by the Secretariat (11 February 2005, UN Doc. A/CN.4/550).

118 International Law Commission, Report on the Work of Its Sixtieth Session (5 May to 6 June and 7 July to 8 August 2008), General Assembly, Official Records, Sixty-third Session, Supplement No. 10 (UN Doc. A/63/10), pp. 82 *et seq.*

119 「武力紛争の発生は、事実それ自体によって (*ipso facto*)、武力紛争の当事国の間で効力のある条約を終了させ、又はその運用を停止させるものではない」。Resolution adopted by the Institute at its Helsinki Session, 20-28 August 1985, *Annuaire de l' Institut de droit international*, Vol. 61, Tome Ⅱ (1985), p. 280. *Cf.* Article 10 of a draft resolution in *Annuaire de l' Institut de droit international*, Vol. 61, Tome Ⅰ (1985), p. 27.

120 International Law Commission, Report on the Work of Its Sixtieth Session, *op. cit.* note 118, p. 93. しかし、一部の委員たちは、ある状況下における必然的な運用停止ないし終了の可能性を指摘した (UN Doc. A/CN.4/570, *op. cit.* note 116, p. 6)。

121 International Law Commission, *ibid.*, p. 87.

122　連合王国は，環境条約を含めることにつき，疑問の余地があるとの立場を採った（UN Doc. A/CN.4/570, *op. cit.* note 116, p. 12; UN Doc. A/CN.4/578, *op. cit.* note 116, p. 16）。
123　See UN Doc. A/CN.4/552, *op. cit.* note 116, pp. 19-38; UN Doc. A/CN.4/570, *op. cit.* note 116, pp. 10-12; UN Doc. A/CN.4/578, *op. cit.* note 116, pp. 11-16.
124　International Law Commission, *op. cit.* note 118, p. 98; UN Doc. A/CN.4/570, *op. cit.* note 116, p. 98.
125　*ICJ Reports*, *op. cit.* note 32.
126　International Law Commission, *op. cit.* note 118, p. 112.
127　UN Doc. A/CN.4/550, *op. cit.* note 116, p. 31.
128　See Richard Ränk, *Einwirkung des Krieges auf die nichtpolitischen Staatsverträge*（Almqvist & Wiksells, 1949）, pp. 51 *et seq.*; *idem*, "Modern War and the Validity of Treaties: A Comparative Study", *Cornell Law Quarterly*, Vol. 38（1953）, pp. 341 *et seq.*
129　傍点は筆者。Masinimport v. Scottish Mechanical Light Industries Limited（Scotland, Court of Session, Outer House, 30 January 1976）, *International Law Reports*, Vol. 74（Cambridge University Press, 1987）, 559, at p. 560.
130　村瀬信也『国際立法──国際法の法源論──』東信堂，2002年；小寺彰「国際レジームの位置──国際法秩序の一元性と多元性──」，『国際社会と法』岩波書店，1997年，87-107頁；Yoshida, *op. cit.* note 99 参照。
131　Vöneky, *op. cit.* note 112；*idem*, "A New Shield for the Environment: Peacetime Treaties as Legal Restraints of Wartime Damage", *Review of European Community and International Environmental Law*, Vol. 9（2000）, pp. 20-32.
132　See Yoshida, *op. cit.* note 99, pp. 83 *et seq.*
133　*Ibid.*, pp. 94-95; Report of the International Committee of Jurists entrusted by the Council of the League of Nations with the Task of Giving an Advisory Opinion upon the Legal Aspects of the Aaland Islands Questions, *LNOJ*, Special Supplement No. 3（October 1920）, p. 3.
134　Delbrück, *op. cit.* note 101, pp. 1370-1371.
135　村瀬「前掲論文」（注89）646-650頁も参照。
136　See Glen Plant, *Environmental Protection and the Law of War: A 'Fifth Geneva' Convention on the Protection of the Environment in Time of Armed Conflict*（Belhaven Press, 1992）, pp. 39-41.
137　See UNEP, *op. cit.* note 15, p. 6.
138　大澤章『平時國際法 第一部』日本評論社，1937年，423-424頁。
139　International Law Commission, *op. cit.* note 118, p. 98.

第4章
EU環境法の実効性確保手段としてのEU環境損害責任指令

専修大学法学部教授　中西　優美子

はじめに

　EU環境法は，主に，一次法としてのEU条約及びEU運営条約（旧EC条約）[1]，同条約条文を法的根拠として採択されたEU立法（規則，指令など）（二次法，派生法）から構成される。規則（regulation）は，一般的適用性があり，すべてのEU構成国において直接適用される（EU運営条約288条〔旧EC条約249条〕）。他方，指令（directive）は，結果に対しては拘束力をもつものの，それを達成するための手段と方法は構成国の裁量に任されている（同条）。よって，指令は採択されると，設定された期限までに各構成国において国内法化・国内実施されなければならない。EU環境法の実効性確保に関し，特に問題となるのが，この指令の国内法化・国内実施義務である。

　EU環境法の実効性確保手段としては，EU諸条約上においては，2つの手段が存在する[2]。すなわち，欧州委員会が条約違反と考えるEU構成国に対し条約違反手続を開始し，最終的にEU司法裁判所に訴えを提起する条約違反訴訟（EU運営条約258条〔旧EC条約226条〕），並びに，同訴訟において条約違反と判決が下された後も違反が続行している場合に欧州委員会が判決履行違反手続を開始し，最終的に再びEU司法裁判所に訴えを提起する判決履行違反訴訟（EU運営条約260条〔旧EC条約228条〕）が設定されている。後者の訴訟は，1993年発効のマーストリヒト条約により導入された制度であるが，一括金又は／及び強制金を違反構成国に課すことができる。

　また，EU環境法の実効性確保手段として，EU司法裁判所の判例により確立された重要な3つの判例法，①直接効果，②適合解釈の義務（間接効果），③国家賠償責任が存在する。指令は，規則とは異なり直接適用されず，国内法化・国内実施が必要であるが，国内法化・国内実施を行わない構成国の怠慢に対処するために，裁判所は，一定の条件（条文が十分に明確で，無条件であること〔さらなる措置が必要ではないこと〕）が満たされた場合，直接効果（direct effect）（個人がその条文に依拠して国内裁判所において自己の権利を主張できること）が生じうることを認めた[3]。さらに，裁判所は，指令が直接効果発生の条件を満

たさない場合あるいは私人間訴訟で指令の直接効果が認められない場合には，国内裁判所が指令の文言及び目的に照らして国内法を解釈しなければならないとする，適合解釈（consistent interpretation）の義務（間接効果）（indirect effect）を発展させた[4]。また，裁判所は，構成国が指令の国内法化・実施を怠っていることにより，損害を被った私人が当該構成国に対して損害賠償を請求できること（国家賠償責任）を認めた[5]。

　このように条約上及び判例法上，EU 環境法の実効性確保手段が設定され，確立されてきた。しかし，第六次環境行動計画[6]において，既存の EU 立法の構成国における実施が改善されるべきであることが強調されているように，欧州委員会はこれらの手段では十分としていない。そのような認識がもたれる中で，EU 環境立法の実効性確保のために，2つの立法案が提案された。一方は，環境規定の違反に対して刑罰を科すように構成国に要請するもの，他方は，環境損害を引き起こした者に責任を負わせるよう要請するものである。

　前者の環境刑罰立法に関連して，欧州委員会の提案した指令ではなく，構成国が提案した EU の措置（2003/80/JHA）が採択された。もっとも同立法が第1の柱（環境分野が定められた EC の柱）の立法ではなく，第3の柱（警察・刑事司法協力の柱）における枠組決定であったために，欧州委員会は同枠組決定の無効を求めて EU 司法裁判所に提訴し，裁判所は欧州委員会の主張を認めた（C-176/03事件）[7]。同事件を受け，欧州委員会は，刑罰の種類及び重さまで定めた環境刑罰規定を提案した。しかし，裁判所が類似の事件である船舶源汚染事件（C-440/05事件）[8]において C-176/03事件判決に比べ第1の柱における EU（当時 EC）の権限の拡大解釈に限定を加えた。よって，結局，同指令案から刑罰の種類と重さに関する規定は削除され，刑罰を科す立法を構成国に要請するという形で環境刑罰立法要請指令（2008/99/EC）が2008年11月19日に欧州議会と理事会により採択された[9]。この EU 指令により刑事法を通じた環境保護が EU レベルで確立されることになった。同指令は，すべての環境犯罪に対して適用されるのではなく，附属書 A もしくは B に列挙された EU 立法に違反または同 EU 立法に効果を与えるための国内法に違反した場合にのみ適用される。換言すれば，EU 運営条約（旧 EC 条約）に基づき採択された EU 立法の実効性を確保するために国内刑事法が用いられるという制度が確立した。

この刑事法を通じた環境保護指令よりも数年早く構想され，採択されたのが，後者，つまり，本章で取り扱う環境損害責任指令である。環境刑罰立法要請指令及び環境損害責任指令はいずれも，EU立法によるEU環境立法の実効性確保手段である。EU環境損害責任指令に関して，既に邦訳が存在し[10]，邦語論文も公表されているが[11]，本論文においては，同指令をEU環境法の実効性確保手段という観点から捉え，その内容を検討し，その意義を明らかにしたいと考える。また，その際，EU環境法というマクロの視点をもって，環境損害責任指令の位置づけを行いたいと考える。

I　環境損害責任指令採択に至るまで

1　1993年のグリーンペーパー

　環境損害責任指令が採択されたのは2004年4月21日であるが，同指令に至る最初の具体的な動きは，1993年5月14日に公表された，グリーンペーパー（緑書）にさかのぼる[12]。環境の分野では，提案に当たって，第5次環境行動計画にも方針が示されているが，NGO，経済界，研究機関を含む，幅広いステークホルダーの意見を聞くということがなされている。
　欧州委員会は，具体的な立法提案を行う前段階において，意見を集めるために本グリーンペーパーを公表した。同グリーンペーパーの公表は，セベソ事故など環境に損害を与える事故をヨーロッパが経験し，環境損害の修復という分野において将来とるべき行動を理解するための広範囲な議論を起こすことを目的としていた[13]。
　欧州委員会は，民事責任を，損害を引き起こした責任のある者に環境損害を修復する費用に対する補償を支払わせるのに用いられる法的及び金銭的手段であるとして捉え，環境修復の費用に対して責任を配分する手段として民事責任の利用を考えているとした[14]。民事責任利用の考え方は，このグリーンペーパーで初めて示されたのではなく，1987年の第4次環境行動計画及び1984年の危険廃棄物の国境を越える運輸のECにおける監督と管理に関する理事会指令の中にも表れ

ている[15]。

　他方で，欧州委員会のグリーンペーパーには，民事責任の適用によりカバーされない環境損害の修復の可能性を調査することも示された[16]。

　グリーンペーパーには，具体的な提案は盛り込まれていないが，後述するような補完性原則，汚染者負担原則（原因者負担原則）を基礎とすること，また，環境損害を定義することの重要性にも触れられている[17]。また，欧州委員会は，次のような問題点も指摘した。民事責任の場合，提訴権は通常補償回復に利益のある当事者にのみ与えられるとし，損害が所有者のいない財に対して生じた場合，法的行動をとる権利をもつ者が特定され得ないこと。環境に代わって利益を主張する自然人または法人では，環境損害を修復する費用は，民事責任を通じて埋め合わせることができないこと[18]。ただ，グリーンペーパーでは，構成国には司法へのアクセス問題についてさまざまなアプローチがあると指摘することにとどまっていた[19]。

2　2000年　ホワイトペーパー

　前述したグリーンペーパーに対して，構成国，経済界，環境団体及びその他の利害関係者から100を超えるコメントが提出され，これを受け，2000年2月9日に環境責任（environmental liability）に関するホワイトペーパー（白書）が欧州委員会から公表された[20]。ホワイトペーパーの目的は，環境損害の回避がこの政策の主要目的であることを心に留めながら，EC条約174条2項〔現EU運営条約191条2項〕に定められる汚染者負担原則がいかにすれば環境政策の目的に寄与しうるかということを調査することであるとされた[21]。また，環境責任に関する共同体制度がEC条約の環境原則の適用を改善し，環境への損害回復を確保するためにいかに形成されるべきか，さらに，環境責任制度が環境法の実施を改善することにどのように役立つかを調査するものであるとされた[22]。

　2000年のホワイトペーパーは，環境責任がEC条約に定められる環境政策の主要な目的，特に，汚染者負担原則を実施する手段であると捉えた[23]。また，注目されるのは，ホワイトペーパーが，環境立法の遵守が改善されるべきであるとした上で，責任制度の規定と既存の環境立法との連関が非常に重要であると指摘し

たことである[24]。つまり，既存のEU環境立法の実効性確保のために環境責任制度が重要な意味をもつと捉えたと考えられる。

続いて，ホワイトペーパーは，民事の過失責任制度では人間の健康あるいは財産（人格的利益及び財産的利益に対する損害）または汚染された場所に対する損害に関してのみ機能するのであり，自然資源に対する損害には適用されないという認識を示した[25]。この認識に立って，環境責任制度は，自然資源，少なくともNatura 2000ネットワークにより指定された領域における，野鳥及び生息地指令の下で保護されるもの，に対する損害もカバーすべきであることが重要であるとした[26]。つまり，ホワイトペーパーでは，既存のEU環境立法の実効性確保のためには，民事責任でカバーされるもののみならず，Natura 2000で定められる自然資源の保護が必要であることが指摘されていた。なお，Natura 2000とは，自然生息地の保全に関する指令92/43/ECにより設定され，価値のある生息地及び危険にさらされた生物種の保護を確保するためのEU規模のネットワークである[27]。その保護範囲は，同指令92/43/ECの下で構成国により指定された特別保全地域（Special Areas of Conservation）及び野鳥の保全に関する指令79/409/EECの下で指定された特別保護地域（Special Protection Areas）となっている（同指令3条）[28]。

さらに，2000年のホワイトペーパーは，健康あるいは財産への損害を伝統的な損害と位置づけ環境損害の対象とするものの，他方，従来の民事責任制度ではカバーできない生物多様性に対する損害をクローズアップした[29]。また，関連して，司法アクセスについても民事責任ではカバーできないという点から環境保護を推進する団体の役割がオーフス条約に言及しつつ述べられている[30]。

このように，同ホワイトペーパーにおいては，グリーンペーパーにおける欧州委員会の認識からの変化，特に環境損害の対象範囲が従来の伝統的な損害のみならず，生物多様性に対する損害を含むとしたこと，それに伴い，民事責任制度では対応できず，新たな責任制度の必要性が認識されたこと，またそれに関連して司法アクセスについて環境団体が視野に入れられたことが挙げられる。その変化の根底には，EU運営条約191条2項（旧EC条約174条2項）に定められる環境原則の実施，並びに，既存のEU環境立法の実効性確保が重要であるという認識があると捉えられる。

3　2002年　環境損害責任指令案

　2000年のホワイトペーパーにおいては方向性が示されたが，具体的な立法提案は示されていない。環境損害責任指令につながる立法提案は，欧州委員会によって2002年1月23日にCOM文書において公表された[31]。提案の立法理由書においては，まず，1976年のセベソ事故，2000年のバイア・マーレ事故及びバイア・ボルサ事故に至るまで環境汚染が広がったことが挙げられた。その上で，汚染者負担原則がEUの環境政策の根っこにあることが確認された[32]。

　指令案では，次のようなことが示された[33]。環境損害は，共同体及び国家レベルで保護される生物多様性，水枠組指令によりカバーされる水，並びに，人間の健康に対する脅威の源が土地汚染である場合の人間の健康と定義されること。措置がいつ関連事業者，権限ある機関あるいはそれに代わる第三者によりとられるのかについての決定を構成国に任せること。詳細な規定は，補完性原則及び比例性原則に基づき構成国に広範囲な裁量が与えられること。環境財（大部分の生物多様性と水）は所有権の対象とならないことが多いため，資格のある団体，十分な利益をもつ者が権限ある機関に適切な措置をとるように要請したり，同機関の作為あるいは不作為に対して異議申し立てできるようにすること。

　また，生物多様性への広範囲で無視できない損害が広がっていることが指摘され，同時に，生物多様性の保護に寄与する生息地指令及び野鳥指令には，汚染者による効果的な防止措置を促進する責任規定が欠けていることが示された[34]。これにより既存のEU立法と指令案のつながりが示され，同時に，指令案全体を通じて，生物多様性の保護が重要な目的として位置づけられたと捉えられる。

　このような生物多様性の保護の強調とも関連すると考えられるが，グリーンペーパー，さらにホワイトペーパーからも本指令案が異なっているのは，伝統的な損害を指令案がその適用範囲から除外していることである。その理由に関して，指令案では，伝統的な損害は汚染者負担の原則及び未然防止原則を実施するのにあたって指令案が定める制度の下で対象にする必要性がないという考え方，また，伝統的な損害は民事責任を通じてのみ規律されうるという考え方が示された[35]。また，同時に，民事責任と公法・行政的責任の両方を共通の法的枠組で規

定することは困難であるという見解も示された[36]。このように指令案では，伝統的な損害をその適用範囲から切り離すことにより，環境損害に対し民事責任ではなく，公法・行政的責任制度を用いる方法が選択された。

II 環境損害責任指令

1 指令の採択手続

　欧州委員会は，環境損害責任指令案に関するCOM文書において，環境NGOと経済界の間の意見の相違が存在したことを指摘し，さまざまなステークホルダーによる意見すべてを考慮できたわけではないと述べている[37]。環境損害責任指令は，環境分野における法的根拠条文であるEC条約175条1項〔現EU運営条約192条1項〕に依拠した。EC条約175条1項は，欧州委員会の提案に基づき，経済社会評議会及び地域評議会との協議ののち，EC条約251条〔現EU運営条約294条〕の手続に従い立法がなされることを定めている。それゆえ，同指令は，同条に定められた立法手続である，欧州議会と理事会の共同決定手続（現通常立法手続）（EC条約251条〔現EU運営条約294条〕）に従って採択された。

　共同決定手続きの場合，欧州議会あるいは理事会は単独で議決することができず，必ず，欧州議会と理事会両方による賛成が必要とされる。2002年1月23日に欧州委員会が指令案を提出した後，欧州議会と理事会がそれぞれ同指令案を検討した。第1読会において欧州議会が修正案を出し，理事会はそれを受け入れず，独自の共通の立場を採択した。第2読会において欧州議会がさらなる修正案を出したが，理事会は承認に至らず，結果的に欧州議会の構成員の代表と理事会の構成員の代表からなる調停委員会が設置された。それが出した共同案に対し，理事会が承認し，欧州議会も第3読会においてそれを承認したことにより，指令案が2004年4月21日に採択された[38]。最初のホワイトペーパーの公表から10年余りかけて環境損害責任制度が誕生した。

2 指令の概観

　環境損害責任指令は，正式には，環境損害の未然防止及び修復についての環境責任に関する2004年4月21日の欧州議会及び理事会の指令2004/35/ECと言う[39]。同指令は，前文31段，21カ条の条文，6つの附属書，並びに，欧州委員会の宣言から構成されている。同指令は，EU官報に公表された2004年4月30日に発効した（指令20条）。指令は，名宛人である構成国のみを拘束するが，同指令は通常の指令と同様にすべての構成国に向けられている（指令21条）。また，指令は，その結果のみに対し拘束力があり，その結果達成のための手段と方法は構成国に任されており，構成国は国内法化・国内実施することになっているが，本指令はその期限を2007年4月30日とした（指令19条）。構成国は指令を国内法化・国内実施し，欧州委員会にそれを通知しなければならない。この期限を過ぎると，指令を国内法化・国内実施していない構成国は，条約違反の状態となる。

3 指令の前文

　EU立法においては理由づけを行うことが条約上義務づけられているため，前文には，指令の採択に至る理由づけが述べられている（EU運営条約296条〔旧EC条約253条〕）。通常，前文の1つ1つの文言が欧州議会や理事会の修正の対象となっており，無視できないものとなっている。実際，採択指令の前文は，欧州委員会の最初の提案の前文とは段落の数も異なっており，段落の番号や内容にも複数の変更が加えられている。

　本環境損害責任指令は16段の前文から構成されている。前文の中で，主要なものを挙げると次のようになる。

(生物多様性に関する現状認識)

　まず，前文の第1段では，共同体において汚染された場所が増加し，また生物多様性の喪失がここ数十年の間に加速してきたという現状が捉えられ，今行動をとらなければ，この傾向が強まるとされた。次に，環境損害を未然防止し，修復

することは，EC条約（現EU運営条約）に定められた環境政策の目的と原則を実施することに寄与すると捉えられた。また，環境損害責任指令の役割をEUの環境政策の実施の枠組みで捉える立場は，ホワイトペーパーから一貫して見られる。加えて，生物多様性の維持に軸足が置かれているのは，提案段階と同様である。

(汚染者負担原則)

前文第2段では，環境損害の未然防止と修復がEC条約（現EU運営条約）に示されている汚染者負担原則の推進を通じてかつ持続可能な発展の原則に従って実施されるべきであるとされた。汚染者負担原則は，1987年発効の単一欧州議定書によりEEC条約130r条2項（現EU運営条約191条2項）に定められたものである[40]。汚染者負担原則の実施という方針は，最初の段階であるグリーンペーパーのときから一貫しており，本指令のバックボーンとなっている。持続可能な発展の原則は，環境分野の原則のみならず，EU全体の政策目的の原則となっている（現EU条約3条2項）[41]。なお，持続可能な発展の原則への言及は，欧州議会の修正案を取り入れたものである[42]。

(補完性原則)

第3段では，本指令の目的，つまり，環境損害の未然防止及び修復に対する共通の枠組を設定するという目的が，他の共同体立法（現EU立法），すなわち野鳥の保全に関する指令79/409/EEC，自然生息地及び野生動植物の保全に関する指令92/43/EEC，並びに，水政策の分野における共同体行動の枠組を設定する指令2000/60/ECに関して，本指令の規模及びその影響の点から構成国では十分に達成され得ず，共同体レベルでよりよく達成されうるため，共同体（現EU）はEC条約5条（現EU条約5条）に定められる補完性原則に従って措置を採択することができるとされた。補完性原則とは，決定が市民に対してできる限り開かれた形でかつできる限り市民に近いところで行われるべきという考え方を背景にしたものであり，EUの権限に関する重要な原則の1つとなっている[43]。なお，上述した他の共同体立法（現EU立法）として列挙されている諸指令は，本指令により定められる環境損害の定義の基礎となるものである。このことから本指令

が既存のEU環境立法と密接な関係をもっていることが理解される。補完性原則の適用の考え方は，後述するように本指令全体において見られる。

(権限のある機関と第三者の役割)

　第24段から第26段は，本指令の制度の骨組みに当たる部分に関する理由づけである。第24段では，実施及び執行の効果的な手段が利用可能であるように確保されることが必要であるとする。また，同段は，権限ある機関は適切な行政裁量を含む特別な義務，すなわち，損害の重要性を評価し，かつどのような修復措置がとられるべきかを決定する義務に対して責任を負うべきであるとする。第25段では，環境損害により反射的に影響を受ける者あるいは受けそうな者は，権限ある機関に行動をとるように求めることができるようにすべきであること，また，環境保護を促進するNGOに本指令の効果的な実施に寄与する機会を与えられるべきであることが述べられた。第26段では，関連する自然人又は法人は，権限ある機関の決定，作為あるいは不作為の審査に対して訴訟へのアクセス権を有するべきであるとされた。欧州議会は第26段（欧州委員会の最初の提案では24段となっていたもの）に関連する自然人又は法人は提訴権を有すると修正し，さらに，この提訴権が事業者に対するものに拡大されるべきであると修正を加えていたが[44]，これらの修正は取り入れられなかった。これら，第24段から第26段の前文に示された認識が，本文における権限ある機関の任務及びNGOの役割に関する条文につながっている。

(より厳格な国内措置)

　第29段では，本指令が環境損害の未然防止及び修復に関して構成国がより厳格な規定を維持したりあるいは導入したりすることを妨げるべきではないとしている。

4　指令の主な内容

　ここでは，特に，EU環境法の実効性確保の観点から環境損害責任指令の内容を見ていきたい。

（1）環境損害

　環境損害は，次の３種類に限定された（環境損害責任指令２条）[45]。すなわち，①保護された生物種及び自然生息地に対する損害（damage to protected species and habitats），つまり生物多様性損害（damage to biodiversity），②指令2000/60/ECに定められるような，関連する水の生態的及び／又は化学的及び／又は量的な状態にはっきりと悪影響を与える損害である，水損害（water damage），③人間の健康に重大なリスクを生み出す土地汚染である，土地損害（land damage）である。さらに，次に述べるような適用範囲に関する規定によりより一層限定される。

（2）適用範囲

　環境損害責任指令の適用範囲は，大きく分けて2つある。1つ目のカテゴリーは，附属書Ⅲに列挙される業務上の活動の実施により生じる環境損害，及び，このような活動を原因とするかかる損害の生ずる急迫のおそれに適用される。このカテゴリーは，事業者の過失の有無にかかわらず，その責任が追及されることになる（厳格責任（strict liability），無過失責任）[46]。後述する，このカテゴリーに列挙されている事業者は，危険なあるいは潜在的に危険な活動に従事している。2つ目のカテゴリーは，事業者に過失があった場合における，附属書Ⅲに列挙されていない業務上の活動により引き起こされる，保護された生物種及び自然生息地への損害，並びに，このような活動を原因とするかかる損害の生ずる急迫のおそれに適用される。つまり，危険性がない事業に従事していたとしても環境損害が生物多様性にかかわる場合に本指令が適用されることになる[47]。このカテゴリーは，事業者に過失があった場合にのみその責任が追及されることになる（過失責任（fault liability））。

　附属書Ⅲは，EU環境立法の中で，EU規則1つを除いて複数のEU指令が言及されている。附属書Ⅲは，危険性のある活動にかかわるものであるが，具体的には，以下のように12項目に分けて列挙されている。①統合汚染防止及び管理に関する指令96/61/ECに従い許可の対象となる施設の操業，②廃棄物に関する指令75/442/EEC及び危険廃棄物に関する指令91/689/EECに従った，廃棄物及

び危険廃棄物の収集，輸送，リカヴァリー及び処分を含む，廃棄物管理業務（これらの業務には，廃棄物の埋立に関する指令1999/31/ECの下での埋立地の操業及び廃棄物の焼却に関する指令2000/76/ECの下での焼却施設の操業が含まれる），③共同体の水環境に排出される危険物質により引き起こされる汚染に関する指令76/464/EECに従い事前認可を必要とする，内陸地表水へのすべての排出，④危険物質により引き起こされる汚染に対する地下水の保護に関する指令80/68/EECに従い事前認可を必要とする地下水への物質のすべての排出，⑤水政策の分野における共同体行動に対する枠組を設定する指令2000/60/ECに従った許可，認可，又は，登録を必要とする表水又は地下水への汚染の排出又は投入，⑥同指令2000/60/ECに従った事前認可の対象となった水の抽出及び貯水，⑦以下のものの製造，使用，貯蔵，加工，重点，環境中への放出及び用地での輸送，(a)危険物質の分類，包装及び表示に関する構成国の法律，規則及び行政規定の接近に関する指令67/548/EECの2条2項に定められる危険物質，(b)危険製剤の分類，包装及び表示に関する構成国の法律，規則及び行政規定の接近に関する指令1999/45/ECの2条2項に定められる危険製剤，(c)植物保護製品の市場での販売に関する指令91/414/EECの2条1項に定められる植物保護製品，(d)殺生物製品の市場での販売に関する指令98/8/ECの2条1項(a)に定められる殺生物製品，⑧危険製品の道路輸送に関する構成国の法律の接近に関する指令94/55/ECの附属書A，危険製品の鉄道輸送に関する構成国の法律の接近に関する指令96/49/EC，又は，危険又は汚染製品を積載し，共同体の港を目的地あるいは出航地とする船舶に対する最小限の必要条件に関する指令93/75/EECに定められる，危険製品又は汚染製品の道路，鉄道，内陸水路，海路又は空路による輸送，⑨前述した指令93/75/EECの対象となる汚染物質の放出に関して産業施設からの大気汚染の対処に関する指令84/360/EECに従った認可の対象となる施設の操業，⑩遺伝子改変微生物の封じ込め利用に関する指令90/219/EECにより定められる遺伝子改変微生物にかかわる，運輸を含む，あらゆる封じ込め利用，⑪遺伝子組み換え体（GMO）の意図的環境放出及び指令90/220/EECの削除に関する2001/18/ECにより定められる遺伝子組換え体の環境への故意の放出，運輸及び市場での販売，⑫EC（現EU）の域内，EC（EU）域内への及びEC（EU）域外への廃棄物の輸送の監督及び管理に関する規則259/93の意味において認可

を必要とする又は禁止されている，EUの域内，EU域内への及びEU域外への廃棄物の越境輸送。

環境損害責任指令は，単に廃棄物であるとか，危険物質であるとか，あるいは，水であるとかといった一般的な対象が適用範囲になっているのではなく，このように既存のEU環境立法に関連して，その適用範囲が設定されていることが注目される。この意味で，ホワイトペーパーで示されたように，同指令が既存のEU環境立法の実効性確保と密接につながっていると捉えられる。

また，2つの目のカテゴリーは，附属書Ⅲに列挙されていない事業活動によって引き起こされた保護された生物種及び自然生息地への損害である。この適用範囲にある生物種及び自然生息地も一般的なものではない。本指令は，次のように限定している。具体的には，保護された生物種及び自然生息地は，(a)野鳥の保全に関する指令79/409/EEC[48]の4条2項に定められる，もしくは，同指令の附属書Ⅰに列挙される，又は，自然生息地及び野生動植物の保全に関する指令92/43/EEC[49]の附属書Ⅱもしくは附属書Ⅳに列挙される，生物種，(b)野鳥の保全に関する指令79/409/EECの4条2項に定められる，もしくは，同指令附属書Ⅰに列挙される，又は，自然生息地及び野生動植物の保全に関する指令92/43/EECの附属書Ⅱに列挙される生物種の生息地，指令92/43/EECの附属書Ⅰに列挙される自然生息地，並びに，指令92/43/EECの附属書Ⅳに列挙される生物種の繁殖地又は休息地，(c)構成国が決定する場合の，これらの2つの指令の附属書に列挙されていないものの，これら2つの指令に定められているものと同等の目的に対して構成国が指定した生息地又は生物種である，と定めている（指令2条3項）。よって，2つのカテゴリーの適用範囲も，既存の指令，ここでは，野鳥の保全に関する指令と自然生息地及び野生動植物の保全に関する指令に密接に関連していることが理解され，あくまでもEU環境立法の実効性確保に寄与するものであると捉えられる。

環境損害責任指令3条1項は，このように適用範囲を既存のEU環境立法に関連づけることによって限定している。さらに，同指令3条3項は，同指令が環境損害のあるいはそのような損害の生ずる急迫したおそれの結果として，補償を求める権利を私人に対して与えるものではないとしている。このことは，指令がこれまで民事責任の対象となってきた，伝統的な環境損害（人や財産への損害）を

指令の規定対象から除外していることを意味している。もっともこれらの損害については，補償や救済を受けないわけではなく，引き続き国内の民事責任法により規律されることになる[50]。

（3）事業者の義務

前文2段に言及される汚染者負担の原則が直接的に実現されているのが，事業者の義務に関する規定である。

本環境損害責任指令により，同指令の附属書Ⅲに列挙される活動に従事している事業者及び附属書Ⅲに列挙されている活動以外に従事しているが過失により生物多様性に対し損害を生じさせた事業者は，次のような2つの義務を負う[51]。1次的義務は，環境損害を未然防止し（prevent），報告し（notify）及び対処する（manage）ことである。環境損害が生じた場合，事業者は，権限ある機関に遅滞なく報告し，さらなる環境損害及び人の健康に対する悪影響，又は，さらなる機能の悪化を制限し又は防止するため，関連する汚染物質及び／又は損害のその他の要因を直ちに制御し，封じ込め，除去し又はその他管理するための，すべての実行可能な手段をとらなければならない（指令6条1項(a)）。また，事業者は，7条に従って必要な修復措置をとらなければならない（指令6条1項(b)）。2次的義務として，事業者は未然防止措置及び修復措置にかかる費用を負担しなければならない。

（4）権限ある機関及び第三者（市民・環境団体）の役割

本指令は民事責任制度を利用せず，権限のある機関により執行される公法の制度を用いたものになっている[52]。よって，伝統的な環境損害（人格的利益および財産的利益に対する損害）を被った者が環境損害を引き起こした事業者に対して民事訴訟において損害賠償を請求するという形は，排除されている。本指令が確立した制度では，権限ある機関が環境損害を引き起こした事業者に対して行動をとることになり，上述した，本指令に定義される環境損害により影響を受けた市民あるいは環境NGOなどが権限ある機関に要請することによって環境損害を未然防止又は修復するように働きかけるという仕組みになっている。

権限ある機関については，本指令11条が定めている（前文24段参照）。権限

ある機関は，構成国により指定される。指定された権限ある機関は，損害あるいは損害の急迫のおそれを引き起こした事業者を確定し，損害の重大性を審査しかつ附属書Ⅱに関しとられるべき修復措置を決定する義務を負う。なお，附属書Ⅱは，環境損害の修復の確保に対し最も適切な措置を選択するために従われるべき共通枠組を設定している。権限ある機関は，任務の遂行のため，関連事業者に事業者自らの評価の実施及び必要な情報及びデータの提出を要求することができる。

このように本指令では，権限のある機関という公的機関により執行されるという形になっているが，本指令が確立した制度のユニークさ及び注目点は，以下に述べるように，自然人及び法人にも大きな役割を担わせているところにある[53]。

確かにこれまでもEUにおいては，環境NGOが欧州委員会の立法提案の前段階において意見を述べたり，あるいは，聴聞会が設定されたりするなど参加の機会が与えられ，また，訴訟において環境NGOが原告適格を認められるべきであるという議論がおこっていたが，EU各構成国において環境NGOがすんなりと訴訟を提起し，その主張を貫徹することは，手続法上のこともあり難しい状況にあった[54]。しかし，本指令では，このような環境NGOがおかれている状況に大きな変化をもたらした。

上述したように2000年のホワイトペーパーでは，従来の民事責任制度では対象とならない生物多様性への損害につき，環境NGOの役割に触れられていた。本指令前文25段では，環境損害により影響を受けたあるいは受けそうな者，又は，環境NGOが権限ある機関に行動を求めることができるようにすべきであること，また，環境NGOが本指令の効果的な実施に寄与する機会を与えられるべきことが述べられていた。そこで，本指令本文では，12条において，環境損害により影響を受ける者あるいは受けそうな自然人又は法人，損害に関する環境意思決定に十分な利益をもつ自然人又は法人，あるいは，構成国の行政争訟法が権利の侵害を前提条件として要求する場合，権利の侵害を主張する自然人又は法人は，環境損害またはそのような損害の急迫のおそれに関して権限ある機関に意見を提出することができ，さらに，本指令の下で権限ある機関に行動をとるように要請することができるとされた。

本指令12条1項には，権限のある機関への要請の際に，「十分な利益」をもつ

者及び「権利の侵害」を主張する者という条件があるが,同項では,環境保護を促進し,国内法の下での条件にあったNGOすべて(any)は「十分な利益」をもつものと見なされ,かつ,侵害されたと主張する権利をもつものと見なされると明示的に定められた。これにより,環境NGOは,環境損害責任制度の中に重要な役割を果たすものとして組み込まれていると捉えられる。換言すれば,本指令では,EU環境法の実効性確保のために環境NGOという存在を積極的に利用する制度になっていると考えられる。

さらに,本指令は,この環境損害責任制度の中への市民及び環境NGOの組み込みを強化する規定をおいている。それは,前文26段の考えを条文化した,本指令13条である。同条によると,12条1項に定める自然人又は法人は,権限ある機関の決定,作為又は不作為の手続的及び実体的合法性を審査する権限のある裁判所又はその他の独立かつ公正な公的機関に訴えを提起する権利(アクセス権)をもつ。この規定により,市民及び環境NGOは,単に権限ある機関に要請できるだけではなく,同機関の決定,作為あるいは不作為に対して裁判所あるいはそれに相当する機関に訴訟を提起する権利をこれまでと異なり明示的な権利としてもつことになった[55]。これは,市民訴訟及び団体訴訟が明示的に認められたことになり,オーフス条約に定められる市民及び環境NGOに与えられるべき,情報アクセス,意思決定の参加及び司法アクセスのうち,司法アクセスを具現する制度にもなる。本指令の12条及び13条において市民や環境NGOに意義のある実効的手段が備えられたが,もっとも批判がないわけではない。たとえば,Smedtは,2000年のホワイトペーパーにおいて言及されていた市民や環境NGO等が事業者に未然防止及び修復措置をとるように直接求める権利が取り入れられず,行政機関を通じて間接的に事業者に措置をとるように請求したり,訴訟を提起したりできることにとどまったとする[56]。ただ,この不採用は,常に公的機関,つまり,権限ある機関を通じて,環境保護が執行されるという制度の一貫性を維持するためのものであろうと捉えられる。

(5) 補完性原則と構成国の裁量

上述したように,環境責任損害指令の前文29段では,環境損害の未然防止及び修復に関して構成国がより厳格な措置を維持したりあるいは導入したりする

ことを妨げるべきでないと述べられている。これは，EU運営条約193条（旧EC条約176条）に定められている規定を確認したものである[57]。本指令は，この原則を16条1項において次のように取り入れた。「1．本指令は，本指令の未然防止及び修復の義務の対象となる追加的活動の確認，並びに，追加的な有責当事者の確認を含む，環境損害の未然防止及び修復に関して構成国がより厳格な措置を維持し又は採択することを妨げるものではない」と定める。これにより，構成国は本指令の適用範囲を超えて環境損害責任を追及することが可能である。さらに，本指令2条3項(c)では，構成国が保護される生息地又は生物種を決定することをあらかじめ認めている。よって，本指令では，積極的に構成国がより厳格な措置をとるようにお膳立てが揃っていると捉えられる。

逆に言えば，本指令は，構成国が遵守すべき最小限の基準を定めていることになり，さらなる環境保護を追求したい構成国にとってはそれが可能であるということである[58]。また，本指令においては，適用範囲以外にも構成国の裁量に任せている面が多くみられる[59]。このような構成国に与えられる裁量は，本指令前文3段及びEU条約5条（旧EC条約5条）に定められる補完性原則遵守の考え方を背景にしていると捉えられる。

III 環境損害責任指令の国内法化・国内実施

1 指令の国内法化・国内実施

指令は，その結果のみを拘束し，その達成の手段と方法は構成国に任せている。

本指令に関していくつかの例を挙げていきたい。5条は未然防止措置を定めているが，同条2項は，「構成国は，適切な場合，及び環境損害の生ずる急迫のおそれが，関連する事業者により講じられた未然防止措置によっても除去されていない場合には必ず，事業者が，可能な限り，かかる状況のすべての関連する側面につき権限ある機関に報告しなければならないことを規定する」と定める。よって，構成国は，この条文の内容を実施するために必要な措置，つまり，新たな国

内法の制定や既存の国内法の改正を行わなければならない。また，同指令11条1項は，「構成国は本指令に定める任務の履行に責任をもつ権限ある機関を指定しなければならない」とし，同条3項では，「構成国は，権限ある機関が第三者に対して必要な未然防止又は修復措置を実施する権限を与えたりあるいは要請したりすることができるよう確保しなければならない」とする。従って，これらの規定を実施するために，構成国は必要な措置をとらなければならない。

このように一定の義務づけを行う規定がある一方で，構成国の裁量に任されている条文も存在する。同指令14条は，「構成国は，事業者がこの指令の下で責任を対象とする金銭的保証を利用できることを目指して，破産の場合の資金供与メカニズムを含む，適切な経済及び金融業者による金銭的保証の手段及び市場の発展を奨励する措置をとるものとする」と定める。同条は，金銭的保証を利用することを目指すと定めるにとどまっており，本指令では金銭的保証が必ず利用される措置を講じなければならないとは定めていない。よって，構成国が強制的な金銭的保証を国内法において定めるか否かは現行指令では任意になっている。これに関してチェコ，スロバキア，スペインが金銭的保証を国内法に任意に定めた。また，前述した，2条3項(c)で構成国が指定した生物種又は生息地を保護された生物種及び自然生息地の定義に加えることができる規定となっており，適用範囲の拡大は構成国に任されている。例えば，この条文を活用して，キプロス，エストニア，ハンガリー，ポーランド，スペイン及びスウェーデンは，指令の適用範囲を拡大した[60]。

2 国内法化・国内実施の期限と義務違反

環境損害責任指令は，その19条において，国内法化・国内実施の期限は，2007年4月30日であるとしていた。よって，構成国が適切に指令を国内法化・国内実施していない場合には，2007年5月1日から形式的には，条約違反の状態となる。

この期限までに国内法化・国内実施を行った構成国は，イタリア，リトアニア，ラトビアのみである[61]。期限を過ぎて，ハンガリー，ドイツ，ルーマニア，スロバキア，スウェーデン，スペイン，エストニア，キプロス，マルタ，ブルガ

リア，オランダ，チェコ，ポーランド，ポルトガル，デンマークの15カ国が国内法化・国内実施を行った[62]。

　指令の国内法化・国内実施を行っている国に対しては，前述したようにEC条約226条（現EU運営条約258条）に基づく条約違反手続が用いられる[63]。条約違反手続に則った訴訟においては，欧州委員会が条約違反を行っていると考える構成国に対し，まず書状を送り，同構成国の意見を聞く。次に違反が続いていると欧州委員会が考える場合には，委員会は履行期限を設定し，理由を付した意見（reasoned opinion）を構成国に発表する。履行期限が過ぎても違反が存続する場合には，欧州委員会が同国を相手にEU司法裁判所に提訴することになる。欧州委員会はこの条約違反手続に従い，残りの9つの構成国を条約違反であるとして，EU司法裁判所に訴えを起こした。9カ国とは，フィンランド（C-328/08），ベルギー（C-329/08），フランス（C-330/08），ルクセンブルク（C-331/08），ギリシャ（C-368/08），スロベニア（C-402/08），イギリス（C-417/08），アイルランド（C-418/08）及びオーストリア（C-422/08）である。

　欧州委員会の最初のEU司法裁判所への付託は，フィンランドに対する訴訟であった。同付託は，国内法化期限を過ぎて約1年余りの2008年7月17日に行われた。同訴訟（Case C-328/08）において，2008年12月22日にEU司法裁判所は，フィンランドが当該指令の遵守に必要な法律，規則及び行政規定を採択することを怠ったとし，義務違反であることの確認判決を下した。条約違反訴訟において被告が欧州委員会の主張を争うことがあるが，本判決では，特に大きな争いも見られず，判決が下された。欧州委員会は，ベルギーを相手に2008年7月18日に当該指令の不履行につきEU司法裁判所に付託したが，ベルギーが同指令を国内法化・国内実施したために，判決が下される前に条約違反訴訟が終了した。結局，条約違反確認判決まで至ったのは，フィンランド，フランス，ルクセンブルク，ギリシャ，スロベニア，イギリス，オーストリアの7カ国であった。

　EU司法裁判所は，上述したC-328/08事件において，フィンランドに対し条約違反であるという判決を下したが，その後もフィンランドは指令の国内法化・国内実施を怠った。そこで，欧州委員会は，EC条約228条（現EU運営条約260条）に基づく判決履行違反手続を開始した。2009年6月に書状をフィンランドに送った。これに対し，フィンランドは，指令の完全な実施が本土では行われた

が，オーランド諸島ではまだ行われていないと回答した。2009年11月20日の時点では，まだ指令の完全な実施は行われていない。そのため，欧州委員会は次の段階である理由を付した意見の送付に移るとした[64]。このままフィンランドが指令を国内法化・国内実施しない場合，EU司法裁判所が一括金（lump sum）又は／及び強制金（penalty payment）といった罰金を課す可能性がある。

このように指令が完全に国内法化・国内実施されるように条約上の手続が設定されており，すべての加盟国において，指令を元にした，環境損害責任制度が実施されることになる。

3 指令の国内法化・国内実施

環境損害責任指令は国内法化・国内実施されるが，その手段と方法は構成国に任されている。1つの新しい法律を制定することにより，指令を国内法化・国内実施する構成国もあれば，複数の国内法を制定あるいは改正することにより国内法化・国内実施する構成国もある[65]。

例として，ドイツにおける環境損害責任指令の国内法化・国内実施を見ていくことにする[66]。ドイツでは，EU指令の迅速な国内法化・国内実施のために2006年に連邦制改革が行われた[67]。その際，統一環境法典の制定を可能にするために環境分野の権限に変更が加えられ，連邦が環境法に対し包括的な立法権限を有するようになった[68]。ドイツでは，連邦議会が，基本法72条3項2文に定められる権限を行使し，連邦参議院の同意を得た上で，環境損害の未然防止と修復に関する法律（Gesetz über die Vermeidung und Sanierung von Umweltschäden），略して環境損害法（Umweltschadensgesetz）を制定した。同法律は，2007年5月14日に公布され，2007年11月14日に発効した[69]。本指令の国内法化・国内実施期限がほぼ遵守されたと言えるであろう。

ドイツ環境損害法は，EU環境損害責任指令の対象となる環境損害すべてに適用される枠組を創設する[70]。なお，同法律は，他の環境に関する個別法律（各論規定）に対する一般（総則的）規定（allgemeiner Teil）とも位置づけられている[71]。同法律は，13ヵ条から構成される。

同法律3条は，適用範囲を定めている。同法律は，まず，その適用範囲を附属

書1（Anlage 1）に列挙される事業上の活動によって引き起こされる環境損害あるいはその直接的なおそれとしている。なお，この同法律附属書1には，EU環境損害責任指令の附属書Ⅲ（Annex Ⅲ）の内容が再現されている。つまり，指令の規定事項がそのまま採用された。

次に，事業者の故意又は過失により附属書1に列挙された以外の事業上の活動により引き起こされる連邦自然保護法21a条2項及び3項の意味における生物種及び自然生息地の損害並びに損害の直接的なおそれに適用されるとされた。ドイツ連邦自然保護法21a条は，ドイツ環境損害法の制定と同時になされた連邦自然保護法の追加改正の条文である。連邦自然保護法21a条2項は，生物種の定義を野鳥の保全に関する指令79/409/EECの4条2項又は附属書Ⅰ並びに自然生息地及び野生動植物の保全に関する指令92/43/EECの附属書Ⅱ及びⅣに列挙されるものとあり，EU環境損害責任指令3条及び2条3項(a)と同じものとなっている。同様に連邦自然保護法21a条3項は，自然生息地の定義を指令79/409/EECの4条2項もしくは附属書Ⅰに列挙された生物種の自然生息地，指令92/43/EECの附属書Ⅰに列挙された自然生息地，並びに，指令92/43/EECの附属書Ⅳに列挙された生物種の繁殖地又は休息地としており，EU環境損害責任指令3条及び2条3項(b)と同じものとなっている。このことは，EU環境損害責任指令の適用範囲とドイツ環境損害法のそれとが同じであり，ドイツは，EU環境損害責任指令2条3項(c)を用いて，適用範囲の拡大を明示的な形で行わなかったことを意味する[72]。もっとも，ドイツ環境損害法の立法理由書において，生物種及び自然生息地に対し相当な侵害が与えられる場合には損害が生じうると説明されており，指令の適用範囲を超えることもありうる[73]。

ドイツ環境損害法は，権限ある機関は，本法に基づき職権により，又は，影響を受けた者もしくは同法11条2項に従い法的救済を求めることのできる団体が修復措置の実施を要請し，要請の理由づけにつき用いられた事実が環境損害の発生につき信用できるものである場合には行動すると定める（10条）。同法11条2項は，2006年12月7日のドイツ環境・法的救済法（BGBl. S. 2816）[74]の3条1項に従い承認された，又は，承認されると見なされる団体に対して，ドイツ環境・法的救済法2条に従い権限ある機関の決定又は決定の不作為に対する法的救済が認められると定める。これらは，EU環境損害責任指令12条及び13条を国内法

化した条文である。ドイツでは法的救済はこれまで個人の権利を救済することに限定されていたため，本指令が求めるような団体訴訟（Verbandsklage）の導入は好まれてこなかったとされる[75]。しかし，本指令により環境団体による訴訟の提起が可能になったと捉えられる。もっとも，環境団体の提訴権を認めたドイツ環境損害法11条2項に言及される，ドイツ環境・法的救済法2条1項1号が，違反されたとする関連法的規定が個人の権利を保護するものであることを前提としているために[76]，ドイツで認められる提訴権の内容は，EU環境損害責任指令12条1項で定められている環境団体が侵害されうる権利を有するものと見なされている（be deemed to have rights capable of being impaired）とする条文の求めるところからは，離れているとの指摘がある[77]。しかし，もし環境団体がEU環境損害責任指令において付与された権利を行使できない場合には，ドイツ環境損害法11条2項及びドイツ環境・法的救済法2条1項1号に対するEU環境損害責任指令の12条及び13条の解釈に関しEU運営条約267条（旧EC条約234条）に基づく先決裁定手続[78]が用いられる可能性が高いと考えられる。同手続を通じて，環境損害責任指令の実質的内容が確保されることになる。

ドイツ環境損害法は，EU環境損害責任指令14条に定められた任意の金銭的保証については，定めていない。

このような形でドイツでは環境損害責任指令が国内法化されたが，同指令の国内法化・国内実施が欧州委員会の審査を受けた後は，各国国内裁判所から求められるEU司法裁判所による先決裁定により細かな規定の解釈が確定していくことになり，EUレベルで均質性が保たれた環境損害責任制度が実施されることになる。

4　環境損害責任指令の直接効果，間接効果，国家賠償責任

環境損害責任指令の期限が過ぎ，上述したように，大半の構成国が指令を国内法化・国内実施した。しかし，すべての構成国が履行したわけではないため，仮定の状況にも触れておくことにする。

当該指令が国内法化・国内実施されない場合，自然人や法人は同指令の規定に依拠して国内裁判所において権利を主張できるか。つまり，当該指令に直接効果

があるか否かという問題である。同指令は，上述したように，汚染者負担の原則に基づき，環境損害に民事責任の制度を用いず，公法的な制度を用いて対処し，その際に，自然人や法人（特に環境NGO）に重要な役割を与えている制度である。よって，構成国に部分的あるいは類似した制度は存在する可能性があるが，国内法にない新たな制度を創設するものであると考えられる。同指令は権限ある機関を指定し，その機関が制度の実施にあたることになるが，国内法であらかじめそのような機関が指定されていなければならず，また，国内訴訟手続上，自然人や法人が提訴権をもつことが規定されていなければならない。直接効果の発生には，条文が十分に明確で無条件でないとならないという条件があるが，そのような状況を考慮すると，そのような条件を満たすことには困難が予想される[79]。もっとももしそのようなことが問題になった場合は，EU司法裁判所が判断を下すことになる。

　国内裁判所はできるだけ指令の文言と目的に照らして国内法を解釈しなければならないという適合解釈の義務がある。このような解釈が可能か否かは，国内法の柔軟性に依る。本指令が適合解釈によって間接効果を持ちうるのか否かは各国裁判所が適用する国内法に依るためその効果は不明である[80]。

　国家賠償責任は，①違反されたEU法規が個人に権利を付与する意図であったこと，②違反が十分に重大であること，③構成国の義務違反と損害との間に直接の因果関係があることの3つの要件を必要とする[81]。本指令については，特に，①の個人に権利を付与する意図があったか否か，また，③構成国の義務違反と損害の因果関係の証明が，問題になるだろうと考えられる[82]。この問題も生じた場合は，先決裁定を通じて，EU司法裁判所が判断を下すことになる。

5　環境損害責任指令の適用範囲の拡大とその他の改正

　環境損害責任指令2004/35/EC発効時の適用範囲は，上述した通りであった。その後，適用範囲に修正が加えられた。まず，採掘産業からの廃棄物の管理に関する指令2006/21/ECが2006年3月15日に採択された[83]。同指令15条は，「環境責任」と題し，次のように定めている。「次の項目が，指令2004/35/ECの附属書Ⅲに追加される。『採掘産業からの廃棄物の管理に関する2006年3月15日の欧

113

州議会と理事会の指令2006/21/ECに従った採掘廃棄物の管理』」。もともとの環境損害責任指令の附属書Ⅲでは，上述したように12項目であったので，1つ項目が増えたことになる。附属書Ⅲは，そこに列挙された活動に従事している事業者は過失がなくとも責任を負うことになるため，採掘産業に従事している事業者も環境損害を引き起こした場合は指令に定められた責任を負うことになった。

また，二酸化炭素の地質学的貯蔵に関する指令2009/31/ECが2009年4月23日に採択された[84]。同指令34条により，環境損害責任指令附属書Ⅲに14番目の項目が追加され，貯蔵の操業を行う事業者も厳格責任を負うことになった。

さらに，保護された生物種及び自然生息地に直接関係するNatura 2000自体の範囲が拡大される。

このように，環境損害責任指令の適用範囲が後の指令により変更され，今後も拡大していくことが予想される。

また，環境損害責任指令自体が，指令の実施からのフィードバックを設定している。まず，欧州委員会は2010年4月30日までに環境損害の現実の修復に関する本指令の有効性，附属書Ⅲに列挙される活動についての保険及びその他の金銭的保証の合理的な費用での利用可能性，並びに，これらの保険及びその他の金銭的保証の条件に関する報告書を提出することが義務づけられている。また，「報告と審査」と題される本指令18条において，まず，構成国が2013年4月30日までに本指令の適用に際して得られた経験を欧州委員会に報告することになっている。次に，この報告書を元に，欧州委員会は2014年4月20日までに同指令の修正提案を行うことが義務づけられている。

さらに，環境損害責任指令に関し国内裁判所から求められるEU司法裁判所の先決裁定を通じて，同指令の実質的内容が明確にされ，その実効的確保がなされると考えられる[85]。

これらのように指令が採択されて終わりではなく，本指令の内容，ひいては汚染者負担の原則の実施，EU環境法の実効性確保がなされるよう制度が組み立てられている。

結語

　環境損害責任指令をEU環境法の実効性確保の観点からみてきた。同指令は，上述したように①保護された生物種及び自然生息地に対する損害（生物多様性損害），②水損害，③土地損害という3つのカテゴリーの環境損害に対する事業者の責任を定めている。

　事業者が附属書Ⅲに列挙されるような危険な活動に従事していなくとも過失がある場合に責任を追及される保護された生物種及び自然生息地に対する損害は，保護された野鳥の保全に関する指令79/409/EEC並びに自然生息地及び野生動植物の保全に関する指令92/43/EECにおいて定義あるいは列挙されるものを対象としている。前者の指令79/409/EECは，1979年に理事会により採択された。この当時，環境に関する個別的権限はEEC条約に定められていなかったため[86]，EEC条約235条（現EU運営条約352条）が法的根拠条文として用いられた。後者の92/43/EECは，法的根拠条文をEEC条約130s条（現EU運営条約192条）とし，1992年に理事会により採択された。これらの2つの指令はすでに何年も前に発効している。本指令は，これらの2つのさらなる実効性を高めることに寄与するものである。また，水や土地に対する環境損害についてもこれまで多数のEU立法が採択されてきた。水損害に関連して環境損害責任指令1条1(b)において言及されている水政策の分野における共同体行動の枠組を設定する指令は，それらの指令を統合するものである。さらに，指令附属書Ⅲにおいて多数の指令が列挙されている。

　このように環境損害責任指令は，既存の生物種及び自然生息地，水，土地への損害に関するEU環境立法の実効性を確保することにより，それらに対する損害を未然防止しかつ修復することを通じて生物多様性の維持に寄与していく手段であると考えられる。

　さらに，上述したように環境NGOに重要な役割を与え，環境損害責任指令の制度の中に積極的に組み込んでいる。これは，本指令が環境損害から伝統的損害を除外し，純粋に環境，特に，生物多様性そのものを公共財と捉えるという基本

的な判断を背景としていると考えられる。生物多様性は，ここ数十年の間の人間の活動，特に，産業活動により，急激に損なわれてきている。また，日常の産業活動以外に突然の事故によっても生物多様性に大きな悪影響が及ぼされる。このような状況の中で本指令は生物多様性を維持するために重要な手段となると位置づけられ，今後その実質的役割が期待される。

〈注〉

1　2009年12月1日に発効したリスボン条約により，EU条約は新EU条約に，EC条約はEU運営条約に変更された。環境関連条文については，東史彦「EU基本条約における環境関連規定の発展」庄司克宏編『EU環境法』慶應義塾出版会，2009年，47-70頁。

2　条約違反手続及び判決履行違反手続については，拙稿「EC法の履行確保手段としてのEC条約228条2項」『国際関係の多元的研究―東泰介教授退官記念論文集―』大阪外国語大学，2004年，119-141頁；同「EC法の履行確保と強制金」『国際商事法務』Vol. 32 No.3, 2004年3月号，364-369頁；同「欧州司法裁判所による義務違反国への強制金並びに一括金の賦課」『貿易と関税』Vol. 54 No. 6, 2006年6月，70-75頁；同「EUにおける判決履行違反手続制度の完結」『国際商事法務』Vol. 37 No. 8, 2009年8月，1112-1116頁。

3　庄司克宏『EU法基礎編』岩波書店，2003年，133-141頁。

4　拙稿「欧州司法裁判所による適合解釈の義務づけの発展」『専修法学論集』85号，2002年9月，1-42頁。

5　Joined cases C-6/90 and C-9/90 Andrea Francovich and Danila Bonifaci and others v. Italian Republic [1991] ECR I-5357；Joined cases C-46/93 and C-48/93 Brasserie du Pêcheur and Factotame [1990] ECR I-1029；国家賠償責任の成立条件が確立した，ブラッスリ事件について，西連寺隆行「9構成国のEC条約違反行為（作為・不作為）の損害賠償責任」中村民雄・須網隆夫編『EU法基本判例集』〔第2版〕日本評論社，2010年，77-86頁。

6　COM(2001)31, Communication from the Commission to the Council, the European Parliament, the Economic and Social Committee and the Committee of the Regions on the sixth environment action programme of the European Community "Environment 2010: Our future, Our choice".

7　Case C-176/03 Commission v. Council [2005] ECR I-7879；西連寺隆行「環境侵害に対する刑罰導入を構成国に義務づけるECの権限」『貿易と関税』54巻1号，2006年1月，74-70頁；鈴木真澄「EUにおける『執行権支配』と『法の支配』（1）環境保護枠組決定事件を素材として」『龍谷法学』38(4)，2006年，1369-1347頁；拙稿「個別的分野に付与されたEC権限の範囲―EUにおける環境刑罰権に関する事例を中心に―」『専修法学論集』106号，2009年7月，84-92頁。

8　Case C-440/05 Commission v. Council [2007] ECR I-9097；中村民雄「ECの刑事立法権限の存在と限界―船舶源汚染対策立法事件」『貿易と関税』56巻10号，2008年10月，75-68頁。

9　OJ of the EU 2008 L328/28, Directive 2008/99/EC of the European Parliament and of the Council of 19 November 2008 on the protection of the environment through criminal law；拙稿「前掲論文」注7，95-104頁。

10　大塚直・高村ゆかり・赤渕芳宏「環境損害の未然防止及び修復についての環境責任に関する2004年4月21日の欧州議会及び理事会の指令2004/35/EC＜翻訳＞」『環境研究』No.139, 2005年，141-152頁。同翻訳は，前文から附属書に至るまですべての条文を訳している。本稿における指令及び附属書を訳する際に，同翻訳を参照し，若干変更を加えた。

11　クリス・ポレット／河村寛治・三浦哲男訳「EU環境法の新展開　第6回　EU環境責任法制の枠組みについて〔上〕」『国際商事法務』Vol.30 No.10, 2002年10月，1442-1446頁；同「EU環境法の新展開　第7回　EU環境責任法制の枠組みについて〔下〕」『国際商事法務』Vol. 30 No.11, 2002年11月，1595-1599頁；大塚直「環境損害に対する責任―EU指令を中心として―【研究ノート】」『Law & Technology』No.30, 2006年，24-31頁；同「環境修復の責任・費用負担につい

て―環境損害論への道程」『法学教室』No.329, 2008年2月, 94-103頁；同「環境損害に対する責任」『ジュリスト』No.1372, 2009年2月, 42-53頁。

12　COM(93)47, Communication from the Commission to the Council and Parliament and the Economic and Social Committee: Green Paper on remedying environmental damage.
13　Ibid., p.4.
14　Ibid., p.4；梅村悠「自然資源損害に対する企業の環境責任（2・完）―アメリカ法, EU法を題材として―」『上智法学論集』47巻3号, 2004年, 170（47）頁, 152（63）頁。
15　Ibid（COM（93）47）；同指令の提案が環境責任の最初であるとされる。Gerd Winter/Jan H. Jans/Richard Macrory/Ludwig Krämer, "Weighing up the EC environmental Liability Directive", *Journal of Eunvironmental Law*, Vol.20（2008）, p.163, 164.
16　Ibid（COM（93）47）, p.5.
17　Ibid., pp.4-5, 10.
18　Ibid., p.11.
19　Ibid.
20　COM（2000）66, White Paper on environmental liability, p.9；cf. Martin Hedemann-Robinson, *Enforcement on European Union Environmental Law*（Routledge-Cavendish, 2007）, p.486.
21　Ibid（COM（2006）66）.
22　Ibid.
23　Ibid., p.11.
24　Ibid., p.12.
25　Ibid.
26　Ibid.
27　OJ of the EC 1992 L 206, p.7.
28　Ibid.
29　Ibid., p.18；cf. Winter/Jans/Macrory/Krämer, *supra* note 15, p.164.
30　OJ of the EC 1992 L 206, pp.21-22.
31　COM（2002）17, Proposal for a directive of the European Parliament and of the Council on environmental liability with regard to the prevention and remedying of environmental damage.
32　Ibid., p.2.
33　Ibid., pp.2-3.
34　Ibid., p.5.
35　Ibid., p.16.
36　Ibid., p.17, footnote 45.
37　Ibid., p.16.
38　このような意思決定の流れ（monitoring of the decision-making process between institutions）は, http://ec.europa.eu/prelex/detail_dossier_real.cfm?CL=en&DosId=171860#360344 で確認できる。
39　OJ of the EU 2004 L 143, pp. 56-75, Directive 2004/35/EC of the European Parliament and of the Council of 21 April 2004 on environmental liability with regard to the prevention and remedying of environmental damage.

40	上田純子「EU 環境法に関する諸原則」庄司克宏編『前掲書』（注 1）71, 83-86 頁；汚染者負担原則が適用された最近の判例として，トタル社事件がある。1999 年 12 月に起こった石油タンカーのエリカ号事故により海に汚れた油が流出し，フランスの大西洋海岸の海洋汚染が引き起こされた。この事故の後，誰がこの損害の責任を負うかが問題となった。EU 司法裁判所にこれに関連してフランスの裁判所から先決裁定が求められた際に，EU 司法裁判所は汚染者負担の原則を用いて，エリカ号をチャーターしていたトタル社が廃棄物に関する指令 75/442 の 1 条(b)の意味における廃棄物の生産者として見なしてよいという判断を下した。Case C-188/07 Commune de Mesquer v. Total France SA [2008] ECR I-nyr.
41	拙稿「EU 法における環境統合原則」庄司克宏編『前掲書』（注 1）115, 126-127 頁。
42	OJ of the EU 2004 C 67, P5_TC1-COD (2002) 0021, Position of the European Parliament adopted at first reading on 14 May 2003, p.186.
43	須網隆夫「EU の発展と法的性格の変容―『EC・EU への権限移譲』と『補完性の原則』―」大木雅夫・中村民雄編『多層的ヨーロッパ統合と法』聖学院大学出版会，2008 年，287 頁以下。
44	OJ of the EU, *supra* note 42 p.189.
45	cf. Monika Hinteregger, "1. International and supranational systems of environmental liability in Europe", Monika Hinteregger (ed.), *Environmental Liability and Ecological Damage in European Law*, Cambridge University Press, 2008, p.3, p13.
46	Kristel De Smedt, "Is Harmonisation always effective? The implementation of the environmental liability directive", *European Energy and Environmental Law Review*, 2009, February, p.2.
47	Ibid., p.2.
48	OJ of the EC 1979 L 103, pp.1-18, Council Directive 79/409/EEC of 2 April 1979 on the conservation of wild birds.
49	OJ of the EC 1992 L 206, pp.7-50, Council Directive 92/43/EEC of 21 May 1992 on the conservation of natural habitats and of wild fauna and flora. HFF 指令と略される場合もある。
50	Hinteregger, *supra* note 45, pp.13-14；Hedemann-Robinson, *supra* note 20, p.323.
51	Winter/Jans/Macrory/Krämer, *supra* note 15, p.169.
52	Smedt, *supra* note 46, p.2.
53	Hedemann-Robinson, *supra* note 20, p.324；Winter/Jans/Macrory/Krämer, *supra* note 15, pp.171-172.
54	cf. Winter/Jans/Macrory/Krämer, *supra* note 15, p.172.
55	cf. Ibid., p.172；大久保規子「環境公益訴訟と行政訴訟の原告適格―EU 各国における展開―」『阪大法学』58 巻 3・4 巻，2008 年 11 月，659 (103) -682 (126) 頁参照。
56	Smedt, *supra* note 46, p.12；同様の趣旨を指摘するものとして，大塚「前掲論文」『ジュリスト』（注 10）48 頁。
57	拙稿「EC 条約 176 条に基づく国家のより厳格な環境保護措置―EC 条約 95 条による国家の保護措置との比較を中心に―」『専修法学論集』97 号，2006 年 7 月，83-127 頁参照。
58	Hinteregger, *supra* note 45, p.13.
59	Winter/Jans/Macrory/Krämer, *supra* note 15, p.191；Hinteregger, *supra* note 45, p.13.
60	Smedt, *supra* note 46, p.7；Lothar Knopp, "Umsetzung der europäischen Umwelthaftungsrichtlinie in den Mitgliedstaaten", *EuZW*, 2009, Heft 16, p.561, p.563；なお，Knopp の論文では，さらにリトアニアも追加されている。

61　cf. Smedt, *supra* note 46, p.2.
62　Ibid.
63　注2参照。
64　Europa, Press Releases, Reference: IP/09/1791, Date: 22/11/2009.
65　各構成国がどのような措置で本指令を国内法化・国内実施したかについては、Celex Nr. 72004L0035 National Execution Measures を参照。
66　ドイツ環境損害（責任）法案については、松村弓彦「ドイツ環境損害（責任）法案と環境損害 その1」『環境と研究』No. 139, 2005年, 153-176頁；同「ドイツ環境損害（責任）法案と環境損害 その2」『環境と研究』No. 141, 2006年, 113-140頁；ドイツ環境損害法については、大久保規子「ドイツの環境損害法と団体訴訟」『阪大法学』58巻1号, 2008年5月, 1-33頁；フランスにおける指令の国内法化については、淡路剛久「環境損害の回復とその責任―フランス法を中心に―」『ジュリスト』No.1372, 2009年2月, 72-78頁。
67　拙稿「ドイツ連邦制改革とEU法―環境分野の権限に関するドイツ基本法改正を中心に―」『専修法学論集』100号, 2007年7月, 173-210頁。
68　前掲論文198頁；Alfred Schneider, "Umweltschutz durch Umweltverantwortung-Das neue Umweltschadensgesetz", *NVwZ*, 2007 Heft 10, p.1113, p.1114.
69　BGBl I 2007, pp.666-671.
70　BT-Drs. 16/3806, Entwurf eines Gesetzes zur Umsetzung der Richtlinie des Europäischen Parlaments und des Rates über die Umwelthaftung zur Vermeidung und Sanierung von Umweltschäden.
71　Ibid., p.13.
72　Gerhard Wagner, "Das neue Umweltschadengesetz", *VersR*, 2008, p.565 (IV. Sachlicher Schutzbereich 1. Grundlage).
73　BT-Drs. 16/3806, p.30；Lothar Knopp/Kamila Kwasnicka, "Die Umsetzung der europäischen Umwelthaftungsrichtlinie in Deutschland und Polen", *WiRO*, 2008 Heft 12, p.353, pp.354-355；cf. 自然生息地及び野生動植物の保全に関する指令92/43/EEC 並びに野鳥の保全に関する指令79/409/EEC が保護領域の拡大を認めているか否かにより適用範囲が変化する可能性を示したものとして、Schneider, *supra* note 68, p. 1115；適用範囲には解釈の余地があることを示すものとして、Tilman Cosack/Rainald Enders, "Das Umweltschadensgesetz im System des Umweltrechts", *DVBl* , 2008 Heft 7, pp.408-409.
74　Umwelt-Rechtsbehelfsgesetz. Gesetz über ergänzende Vorschriften zu Rechtsbehelfen in Umweltangelegenheiten nach der EG-Richtlinie 2003/35/EG；2006年12月15日に発効した。なお、指令2003/35/EC は、オーフス条約を実施するための指令である（OJ of the EU 2003 L 156, pp. 17-32）。
75　Winter/Jans/Macrory/Krämer, *supra* note 15, p.176；団体訴訟が認められていたのは、自然保護法においてのみ、Lars Diederichsen, "Grundfragen zum neuen Umweltschadensgesetz", *NJW* 60. Jahrgang (2007/47), p.3377, p.3381；大久保「前掲論文」注66, 2頁参照。
76　"wenn die Vereinigung 1 geltend macht, dass eine Entscheidung nach §1 Abs. 1 Satz 1 oder deren Unterlassen Rechtsvorschriften, die dem Umweltschutz dienen, Rechte Einzelner begründen und für die Entscheidung von Bedeutung sein können, widerspricht"（傍線筆者）；BT-Drs. 16/3806, p.25；Cosack/Enders, *supra* note 73, p.414.
77　Winter/Jans/Macrory/Krämer, *supra* note 15, p.176；大塚「前掲論文」『ジュリスト』注11,

45-46 頁参照；大久保「前掲論文」注 66, 25-26 頁参照。
78　先決裁定手続とは，国内裁判所において，EU 法に関する解釈が問題となっている場合，国内裁判所が EU 司法裁判所に先決裁定を求める手続のことである。国内裁判所が，最終審である場合，先決裁定を求めることが義務づけられ，EU 法の統一的解釈が確保される仕組みになっている。
79　Cf. Winter/Jans/Macrory/Krämer, *supra* note 15, pp.186-188.
80　Ibid., pp. 188-189.
81　西連寺「前掲論文」注 5, 95 頁。
82　cf. Winter/Jans/Macrory/Krämer, *supra* note 15, pp.189-190.
83　OJ of the EU 2006 L 102, p.15.
84　OJ of the EU 2009 L 140, p.114.
85　環境損害責任指令の規定の汚染者負担の原則の解釈についてイタリアの裁判所が先決裁定を求めた事件が係属している（C-378/08）。
86　EC が環境分野において個別的権限をもつのは，1987 年の単一欧州議定書により EEC 条約が改正されてからである。

第5章
国際環境立法と国際組織[1]

国連環境計画（UNEP）　長井　正治

はじめに

　国際環境法の形成における国際組織の役割はなにか。この問いに答えるためには，国際環境法をめぐり，どのような意思決定の過程があり，その過程に国際組織がどのように関わっているかを考察する必要がある。ロザリン・ヒギンズ前国際司法裁判所長官は，その著書の中で，国際法は権威ある意思決定が法的に行われていく一連の過程であるとし，単なる国際法規の定立と適用を越えた，国際法のダイナミックな性格を浮き彫りにしたが[2]，国際環境法とその形成は，まさにそうした意思決定の過程が国際関心事項としての環境の分野でなされていると見ることができる。そして，そうした一連の意思決定が諸国家によってなされる契機をつくり，またそのための場を提供する主体として，国際組織，特に国際連合をはじめとした政府間国際組織のもつ意義は大きい。本稿では，国際環境法の形成をめぐる過程を国際環境立法とし，そこで多大な貢献をしてきた国連システムの諸機関，特に国連環境計画の活動を具体例に見据えながら，近年の国際環境立法の特徴を概観していく。

I　国際環境法の現況と国際組織

　国際環境法の発展は，環境問題が国境を越え，地域あるいは地球規模の広がりをもち，関連するすべての国々の協力なくしては解決しえないという認識の深まりとともに進展した。国際環境法の主要な形態である国際環境条約についてみると，2国間条約を除いて，締約国が3カ国以上の条約（世界のほとんどの国が加盟するものまで含めて，便宜的に多数国間条約 multilateral environmental agreements と総称される）の数は20世紀の半ばまでには10に満たなかったものが，1970年に50，1980年に100，1990年には150前後になり，2010年初頭にはその数は300に近づいている[3]。これにそれぞれの個別の条約体制内で採択された条約改正文書や付属書といった条約に付随した法的文書や条約を執行するた

めの細目などを定めた国際行政覚書などの文書まで加えると，その数は500を超える。ここで留意すべきことは，これらの条約とその他の国際法的文書のうち，大多数は，数カ国から数十カ国が対象の特定の地理的領域または地域内に関するものであり，特定の地球規模環境問題を扱う，世界のすべての国に開放された多数国間条約，いわゆる地球環境条約の数は，同一条約体制内で定立された議定書を別個に数えても30に満たないことである。とはいえ，全体的な潮流として，こうした多国間環境条約の総数の急速な増大は，過去40年ほどの間に国際環境法の形成を促す要因が次々と生み出され，国際環境立法を要請する意思決定が国々の間で絶え間なく行われてきたことを示す。

　国連や専門機関を中心とした政府間国際組織は，それぞれの権能にしたがって，共通の関心事項である環境問題について政策を策定し，行動の原則や規範を打ち立て，国際環境法を形成する一連の過程で主要な役割を果たしてきた。国際環境条約も含めた国際環境法の発展は，それら国際組織を足がかりにして展開する多国間外交が，環境の分野で，特に1972年の国連人間環境会議（ストックホルム会議）以降加速度的に展開されてきたことと，深く関連している。それと同時に，国際環境立法が，多くの特殊な問題別に設定された個別の法規範に関する条約等の体制を構築する，いわば個別のブロックを積み上げていく方式をとっていて，これが近年の条約数の増加の背景となっている。

　国際環境法，特に国際環境条約が対象とする政策領域をみると，概ねの傾向として，1960年代までは，特定の野生生物種の保護，国際河川の汚染対策，漁業対象となる海洋生物資源の保全，農業関連の植物保護，船舶や海上構築物に起因する油濁事故その他による海洋環境汚染の防止，国際労働基準としての職場における危険物質の管理，あるいは核燃料や原子力事故の損害賠償といった環境損害の原因や対象物が特定しやすい分野で国際条約が形成された。1970年代には，これらの分野も含めて，国際環境条約が対象とする政策領域は広がっていき，絶滅危惧種の野生生物の国際貿易や，世界遺産といった，環境損害を誘発する可能性のある経済・開発行為が国際関心事項として国際条約を介した国際協力の対象となっていく。一方，地域の海洋環境を総合的な見地から保護する地域海条約

が世界の多くの地域で定立されるようになる。また，船舶に起因する海洋汚染等，環境問題を引き起こしうる潜在的な汚染者の予防責任等を規定した国際条約が地域に限定されない世界各国を対象として，締結されるようになる。1970年代末に酸性雨等による越境性大気汚染に対処する条約が欧州・北米地域を対象として制定され，さらに1980年代後半に成層圏オゾン層の保護に関する条約・議定書が制定されてから，大気を通して，広域にわたり，あるいは地球規模で人々の健康や環境に被害を及ぼしながら，汚染源と汚染被害の因果関係の特定が容易でない環境問題が国際関心事項として，新たな国際法形成の対象となる。また，有害廃棄物を貿易や不法取引などによって越境移動させることによって生じる健康・環境被害も，新たな種類の国際関心事項となり，国際条約が制定されていくことになる。一方，気候変動，生物多様性，砂漠化等の，人間の経済・社会活動と自然環境との関わりを，それらの持続可能性の見地から，多面的に扱う条約が，1990年代前半に締結される。1990年代後半から，2000年代の初頭にかけては，地球規模問題としての有害化学物質管理や，バイオテクノロジーを使った遺伝子組み換えにより作られた生命体の貿易等，技術革新を伴った経済活動に密接した政策領域において，条約が形成されてきた。これらの国際環境条約に加え，その主要な目的が環境以外の政策領域に属するものとして通常分類されているもので，環境への影響が明白な行為を規律する多国間条約も，環境に関連する国際法として，多国間環境条約の一部に数えられている。その例として，たとえば，熱帯地方で産出される木材に関する国際協定など，天然資源から生産される物の取引，漁業にともなう特定魚種の保護，南極など特殊な地位にある地域の環境保護，あるいは軍事目的の環境変更技術の規制など軍事活動の環境への影響に配慮を促すものなど，多様な国際条約がある。

　こうした国際環境法の発展の経緯を各国際組織の権能との関連において考えてみると，第1に着目すべきは，現在，環境の分野では，世界全体の環境に関する規範や条約の形成を一元的かつ包括的に扱う国際組織は存在しないということである。国際法の形成過程が関連する政策領域ごとに多極的になされている状況に呼応して，国際環境法の形成も，異なる国際組織や国家の集団など多様な主体が，それぞれ自律的に意思決定をしていく。国際組織についてみると，特定の領

域ごとに，個別の国際組織等がそれぞれの権限事項や所管する政策領域に対応するかたちで，条約やその他の規範文書の形成に関わっている。たとえば，国連専門機関においては，船舶に起因する海洋汚染を防止し，油濁事故の損害賠償を扱う国際条約の形成は国際海事機関，農業関連の植物保護や遺伝子資源保全，あるいは，漁業関連の海洋資源保護等は国連食糧農業機関，国際労働基準としての職場環境における化学物質管理や産業事故対策は国際労働機関，原子力の安全と事故時の緊急国際協力や核廃棄物等は国際原子力機関，世界遺産は国連教育科学文化機関といった具合に，それぞれの専管事項に従って条約の形成と実施の支援が各国際組織において行われている。国連のなかでは，国連総会における地球環境問題に関する決議をもとに多国間交渉が始まり，締結にいたった国際環境条約の例として国連気候変動枠組条約（1992年）と国連砂漠化防止条約（1994年）がある。また，環境関連分野として，国連海洋法条約（1982年）は，その第12章で海洋環境や海洋資源に関する国際規範を定める。一方，国連国際法委員会によって起草され，国連総会で採択された環境関連条約として，国際水路の航行以外の使用に関する法を定めた条約（1997年）がある。国連環境計画の国際環境法形成に関わる活動については，次節で触れる。

地域国際組織の国際環境法形成に関わる活動をみると，総じてそれらの国際組織はそれぞれの地域に特有の環境問題を対象として，域内諸国家の要請に沿う形で，自律的な国際環境立法に向けた活動を展開してきている。たとえば国連欧州経済委員会は，欧州における，酸性雨等の越境大気汚染，国際水路・河川・湖の環境保全，国際的な影響を及ぼす産業事故，環境影響評価，環境に関する情報アクセス・政策決定における民衆参加・司法手続きに関するアクセスなど，その管轄する欧州，北米地域での国際環境立法を推進してきた。これとは別に，欧州理事会（Council of Europe）は，欧州地域内における動物保護，景観の維持，環境損害賠償手続き等さまざまな環境分野において多数の地域条約を形成してきている。アフリカにおいては，アフリカ連合（African Union）がアフリカ地域での自然環境保護や有害廃棄物の移動に関する地域条約の形成に関わり，また域内領域（sub-region）諸国を対象として，たとえば南部アフリカ開発共同体（SADC）が共有水資源管理についての議定書を定立するなど，環境関連条約の

形成がアフリカ全体とその内部の領域それぞれのレベルで推進されている。アジアにおいては，地域全体にわたる国際環境条約は形成されておらず，域内領域レベルで，たとえば東南アジア諸国連合が地域内での森林火災等から生ずる粉塵による越境性大気汚染の防止や域内自然保護等の条約形成に関わってきた。米州大陸においては，米州機構（OAS）が西半球での自然保護と野生生物保全や米州諸国における文化的・歴史的遺産保護の条約を形成し，また，地域内領域では，たとえば，中央アメリカ環境開発委員会が，域内での生物多様性，有害廃棄物越境移動，自然森林の生態系と植林された森林の管理等に関して条約の立法を推進するなどしてきた。

II 国連環境計画と国際環境立法

　国連環境計画（United Nations Environment Programme, UNEP）は，国連のなかで環境問題を扱う主要な機関である。ストックホルム国連人間環境会議の結果を踏まえて，1972年12月に国連総会の決議によって設立された[4]。国連総会での選挙で選ばれる58の理事国からなる管理理事会（Governing Council）と，事務局長を長とする事務局とで構成される。国連のなかでは，国連環境計画管理理事会は国連総会の補助機関，国連環境計画事務局は国連事務総長を長とする国連事務局の一部をなすが，その活動と運営に関しては，一定の自律性をもっている。政府間の意思決定機関である国連環境計画管理理事会は，環境の分野における国際協力を推進したうえ，適宜政策を勧告し，また，国連システム内部の環境プログラムの一般的な方向性を示し，調整を行うことを任務とする。さらに，世界の環境の状況を常に検討し続け，新たに出現してくる環境問題で国際的に広範な重要性をもつものが，各国政府によって適切かつ十分に考慮されるようにする。2000年より，管理理事会は，世界環境閣僚会合を開催する場としての機能も兼ね合わせる[5]。決議の採択などの意思決定は理事国によってなされるが，国連，国連専門機関並びに国際原子力機関の加盟国（すなわち，すべての国家）は管理理事会の会議に招請されて討議に参加することができ，また理事国を介して，あるいは理事国と共同で政策の提案もでき，近年は，平均して130—140カ

国程度が参加する多国間環境外交の場となっている[6]。

　このような機構と機能を背景として、国連環境計画は、1972年に設立された当初から、国際環境法の発展をその主要な機能のひとつと位置付け、国際環境立法に重要な役割を担ってきた[7]。元来、国連環境計画には、国家や国連諸機関とその他の国際組織に働き掛けながら国際環境問題に取り組み、国際協力を推進していく触媒的な役割が期待されていたが、国際環境法の形成は、地球規模環境問題解決にむけた国際社会の共同の意思決定が法的になされていく筋道をつけていく過程として、そのような期待された役割を発揮するための主要な手段としての意義をもつ。国連環境計画管理理事会の決議にもとづいて多国間交渉が行われ、その結果締結された地球規模環境問題を扱う国際環境条約には、オゾン層の保護に関するウィーン条約（1985年）とモントリオール議定書（1987年）、有害廃棄物の越境移動に関するバーゼル条約（1989年）、生物多様性条約（1992年）、化学物質及び農薬の貿易を事前に得た情報の理解にもとづいて承認する制度（prior informed consent, PIC）を定めたロッテルダム条約（1998年）、および残留性有機汚染物質（persistent organic pollutants, POPs）に関するストックホルム条約（2001年）がある。2010年6月からは国連環境計画管理理事会の決議[8]にもとづき、地球環境問題としての水銀の管理・規制に関する国際条約の草案準備のための交渉が始まる予定である。

　気候変動については、国連環境計画と世界気象機関が1988年に共同で設立し、国連総会が追認した[9]、気候変動に関する政府間パネル（IPCC）が科学的知見を政策形成へと結びつけるための橋渡しの役割を果たす中、1989年12月に国連総会は、その決議で、国連環境計画管理理事会が国連環境計画と世界気象機関の協力のもとに、気候変動枠組条約の交渉準備をすることを支持したが[10]、翌1990年12月には、国連環境計画と世界気象機関からの実質的貢献をもとに、総会の権威のもとで政府間交渉会議を開催することを決定し[11]、以後1992年5月の締結までの交渉の道筋を据えた。この交渉過程においては、国連環境計画は他の機関と共同で交渉事務局へその職員を配置するなどの形での貢献をすることになった。また、砂漠化防止については、国連環境計画は、国連開発計画等の他の国連

諸機関と連携しながら、特にアフリカにおける砂漠化の問題に取り組むための国際協力推進などの事業を続けていたが、国際環境条約の形成は国連環境開発会議が採択したアジェンダ21の実施という文脈で、1992年12月の国連総会の決議[12]によって政府間交渉会議が開催され、以後、国連砂漠化防止条約が1994年6月に採択されるまで、関連活動からの経験や情報を提供する形で交渉に貢献することとなった。

国連環境計画は、地域レベルでも、それぞれの地域における関係国を支援するかたちで、国際環境条約の交渉と締結を促進してきた。特に、海洋環境保護を目的とした地域海行動計画を基盤として、1976年締結の地中海保護条約を手始めとして、地域海環境の保全を目的とした条約と関連議定書が、カリブ海、東アフリカ、西・中部アフリカ、紅海・アデン湾地域、クウェート周辺海域、南太平洋、南東太平洋、北東太平洋、黒海、カスピ海のそれぞれで形成され、締結されるのを推進した。それに加えて、アフリカのザンベジ川水系の環境保全に関する条約[13]、同じくアフリカで野生動物の不法取引を国際的に取り締まるためのルサカ条約[14]、中央アジア諸国の環境国際協力に関する条約[15]、東欧のカルパチア山脈の環境保全のための条約[16]等の交渉と締結をそれぞれ関係各国の要請に応えるかたちで国連環境計画は支援してきた。

こうした、国際環境条約の形成と並行して、法的拘束力はないが、国際環境法の発展に貢献することを目的として、国際環境法に適用される理念や原則、あるいは国際環境協力に関連する国際手続きを設定することを目的として、いくつもの文書が国連環境計画の枠組みをとおして、政府間の討議と交渉の末、形成されてきた。たとえば、複数の国家により共有される天然資源の保全と協調的な使用に関する環境関連の行動原則（1978）、気候の人為的変更に関する国際協力の要綱（1980）、国家の管轄内における沖合での鉱業と採掘の環境の側面に関する法的検討の結論文書（1982）、陸上起因の汚染から海洋環境を保護するためのモントリオール・ガイドライン（1985）、環境上安全な有害廃棄物管理に関するカイロ・ガイドライン並びに原則（1987）、環境影響評価に関するガイドライン（1987）、そして、有害化学物質の国際貿易に関する暫定通知制度（1984）、それ

に関する国際情報交換制度を定めたロンドン・ガイドライン（1987）と輸入に関わるプライアー・インフォームド・コンセントの国際手続きを規定した改正ロンドン・ガイドライン（1989）はその例である。これらのうち，たとえばカイロ・ガイドラインや改正ロンドン・ガイドラインは，後にそれぞれの分野で国際環境条約を形成していく上での礎石となった。また，バイオテクノロジーに関するガイドライン（1995）は，生物多様性条約のもとで，遺伝子組み換えによる生命体の越境移動に伴う安全の問題を扱う「バイオ・セーフティ」に関する議定書の形成に至るまでの暫定期間において，この領域に関して各国政府が取り組むための準備をした。一方，近年は，既存の国際環境条約の遵守と履行確保を各国に促すことを目的としたガイドライン（2002），また環境関連情報へのアクセスや環境政策策定への市民参加等を促進する国内法令の作成や，環境損害の補償手続きを国内で整備することを促進するためのガイドライン（2010）など，手続き的な規範文書が，管理理事会によって採択されている。

III　モンテビデオ・プログラムに見る国際環境立法の展開

　国連環境計画は，国際環境法の発展を推進するための戦略的要綱として，「環境法の発展と定期的再検討のための計画」（モンテビデオ・プログラム）[17] を1980年代初めから採用してきた。このプログラムは各国政府代表としての法律や政策の専門家が，多国間協議と交渉を通してその内容を策定し，同管理理事会が採択したうえで，国連環境計画事務局が各国政府，および関係機関等と協力しながら，環境法の発展と強化のために必要な行動を，10年単位の長期的展望のもとに実施していくというものである。国際社会が直面する環境問題に法制度的な視点から対処するための国際行動枠組みとして，第1次計画（1982―1992），第2次計画（1993―2000），第3次計画（2001―2009）を経て，第4次計画は，2010年からの10年間に環境法の発展のために取るべき行動を総合的に網羅している。モンテビデオ・プログラムは，環境の分野における国際法の漸進的発展のために，世界各国の政府が合意したうえで，あらかじめ国際環境法の発展が望ま

しい分野の議題を設定し，そのための具体的な戦略と行動を示し，国連環境計画が政府を支援し，また関係国際組織と協力しながら，国際環境法の発展に積極的役割を果たすのに重要な貢献をしてきた。その展開の経緯をみると，国際環境立法のこれまでの展開の軌跡をたどることができる。

　第1次モンテビデオ・プログラムのもとでは，成層圏オゾン層の保護のための地球規模の枠組み条約の制定と，有害廃棄物管理についての世界的なガイドライン，原則または条約制定を策定するものとした。また，陸上起因の海洋汚染防止について，第3次国連海洋法会議の結果を踏まえて地域レベル，あるいは2国間での協定の実施とさらなる発展，それらの実施のための国内法制の整備，そして，これらの分野における発展をもとにして，将来の地球規模条約制定を射程に入れた，国際行動指針としてのガイドラインの準備を目指した。さらに，有害化学物質の貿易に関しては，地球規模条約の形成へむけた第一歩として国際ガイドラインの準備をすることとした。そのほか，環境に関する非常事態に対処するための国際協力，沿岸部管理，土壌保全，越境性大気汚染，河川その他の陸水の汚染防止，汚染被害の防止と原状回復に関する法的・行政的手続きと環境影響評価のそれぞれの分野での活動がなされるものとした。その成果として，オゾン層保護のためのウィーン条約とモントリオール議定書，有害廃棄物に関するカイロ・ガイドラインと有害廃棄物越境移動管理に関するバーゼル条約，陸上起因海洋汚染防止のためのモントリオール・ガイドライン，有害化学物質の貿易に関わる国際情報交換を律するロンドン・ガイドライン，そしてアフリカのザンベジ川水系の管理に関する協定がそれぞれ採択された。一方，モンテビデオ・プログラム採択後，1980年代に徐々に国際的な行動が必要であるとの政策が諸国家間で合意され，国際環境条約の形成のための作業が開始することになった分野として，気候変動と生物多様性の急激な減少の問題がある。これらの分野では，前者は国連環境計画管理理事会での枠組み条約準備の決定が，国連総会決議を経て，総会の権威のもとで条約起草のための多国間交渉が行われることとなり，後者は国連環境計画管理理事会決議により，その権威のもとでそれぞれ条約起草のための多国間交渉が行われ，それぞれ1992年の国連環境開発会議の開催時期に合わせる形で条約が締結された。

第2次モンテビデオ・プログラム[18]は，国連環境開発会議の前年の1991年後半に準備のための政府間協議と交渉が始まり，会議直後の1992年後半にその内容が確定された。国際環境法の漸進的発展にならんで，とくに1980年代後半から国連環境開発会議に至る過程で締結された諸条約に鑑みて，それら既存の国際環境法の遵守，そのための国内環境法の整備と執行の確保などが強調された。環境法の発展に関する一般的な方向性を示すため，国家が実効的に環境法の発展と実施に参加できるための能力向上，環境分野における国際法規の実施，現存国際法規が本来の目的を達成するのに適切であるかの検討，環境に関する紛争の回避と解決，汚染その他環境被害の防止と原状回復のための法的並びに行政手続き，環境影響評価，環境に関する啓発，教育，情報と民衆参加，将来の環境法にとって重要な概念や原則のそれぞれに関する章が設けられた。これらに加えて，個別の環境政策の領域についての行動計画も示された。すなわち，オゾン層保護のためのウィーン条約とモントリオール議定書により多くの国々が締約国となって参加し，その実施を促進するための支援，越境大気汚染の防止，制御並びに削減のための国際法規の形成の検討と途上国支援措置，土壌・森林保全との関連において砂漠化防止国際条約の起草過程への貢献と生物多様性条約並びに国連気候変動枠組条約の早期発効の促進，国連環境開発会議で採択された森林に関する原則の実施の支援などが記された。さらに，有害廃棄物に関しては，1992年5月に発効したバーゼル条約へのより広範な国々の参加の促進，途上国による条約実施のための国内法制整備の支援，有害廃棄物の越境移動に関する責任と損害賠償に関する議定書の準備について，締約国の要請に応じて支援することなどが活動方針として打ち出された。化学物質管理に関しては，有害化学物質，特に国内法で使用禁止もしくは規制されている有害化学物質の国際貿易に関するプライアー・インフォームド・コンセント制度を主眼にした地球規模条約の策定の方針が明確にされた一方，同様の制度を自発的な国際協力制度として運用している改正ロンドン・ガイドラインへの各国の参加の確保と実効的な実施の支援の方針も打ち出された。またその目的に沿って，健康・環境に危害を及ぼす可能性のある化学物質の国際貿易に関し，特に産業界を対象にした倫理規範を形成すべきことを示した。同時に，世界的に統一された化学物質の危険分類とラベルに記載する情報のシステムの制定，化学物質のリスク評価と管理に関する政府間会議の開催，関連

国際機関の協力と活動の調整，化学物質管理に関する国内での管理能力の強化と国際不法取引の防止等をめざした行動が，アジェンダ21，第19章に沿って明記された。陸上の水資源に関しては，その開発・管理・使用を統合的に扱う見地から保全に取り組むため，国際法的措置も含めた国際協力枠組みの形成への支援と関連国内法制の整備への支援を行い，関連諸機関と緊密に協力していく一方，当時国連国際法委員会で準備中だった航行以外の国際水路使用法条約草案や関連地域協定等を考慮に入れたうえで，法制度を発展させていくこととした。陸上起因の海洋汚染については，地域海条約や議定書の形成を通じて海洋環境の保護をめざすこととし，世界各国によるモントリオール・ガイドラインの広範な適用と，また国連海洋法条約の関連条項に沿った形で，世界的な規範文書（global instrument）の準備を必要に応じて検討することとし，世界的な規則及び基準を，条約により，もしくは条約を制定せずに，形成することの必要性と妥当性を検討することとした。また，国連海洋法条約との関連において，海洋環境保護に関する国際法の適用を促進することなどを挙げた。一方，沿岸部の管理については，関連国内法の立法を促すガイドラインの準備をすることとした。さらに，環境に関する非常事態における国際協力と援助への取り組みについて，妥当な法的枠組みを形成していくこととした。

　この期間には，地球規模環境問題としての有害化学物質を管理する多国間条約として，ロッテルダム条約が1996年から1998年までの交渉の末，1998年9月の全権外交会議で採択され，また，ストックホルム条約も，1998年から2000年末までの交渉を経て，2001年5月の全権外交会議で採択された。同じ分野では，これに先立ち，1994年に化学物質の安全に関する政府間フォーラムがアジェンダ21，第19章に沿って開催された政府間会議において設立され，一方，化学物質の国際貿易に関する倫理規範が政府や産業界との一連の協議を経て合意された。これに並行して，1995年には，化学物質の国際管理に特に関わっている国際組織相互で連携を強化するための行動枠組みが作られた。海洋環境については，陸上起因の海洋汚染防止についての世界行動計画が1995年の政府間会議で採択され，国連海洋法条約のこの議題に関する条項を各国が執行するのを促進する役割を果たすこととなり，また各地域に既存の地域海条約のこの側面での履行を政策

的に支援することとなる。砂漠化防止に関しては，国連環境計画で1990年代はじめまで実施されてきた，砂漠化防止のための行動計画を発展させるかたちで，国連総会のもとで国際条約準備のための政府間交渉会議が開催され，1994年に国連砂漠化防止条約が締結された。加えて，この時期には，既存の地球環境条約のそれぞれの条約体制内で，あらたな条約形成等の発展をみた。国連気候変動枠組条約のもとでは，1997年に京都議定書が締結された。生物多様性条約のもとでは，バイオ・セーフティに関するカルタヘナ議定書が，2000年1月に締結された。オゾン層保護のためのモントリオール議定書は，数回にわたる改正がなされた。バーゼル条約のもとでは，1995年に有害廃棄物の先進国から途上国への輸出禁止に関する改正が採択され，また，1999年には，有害廃棄物の越境移動に伴って生じた損害に関する責任と損害賠償に関する議定書が締結された。また，地域レベルの越境大気汚染，海洋環境保護，国際河川・湖沼の保全，野生生物保護などを目的として，数多くの条約が締結された。

第3次モンテビデオ・プログラム[19]は，第2次プログラムの方向性を基本的に踏襲し，とくに既存の国際環境法の実施を含めた環境法全般の整備と強化を目指した。3部構成で，環境法の実効性一般を扱う第1部，個別政策領域ごとの環境保全と管理を扱う第2部，環境と他の領域との関連を扱う第3部からなる。第1部では，国際環境法上の義務の履行と遵守を含めた，既存の環境法の実施，途上国の環境法分野における国内立法や規制措置に関わる能力強化のための支援，環境被害の防止と緩和のための政策や措置の形成，国際環境紛争の回避と解決を目的として諸国家が適当な措置をとることへの働きかけ，国際環境法の強化と発展のための調査・検討，国内・国際法における環境と他の分野の法との調整や国際環境条約の実施における条約相互間での調整に関する法的検討，環境関連情報へのアクセスと環境関連事項に関する政策決定における民衆参加を促進する法と関連措置の促進とさらなる形成，情報テクノロジーを使用した環境法の発展，実施と執行の支援，そして，財政・経済的措置やエコシステム管理の法への適用など環境法への斬新なアプローチ，といった一般的な方向性を，第2次モンテビデオ・プログラムの該当部分を改訂するかたちで示した。第2部では，淡水，沿岸部と海洋エコシステム，土壌，森林，生物多様性，汚染防止と管理，生産と消費

の傾向，環境に関する非常事態と自然災害など，政策領域の大きな分野別に，既存の国際環境法の実施，遵守と履行措置や関連国内法制の整備と強化，そのための支援措置などが行動の指針として掲げられた。その文脈でそれぞれ，国連海洋法条約と関連条約，国連砂漠化防止条約，生物多様性条約とバイオ・セーフティに関するカルタヘナ議定書，国連気候変動枠組条約，バーゼル条約，ロッテルダム条約，ストックホルム条約等の実施の支援がそれぞれ掲げられた。第3部では，環境と貿易，安全保障と環境，そして軍事活動と環境という，環境以外の政策領域で，なおかつ環境への影響が少なからずある分野での環境規範や法規の適用に関して，調査などの活動をすることとした。

　第3次モンテビデオ・プログラムのもとでは，新たな多国間環境条約の形成は，特に地域の政府の要請に応えての支援措置として行われた。東南アジア諸国連合（ASEAN）域内の森林火災等に起因する越境性粉塵に関する条約，中央アジア諸国間環境協力条約，カスピ海条約，カルパチア山脈環境条約，北東太平洋の海洋環境に関する条約は，それぞれ国連環境計画の支援のもとに形成された条約の例である。一方，既存の国際環境条約の履行を促進する目的で，「多国間環境条約履行のためのガイドライン」が，2002年に国連環境計画管理理事会で採択された。これと同時に，国際環境法の履行確保を目的とした，途上国の国内環境法制の整備のための支援措置が従来の技術援助の一環として引き続きとられた。また特に環境法の執行のための支援として，裁判官を対象にした国際環境法も含めた環境法の啓蒙プログラムも実施された。その一環として，2002年に環境法に関する国際裁判官会議が開催され，国際的な環境原則や規範に関する裁判官等司法関係者の意識を高める契機とし，その延長上でさらに地域，国内における同様の啓蒙活動を続け，その結果2009年までに，環境問題に特化した裁判所制度や仲裁制度がアジア・アフリカ地域のいくつかの途上国で設立されるまでにいたった。また，国内法制強化支援を目的として，「環境被害への責任と損害賠償に関するガイドライン」と「環境情報へのアクセス，市民の環境政策決定への参加，環境問題に関する司法へのアクセスに関するガイドライン」が政府専門家作業部会を通して2008年から準備され，2010年2月に国連環境計画管理理事会で採択された。後者は，国連環境開発会議で採択されたリオ宣言第10原則の国内適用

を普及させる趣旨を併せ持つ。

　第4次モンテビデオ・プログラム[20]は，2010年より10年間の国連環境計画の環境法の分野での活動指針を示す。第3次モンテビデオ・プログラムを引き継ぎ，多くの分野で既存の活動を継続し，拡張する方向で活動が策定された。4部構成となっており，第1部の環境法の実効性確保をめざした国家への支援処置は，ほぼ第3次計画のままで，環境法の履行・遵守・執行，環境法の発展と実施のための国家の制度的能力の強化，環境被害の防止・緩和と損害賠償，環境関連の国際争議の回避と解決，国際環境法の強化と発展，環境法に関する調和的なアプローチと国際環境法・制度相互間の協力と協調の促進，環境関連事項の政策決定への民衆参加と情報へのアクセス，環境法の内容と実効性を改善するための国内および国際的な意思決定を促進するための情報テクノロジーの使用，環境法の実効性を増すための斬新な手法のそれぞれが，一部改訂されてそのまま継続された。一方新しく環境保護のための国内・国際制度枠組みを検討する，ガバナンスに関する行動計画がつけくわえられた。第2部は，自然資源の保全・管理と持続的使用を総括的なテーマとした。「水」の問題を，淡水，沿岸部，海水とそれぞれのエコシステムを一体的にとらえようとの概念のもとに，それらの政策領域について統合的な目標，戦略並びに，活動要旨が掲げられた。一方，水生の生物資源を淡水・海水の区別なく一体的にとらえ，法的問題に対処していくこととした。土壌保全については，国連砂漠化防止条約，森林については国連総会で採択されたすべての種類の森林に関する法的拘束力のない規範文書[21]，生物多様性については，生物多様性条約とバイオ・セーフティに関するカルタヘナ議定書と，それぞれ既存の国際条約，あるいは国際的に合意された文書の実施の支援を主たる目的に据えた。また，法制度や政策をさらに整備して持続可能な生産と消費の傾向を推進し，エコシステムの持続性へと導くことなどが策定された。第4次計画では，「環境法へのチャレンジ」と題する第3部が設けられ，気候変動，貧困，飲料水と衛生へのアクセス，エコシステムの保全と保護，環境非常事態と自然災害，汚染防止と管理，新しいテクノロジーのそれぞれについて，既存の国際条約実施の支援や，関連法制度の整備のための各国への支援，および必要な調査をすることなどが活動方針に入った。第4部の他の分野との関係では，人権と環境についての調

査等の活動が新たに加わり，貿易，安全保障，軍事活動のそれぞれの分野と環境との関連についても，引き続き活動が策定された。

IV 国際組織における国際環境立法の諸段階

国連諸機関を中心とした国際組織における国際環境立法は，多くの場合，一定の共通した，あるいは，近似の過程を経る。ここでは，国連環境計画における国際環境立法を，とくに近年採択された2つの化学物質に関連した多国間条約，すなわちロッテルダム条約とストックホルム条約の形成を例にとって概観したい。

1 環境に関する一般的な価値基準と規範の定立

政府間国際組織の議決機関や関連の会議，たとえば国連総会の決議や国連が開催した国際会議で採択される宣言等の形で，人間環境に関する一般的な価値基準，原則あるいは規範が述べられ，それが国際環境立法上の政策意思決定において基本的な概念的枠組みを提供することがある。たとえば，人間社会と自然環境との調和の必要性は，国際社会が追及すべき基本的な価値として，国連総会が採択した世界自然憲章（1982），国連ミレニアム宣言（2000）並びに国連人間環境会議（1972）と国連環境開発会議（1992）でそれぞれ採択されたストックホルム人間環境宣言とリオデジャネイロ環境開発宣言で強調された。また，現在の世代と将来の世代の共通の利益を考慮した開発と環境の関係を規律する概念としての「持続可能な開発」は，同様に国連環境開発会議とリオ宣言を契機として，国際環境政策と国際環境法形成の過程に重要な影響を与えてきた。

そうした規範・原則のうち，国際環境立法を促し，形成される国際環境条約などの基本的な概念枠組みを提供するものがある。たとえば，ストックホルム宣言原則21とリオ宣言原則2は等しく，「国家は，国連憲章と国際法の原則にしたがって，自国の資源を自国の環境と開発の政策にもとづいて開発する主権的権利を有し，それと同時に自国の管轄下，あるいは支配下における活動が，他国の環

境や国家の管轄の限界を越えた地域の環境を害することがないようにする責任を持つ」とする。この原則は，たとえば，国連総会が気候変動枠組条約交渉を開始する理由としてその決議に引用され，また地球規模環境問題を対象とする諸条約の立法の背景として，条約前文に引用されたりしている。その意味で，すくなくとも国際環境立法においては，確立した一般原則の様相を示す。一方，広く支持され，国際環境条約にも反映されているが，環境問題の特性に応じて引用される文脈を考慮する必要のあるものもある。たとえば，リオ原則7の後段にある，「地球環境破壊への貢献の度合いが国々によって違いがあることに鑑みて，国家は共通の，しかし差異のある責任を負う」とし，特に先進国の持続的開発における責任の指摘，あるいは，リオ原則15にある「環境の保護のためには，国家は，その能力に応じて，予防的アプローチを広く適用するものとする。深刻な，あるいは原状回復不可能な脅威が存在する場合は，科学的確実性が十分でないということを環境被害予防のための経済的かつ効果的な方策をとることを延期するための理由としてはならない」との指摘は，そうした例にあたる。たとえば，ストックホルム条約では，リオ宣言原則2，原則7後段，原則15の内容がそれぞれ前文に掲げられ，また，第1条で「環境と開発に関するリオ宣言原則15に掲げられた予防的アプローチを銘記しつつ，この条約は残留性有機汚染物質から人間の健康と環境をまもることを目的とする」とした。

　このように，国連総会決議や国際会議の宣言には法的拘束力はないが，国際的に合意された原則としての政治的規範力を持ち，それゆえに国際環境条約の前文や個別規定に準用される形で，国際環境立法に少なからず影響を与えてきた。それと同時に，そうした決議や宣言は，国連やその関連機関において国際環境法の形成の契機をなす意思決定がなされる場合，すでに国家間で交渉の末合意された文書として，先例としての一定の規範力も持つ。このような意味で，国際組織の持つ規範形成機能は，国際環境立法を背景から支えているということができる。

2　環境問題の報告と政策議題の設定

　地球環境問題の特徴は，人間社会とそれを取り巻く環境とのかかわりあいが大きな地理的スケールで絶えず変化していること，また環境問題自体の性質に関する認識が，特にその分野での科学的研究が進み知見が増す過程で変化し続けていることである。国際組織では，それぞれの権能にしたがって管轄する政策領域について，今まさに地域あるいは世界的な規模で起こりつつある環境問題の事実関係についての報告がなされることがある。それは，科学的事実の発見をもとにした環境評価であったり，実際に発生した大規模な環境被害の報告であったりする。国連環境計画の管理理事会は，その主要な機能として，事務局長の報告にもとづいて，世界の環境の状況を定期的に考察し，そのうえで，どのような国際協力のもとに国家やその他国際社会を構成する主体が行動していくか，その政策を策定していく。この際，報告された事項について，各国政府の代表からなる作業部会をとおして，事実関係の検証や討議がなされたりする。その結果，政府間で，特定の環境問題が国際社会に共通の関心事項として認定され，国際協力やその他必要な行動をとるための政策を形成する基礎となる。フロンなど特定の化学物質によるオゾン層の破壊や温室効果ガスの排出よる地球温暖化と気候変動などの問題は，そうした一連の過程を経て国際関心事項となり，地球規模問題として政策担当者に認識されていった例である。

　ロッテルダム条約が対象とする化学物質の国際貿易の事例でみると，国連環境計画管理理事会において，アフリカ諸国が，化学物質が十分な情報もないまま他国から自国に持ち込まれ，それによって住民の健康および国内の環境が脅威にさらされている危険があるとの報告をし，重大な懸念を示したのが1977年のことである[22]。ここで，化学物質管理，とくに国際貿易の対象となる化学物質がはじめて国連で政治的議題として討議され，国際関心事項として決議の対象になった。この背景には，化学物質を製造する国において，健康や環境上の理由から，使用が禁止になるか，あるいは，厳しい規制の対象になるにも関わらず，海外への輸出用に引き続き製造され，実際に貿易を通じて，他国に販売されていること

であった。当初は，そうした潜在的に有害な化学物質の先進国から途上国への輸出が想定されていたが，実際には，先進国で製造に関する特許の期限が切れた化学物質を製造する途上国から，そうした化学物質を規制する法令や行政制度の未発達な他の途上国への輸出もかなりあることが明らかになる。ここで問題となったのは，そうした化学物質を輸入する側の国で，使用に伴う健康や環境への潜在的な危険についての情報がなく，したがって，輸入に関して十分な情報にもとづいた政策判断ができないということであった。化学物質は使用する場所の気候や地理的条件の差によって人間の健康や環境への影響に差異が生じることがあり，さらに各国の化学物質の需要が異なることも加わって，世界で一律の貿易規制を行うことは難しいという事情が事態の性質をさらに複雑にした。以降，1980年代にかけて同様の懸念を表明する決議が国連環境計画管理理事会で相次いで採択されることになる。

　他方，同じ化学物質管理でも，ストックホルム条約が対象とする残留性有機汚染物質（persistent organic pollutants）については，国際的関心事項と認定されるまで異なる展開を見せた。1960年代に環境保護運動の引き金になったレイチェル・カーソンの著書『沈黙の春』[23]でも言及されたDDT等の農薬やダイオキシンなどがこの種の化学物質の例である。これらは水質の汚染源として，地域海の環境保全に関して，1970年代から1980年代にかけて，各地域において制定された地域海条約の枠組みのなかで，各締約国による規制の対象となっていた。1992年の国連環境開発会議で採択されたアジェンダ21，第17章にしたがって，陸上起因の海洋汚染の問題を，モントリオール・ガイドラインの再検討を含めて，世界的に検討していくことが，1993年の国連環境計画管理理事会で決議され，地球規模の対策の検討が多国間討議の形で国連環境計画によって開始された。そのはじめとして，1993年後半に，世界各地に定立された地域海条約の有効性を検討するための政府間専門家作業部会を開催したが，この会議において，北極圏に近い一部の諸国から，この種の化学物質は，地域をこえて広域で汚染を引き起こしており，地球規模の環境問題である可能性のあることが指摘された。その後，1994年の政府間作業部会での検討作業を経て，1995年にワシントンで開催された政府間国際会議で，陸上活動に起因する汚染からの海洋環境保護

のための世界行動計画が採択されたが，そのなかで残留性有機汚染物質が，地球規模の対策を必要とする海洋汚染源であることが確認され，そのための国際協力が必要であるとされた。これに並行して，国連環境計画管理理事会は，1995年の決議[24]で，世界保健機関および「化学物質の安全に関する政府間フォーラム」(Intergovernmental Forum on Chemical Safety) と共同で，残留性有機汚染物質が大気や移動性の動物への影響も含めて地球規模の環境問題であるのか，そうであるとして，どのような国際的取り組みが必要なのかの検証と報告をもとめた。政府間作業部会によって作成されたその報告書をもとに，国連環境計画管理理事会は，1997年の決議[25]で残留性有機汚染物質が地球規模の環境問題であることを認定するにいたった。

3　国際関心事項としての環境問題への対処方針の決定と履行

　国際関心事項としての環境問題が存在することについて，国際組織の政府間意思決定機関において合意ができたとして，次に，ではそれに対処するためにどのような行動が関係各国，あるいは世界全体としてとられるのかという政策についての合意が国家間でなされなければならない。この過程で，新しい国際協力の枠組みが必要か，それは国際法規の定立を要請するか，といった政策事項が多国間協議の対象となり，交渉をとおして適宜決定がなされる。その結果，各国政府にたいする必要な行動の呼びかけ，国際的な協調にもとづく国家や関係国際機関の共同行為の態様と制度的枠組み，あるいは新たな国際環境法形成のための作業の開始が決定されることになる。

　化学物質の国際貿易に関しては，1982年に国連環境計画管理理事会で採択された環境法の発展に関する第1次モンテビデオ・プログラムに，国際貿易の対象となる有害化学物質に関する将来の国際条約制定準備の第一歩として，各国政府への行動指針となる国際的なガイドラインの制定を策定することが記された。これにしたがって，1984年に暫定国際ガイドライン，1987年には輸出国からの通告を中心にした国際情報交換制度を盛り込んだロンドン・ガイドライン，そして1989年には，輸入国が十分な情報を提供されたうえで，ある化学物質を輸入す

るか否かを決定するプライアー・インフォームド・コンセント（prior informed consent, PIC）制度を加えた，改正ロンドン・ガイドラインが，それぞれ国連環境計画管理理事会決議で採択された[26]。その後，改正ロンドン・ガイドラインの実施に関する政府間作業部会での，実施に関する経験の検討が1990年と1991年になされ，それを踏まえて，PIC制度を含めた，有害化学物質の国際貿易に関する国際情報交換制度を，法的拘束力のある国際条約にするべきだとの勧告が，とくに途上国の強い要求で採択された。この勧告が，1992年にリオデジャネイロで開かれた国連環境開発会議が採択したアジェンダ21，第19章に反映された。これを受けて，国連環境計画は，1993年から1994年にかけて，さらに政府間作業部会と非公式政府間折衝を開催し，将来の国際環境条約制定に向けた作業を続け，1995年の管理理事会決議で政府間交渉が開始された[27]。一方，残留性有機汚染物質については，国連環境計画管理理事会は，1997年，それまでに管理理事会の決定に従って関連機関と合同で行われた国際的調査と検討にもとづいて，その決議のなかで残留性有機汚染物質が地球規模環境問題であることを認定すると同時に，その解決のために法的拘束力のある国際条約の制定が必要であることを合意し，条約の起草作業を政府間交渉会議を通じて行うことを決定した[28]。

4　法的拘束力をもたない制度に基づく自発的な国際協調行動

　国際関心事項である環境問題に対処するために国際組織の決議等による共同の意思決定を介して世界各国に行動を要請する場合，当該目的を達成するために，各国の自発的な意思決定を前提として国際協調行動や国際基準の適用のための国内法制や行政の手続きの整備，あるいは，国際的情報交換等の国際協力が求められることがある。「各国政府は，次に掲げる事項について必要な措置を取るべきである」といった要請が，国際組織や国際会議の決議，あるいは，そうした決議により採択された国際行動計画，国際行動綱領やガイドラインのなかに規定されることがある。関係するすべての国が自発的に協調しながら一様な行動をとることによって，人間の健康や環境保護など，予期された目的を達成しようとするもので，政府に加え，国際組織，非政府団体，産業界等に幅広く行動を呼びかける場合もある。国際会議で採択された宣言等も含め，法的拘束力はないが一定の規

範力をもつ，いわゆる「ソフト・ロー（soft law）」として分類されるものを含む。これらは，時として，法的拘束力のある国際環境条約の形成を促進し，また履行を支援する手段を提供する場合がある。国際環境立法において，国家の協調的な政策形成に一定の方向性を付与する点において，意義がある。上記の，化学物質の国際貿易に関するガイドラインは，その例である。また，包括的にさまざまの関連した政策領域を扱う，非拘束的な国際制度枠組みが作られることもある。たとえば，国連環境計画，関連国連諸機関と他の国際組織が共催した国際化学物質管理会議（International Conference on Chemicals Management）が2006年2月に採択した「国際化学物質管理に関する戦略的アプローチ」(Strategic Approach to International Chemicals Management, SAICM) には化学物質管理に関して国際社会が取るべき行動の大枠と，関連政策領域に関する国際行動指針を掲げている。国際交渉を経て採択された合意文書として政治的規範性はあるが，法的拘束力はない。まだ国際環境法が整備されていない領域も含め，SAICMは包括的にこの分野の政策を実施していく国際行動の枠組みを提供するが，実際の行動は各国政府やその他の主体の自主的な意思決定に委ねられている。

5　国際環境条約の形成過程

　国際組織において国際環境法，とくに国際条約の交渉を開始するためには，組織の意思決定機関の明示的な決定，たとえば，国連環境計画の場合でいうと，政府間の意思決定機関である管理理事会の決議が必要である。ある環境問題が国際関心事項として国際的な取り組みが必要であるということについて政府間での合意が政策のレベルで取り付けられ，それが実際に法的拘束力のある国際的な枠組みが必要であると決定がなされるまで，しばしば多くの年数を要する。

　化学物質の国際貿易に関して，国連環境計画管理理事会は1995年に，PIC制度を軸にした国際条約の起草のための政府間交渉会議を開催し，条約草案を採択するための外交会議を開催する旨を決定した。これにより，1996年より国際条約制定へ向けた多国間交渉が開始された。最初にこの案件が国際関心事項として

国連環境計画管理理事会で討議され，決議されてから20年を経ていた。ロッテルダム条約締結にいたる実際の条約交渉過程は2年間であったが，その背景には，こうした長期にわたる政策討議や，ガイドラインの運用を通じた実際の国際情報交換に関する経験があったことを銘記すべきである。他方，残留性有機汚染物質の問題は，健康と環境に対する被害への懸念から，先進国を中心として，国内法令で製造と使用の制限や禁止をはじめたのが1970年代，地域海条約で地域の環境汚染物質として国際的に規制されはじめたのが1970年代後半，それから20年近くを経て，地球規模の汚染物質として，世界全体での協調した対策が必要であり，そのために，国際条約の起草を始める決定が国連環境計画管理理事会でなされたのが1997年であったから，4半世紀をかけて，国際環境立法にいたったことになる。この件については，1998年から政府間交渉会議が開始されることとなり，実質的な交渉が2000年末まで続いて，ストックホルム条約締結にいたる。

　国際環境条約交渉は，最初に，対象となる国際環境問題の解決に向けて，国際社会としてどのような法的枠組みを作るのか，それにはどのような原則が適用されるか，どのような国内措置が必要か，国際協力の在り方はどうすべきか，などの政策に関する事項が，多国間交渉の形で討議がされる。政策の概要が政府間で合意されると，詳細な条約草案に関する多国間交渉が始まる。実体的な義務と手続き的規定のそれぞれについて，さまざまな角度から検討され，条文草案が一連の交渉の過程で各国政府が受け入れられるものに何度も練り直されていくことになる。草案準備の終盤には，さまざまな条文相互の整合性がチェックされる。また，条文全体を見据えて，化学物質の規制措置などの義務と技術援助や財政支援に関する規定の導入を連関させるなどの交渉が続く。条約草案の合意はこうした過程を経て形成されていくことになる。

　多国間条約交渉の主体は，国家である。それに加えて，特に国際環境条約の交渉には，一定の主権作用を加盟諸国から委譲された地域経済統合機関（regional economic integration organization）が，その権限の範囲内で交渉に参加することがあり，将来の条約に締約国として参加することができる。欧州連合（旧欧州共同体）がこの部類の国際組織である。交渉においては，各国がそれぞれの国益

にしたがって，独自の提案をすることがある一方，共通の利益を持つ国家の地域グループなどが，共同で提案を行い，交渉にあたることもしばしばある。関連の政府間組織並びに非政府主体は，オブザーバーとして参加し，交渉の対象となる事項について，それぞれの専門性にそった助言や情報提供をする役割を持つ。

これに対して，国家間の交渉を支援する立場としての国際組織，たとえば国連環境計画事務局は，国際条約交渉の事務局として，会議文書の作成と配布，会議の開催等，交渉の場を提供し，交渉をすすめるための条件を整備する。交渉過程では，事実関係の確認を目的とした情報等を提供するため，交渉会議事務局たる国際組織が各項目ごとに報告書を作成し政府間交渉会議へ提出することになる。条約の立法過程において国際組織が，交渉当事国たる政府全体に対して，いわば調査役あるいは専門家として必要な情報を提供する仕事を請け負うわけであるが，当該環境問題に関する科学的知見や経験にもとづいて，必要な政策と法規範を定立するうえで，重要な機能である。また，交渉事務局としての国際組織は，とくに技術的事項，あるいは国際的手続事項に関しては，関連情報や助言の提供者として，交渉過程を通じて，交渉当事者たる政府の共同の意思決定を支援していく。

6　国際環境条約締結にともなう立法的措置

国際環境法，特に多国間国際条約についてみると，全権外交会議において採択されるか，または，国連総会等，条約の形成をその基本的な機能の一部として備えている国際組織の決議によって採択されることになる。いずれの場合も，とくに国際環境条約の例をみると，条約の採択から発効にいたるまでの期間について，暫定的に条約の目的を推進し，将来の実施のための礎石を築くための措置を実施するための暫定措置に関する決議が，条約の採択と同時に採択されてきた。こうした決議では，将来締約国になることができる国家が適当な措置を取るよう要請する一方，特定の関連国際組織，特に当該国際条約交渉の場を提供してきた国際組織を暫定事務局として任命し，必要な国際協力の推進や，条約発効へ向けた啓蒙活動，途上国等への支援措置など，具体的な措置をとることを要請するこ

とがある。

　化学物質管理の事例をみると，ロッテルダム条約の採択は，条約交渉が政府間交渉会議において終結し，条約草案についての合意が政府間でできたあと，1998年9月にオランダのロッテルダムで，国連環境計画と国連食糧農業機関両事務局により共同開催された全権外交会議において執り行われた[29]。この会議では，条約採択と条約への署名が開放されたほか，条約が発効するまでの暫定期間の措置等に関する決議も採択された。この決議に従って，それぞれの政府と，条約上すでに共同で条約事務局の運営を託されることになっている国連環境計画と国連食糧農業機関に対し，政府間交渉会議を継続して開催して，発効後の条約実施の準備をさせ，また，国連環境計画の改正ロンドン・ガイドラインと農薬の販売と使用に関する国連食糧農業機関の行動規範に従った形でそれまでなされていたPIC制度について国家の自発的参加を原則とし，法的拘束力のないまま，その手続きをロッテルダム条約の条文に沿った形で改めて，国際的に運用し，それによって将来の条約実施へ円滑に移行していく筋道を示した。

　一方，ストックホルム条約は，2001年5月にスウェーデンのストックホルムで，国連環境計画が開催した全権外交会議において採択された[30]。この会議でも，条約への署名が開放される一方，条約が発効するまでの暫定期間に関する措置を含めた，いくつかの決議が採択された。すなわち，暫定的措置に関しては，条約の締約国となりうる国家と地域経済統合機関に対して，署名，批准をするよう呼びかけ，条約の将来の実施を推進するための条約の目的にそった財政・技術支援についての国際協力を呼びかけた。また，条約による規制対象となる残留性有機汚染物質から人間の健康と環境を守るための国際的措置が実施されるように監督し，第1回締約国会議の準備をするための政府間交渉会議の会合を，外交会議終了後，条約の規定する第1回締約国会議が開催されるまでの間，開催するよう国連環境計画事務局長に要請した。さらに政府間交渉会議でなされるべき作業に関する指示をだし，国連環境計画に暫定期間中，これら暫定措置の実施のための事務局としての機能を果たすよう要請した。このほか，暫定的な財政措置，途上国と経済の移行段階にある国のうちで条約に署名した国の条約実施能力を強化する

ための国際協力の推進，残留性有機汚染物質の使用と意図的な環境への導入に関わる不法行為責任と原状回復に関する検討，廃棄物としての残留性有機汚染物質に関するバーゼル条約との協力関係などに関する決議が採択された。

　これらの全権外交会議での決議は，総じて，条約の交渉に参加した国々が，条約の目的である有害化学物質から健康と環境を守ることの切迫した必要性を認識したうえで，条約の締結後それが発効するまでの暫定期間中も，必要な措置が国際協力をとおしてなされていくようにするための，いわば，条約の形成に付随する，国家間の行動規範を設定する役割をもっている。ロッテルダム条約については，国連環境計画と国連食糧農業機関が共同で，またストックホルム条約については国連環境計画が，それぞれ外交会議の決議にしたがって，必要な暫定的実施支援措置をとった。その一環として，たとえば，各国による条約の批准と必要な国内法制や行政手続きの整備を促進するための啓蒙活動などが，将来の実質的な条約履行準備のための支援などと合わせて行われた。

7　国際環境条約で設立された機関による自律的な立法措置

　国際環境条約，特に地球規模，あるいは地域規模の問題を扱う条約は，その条約によって設立された機関，たとえば常設の締約国会議や，専門家委員会などの作業を経て，条約の履行状況を検討しつつ，その条約体制を自律的に維持し，発展させていく仕組みを備えている。それは，絶えず変化する環境問題に対処するために，既存の条約等の枠組みのなかで，追加的措置が予定されているからである。

　こうして，いったん制定された条約が，あらたな条約や関連する規範を生み出していく土台となる。枠組条約のもとでの議定書の採択は，たとえば国連気候変動枠組条約と京都議定書に例が見られる。オゾン層保護に関するウィーン条約とモントリオール議定書も同様の例だが，モントリオール議定書は，規制対象の化学物質の追加や遵守手続き，資金メカニズムなどが，度重なる改正を経て取り決められ，条約体制のダイナミックな「進化」の様相を呈する。生物多様性条約

のもとでは，バイオテクノロジーを利用した遺伝子組み換えにより作成された生物種等の国際移動の規制を扱うカルタヘナ議定書が締結された。地域のレベルでは，国連欧州経済委員会のもとで，たとえば越境性大気汚染に関する条約のもとで，特定汚染物質ごとの議定書がいくつも採択され，枠組み条約を土台として議定書により個別的かつ詳細な取り決めを制定するという典型的なパターンをとった。地域海条約でも，多くの場合各条約のもとに，特定の問題を扱うための議定書が制定されるという道筋をたどった。

条約体制内では，さらに，締約国間の共同意思決定機関，たとえば，締約国会議で，条約の改正や付属書の採択といった法的行為がしばしばくりかえされ，条約自体が締約国の要請に応じてアップデートされている。ロッテルダム条約とストックホルム条約においては，それぞれの条約本文で実体的な締約国の義務が記されていて，条約上設立された締約国会議の決議で採択される条約の付属書の改正等を通して国際社会の要請の変化に対応し，新たに条約の対象となる化学物質を加える作業が，条約上設立された締約国会議の補助機関としての専門家委員会の勧告を受けながら継続している[31]。

8　複数の国際環境諸条約間の相互調整のための立法措置

国際環境法では，各種条約間に相互関連が見られる例が多くある。そこには，類似の，あるいは相互に緊密に連携しあう環境問題を扱う複数の条約相互間の調整，相互協力といった，システム・レベルの問題がある。たとえば，有害化学物質・有害廃棄物に起因する環境問題を扱うロッテルダム条約，ストックホルム条約，バーゼル条約の関係がそうである。有害化学物質管理と有害廃棄物管理に関する国際的規制の法的枠組みとしてのこれら3条約は，化学物質が生産・使用され，取引や貿易の対象となり，やがて廃棄物として処理されるという一連の流れのなかで見ると，法的枠組みが一部重なる部分がある。ストックホルム条約は，その対象となる残留性有機汚染物質が廃棄物となる過程でバーゼル条約と連関し，また，それらの化学物質が貿易の対象となる限りで，ロッテルダム条約と連関する。条約の国内実施の観点からすると，化学物質管理に関する法制度や

行政については、とくにロッテルダム条約とストックホルム条約には、共通する面も多い。こうしたことから、これら3条約の間での協力・調整の必要性が各国政府から声高に叫ばれるようになった。条約間のいわゆる「協調」の必要性である。各条約のそれぞれの締約国会議の決議により、協力・調整を目指した方策は2007年3月から2008年3月にかけて開催された3条約の共同作業部会で討議され、その道筋についての勧告が、各締約国会議によってそれぞれ採択された[32]。それに基づき、それぞれの条約締結国による各条約の実施促進を主要な目的として、3条約間の合同実施事業、3条約事務局内の合同サービス、3条約事務局の合同マネジメントなどの方向が打ち出された。2009年半ばより、暫定的に実施されたこの試みは、2010年2月に開催された、バーゼル、ロッテルダム、ストックホルム条約締約国会議同時特別会合で最終的な決定がなされ、実施が確定した。

　国際環境立法を既存の条約との関係においてみると、それぞれの条約が形成される過程で、すでに存在している条約その他の法制度に留意し、義務の設定など、法的効果について重複しないように条文を起草していくのが常である。しかし、各条約を実施する段階になると、国内措置、国際協調の両面で、そうした相互連関に配慮することが必要になる。より一般的に考えると、自然環境は、大気、海洋や陸水、土壌、生物とさまざまレベルで相互に連関し合って1つの生態系をなしており、人間の活動と地球規模の生態系との関係を、個別的な政策領域の視点から、それぞれ別個の法体系として定立させてきた国際環境法の現状をみると、それら独立した条約の相互間に、密接な関連があることをみてとるのは、むしろ当然といえる。たとえば、国連気候変動枠組条約、生物多様性条約、国連砂漠化防止条約はそれぞれ固有の政策領域を対象とするが、人間の活動が引き起こした気候変動の結果としての地球温暖化が及ぼす生態系への影響は生物種の存続にかかわり、一方で土地の荒廃と砂漠化を進行させる原因ともなる。したがって、これら3条約の扱う問題は相互に連関しており、その解決のための対策もそうした相互連関を認識したうえでとられるべきである。また、特定生物種の保全・保護に関わる諸条約、たとえば、絶滅危惧種の野生動植物の国際取引に関する条約（ワシントン条約）、移動性の野生動物の保護に関する条約（ボン条約）、水鳥の生息地として重要な湿地に関する条約（ラムサール条約）、そして生物多

様性条約は、生物種の保護という1つの軸をとおして、相互に連関している。一方、廃棄物についてみると、有害廃棄物の越境移動を管理するバーゼル条約、海洋での廃棄物の投棄に関するロンドン条約、核廃棄物の管理に関する条約は、相互に補完的な構造になっており、重複を避けるように、各条約の射程が明記されている。領域的な広がりにおける相互連関は、たとえば、国連海洋法条約第12章と地域海条約との関係、また、有害廃棄物の越境移動に関する地球規模のバーゼル条約とアフリカのバマコ条約[33]、南太平洋のワイガニ条約[34]との関係があげられる。これらの条約は、すでに相互の調整や協力関係にある場合が多いが、そうした関係をさらに強化していくことがますます重要になってきている。

V　展望：国際環境ガバナンスにおける国際組織と国際環境立法

　国際社会が今日直面する地球環境問題を解決し、持続的に発展していくために必要な制度的枠組みは何か。この課題は、「国際環境ガバナンス」（international environmental governance）という政策概念を通して、国連を中心とした多国間外交の場で、とくに2000年以降、政策論議の対象となっている[35]。国家、国連・専門機関等の政府間国際組織、あるいは非政府間組織などの多様な主体が参加する多くの国際的な過程や制度がそれぞれ自律性をもちながら、なおかつ相互に関連しあって存在する中で、地球規模で深刻化するさまざまな環境問題を国際社会共通の問題であると認識し、その解決へむけて権威ある意思決定がなされ、実効的にその決定の履行を確保していく方策はなにか[36]。国際環境法はこの問いに対する答えを提供する形で発展してきた。国際環境法は、共通の原則や規範、手続き、あるいは実体的な義務を設定する形で国際社会が地球環境問題に取り組むための指針となる。また、法にもとづいて、そうした地球環境問題解決へ向けた意思決定がなされ、国際協力が推進されていく枠組みを提示するという重要な役割を担う。一方、国連をはじめとした国際組織は、それらの規範や法制度が国家によって形成される過程としての手続きや交渉の場を提供し、またその履行に向けて諸国家がさらなる政策決定をする仕組みを提供し、さらにそれらの実際の

履行を支援する役割を担う。国際組織，特に政府間国際組織はこうして，国際環境法が定立されるのに，主要な役割を担ってきた。その結果，ストックホルム国連人間環境会議以降 40 年あまりの国際環境法発展の成果として，多くの国際環境条約と関連した制度枠組みが形成され，既存の国連諸機関等の国際組織に加えて，環境関連のさまざまな政策領域で自律的な意思決定過程が並行して存在するにいたった。

　環境と開発に関する世界委員会（ブルントラント委員会）は，1987 年にその報告書「我々の共通の未来」(Our Common Future) のなかで，環境保護と持続的開発に関しすべての国家の主権と相互責任を規定した包括的な国際条約制定を，環境と持続的開発に関する世界宣言の採択とともに，国連総会に勧告した[37]。いくつかの模索が行われてきたが[38]，現在の時点で，そのような地球環境に関する基本条約の制定に関する動きはない。地球という 1 つの惑星で展開する大気，水と海洋，大地，そこに存在する生物，それら総体としての自然は 1 つのシステムであり，相互連関・相互作用を通して成り立っている。その自然への人間の活動に起因する影響が，人間の健康や生活，経済・社会活動とその基盤となる環境に脅威を与えることが分かり，その影響を，受忍できるリスクの範囲内に管理すべく国際協力の枠組みが作られてきた。これまでは，地球環境問題は，生物種の保全，気候，水系，海洋，有害化学物質・廃棄物と，個別の政策領域ごとに，現実の，あるいは予見可能な問題を解決すべく，それぞれの国際法が制定されてきて，その過程で，関連する国際組織が関わってきた。将来の展望として，そうした既存の国際環境法と制度を前提として，人間社会と環境が共生し，現在から将来にわたって健全かつ持続的に発展していくことを可能にする国際制度は何かということが問われなければならない。1 つのアプローチは，これまでの取り組み方を継続する，すなわち，環境問題に対して個別の政策領域ごとに対処していく方法を続け，その分野に特殊化した国際法を形成し，それぞれの分野別の体制を強化するやり方である。もう 1 つのアプローチは，環境関連の政策領域を総体として扱い，1 つのシステムとしての自然がそのなかで相互連関・相互作用しあっているのに対応する形で，人間社会と地球のエコ・システムとの関係を包括的に検討しながら，国際環境法や国際組織の在り方を改変していくというやり

方である。どちらの場合にも，国際組織が多国間の政策協議，決定がなされていく過程で重要な役割をはたすことになるはずだが，国際組織のありようや国際環境法立法の過程，ひいては国際環境法の実効性は，どのアプローチをとるかで，かなり異なったものになる可能性がある。そうした考察をするとき，国際環境ガバナンスは有効な分析の視点をあたえると思われる。

　化学物質の国際管理の事例をみると，ロッテルダム条約やストックホルム条約等，個別の環境問題に特化した国際条約が国家の要請に沿って形成されたが，有害廃棄物の越境移動を扱うバーゼル条約も含めて，これらの条約間の協調の強化の必要性が，とくに国際環境ガバナンスの文脈で提起されてきた。その結果として，上記のようにこれら3条約の締約国間で協調促進のために際立った努力がなされてきた。2010年2月の3条約締約国会議同時特別会合で採択されたこれら条約間の協調強化に関する決議はその方向性を確認することになった。もとより，それぞれの条約の法的な自律性に変化はないが，今後こうした協調強化の傾向が続いていくとすれば，3条約相互で機能的な連関がさらに増していくことが考えられる。では，それは，長期的に見て，これらの条約間の制度的な絆も強めて行くことになるのだろうか。第4次モンテビデオ・プログラムは，今後10年間のうちに，各国政府や関連条約機関と協議しながら，化学物質の分野における包括的枠組み条約を形成することが可能であるかの検討をすることとしている[39]。国際環境ガバナンスにおける将来の国際環境立法と国際組織のあり方を提示しうる具体例として，今後の展開を見守っていきたい。

〈注〉

1　本稿は著者の個人としての私見にもとづくものであり，国連並びに国連環境計画の意見をあらわしたものではないことをお断りしておく。
2　Rosalyn Higgins, *Problems and Process - International Law and How We Use it*, Oxford University Press, 1994, pp.1-12
3　国連環境計画事務局が管理理事会に毎通常会期（2年ごとの開催）に提出している，環境分野の国際条約に関する報告書は，新たに締結された条約，既存の条約の批准・発効の状況の情報を提供する。また同事務局が定期的に発行する Register of International Treaties and Other Agreements in the Field of the Environment は，20世紀初めから現在にいたるまでに採択された多国間環境条約の状況を報告する文書である。条約関連の法的文書や条約に準ずる国際環境行政協定等については，国連環境計画，国連食糧農業機関（FAO）と国際自然保護連合（IUCN）が共同で運営する環境法のデータベース ECOLEX（http://www.ecolex.org）を参照。
4　国連総会決議 2997（XXVII），1972 年 12 月採択。
5　国連総会決議 53/242，1999 年 7 月採択。
6　国際環境ガバナンスの討議の一環として，国連環境計画管理理事会での政策決定の過程にすべての国が参加できるように開放すべきだとする，universal membership を支持する国が多くある一方，現状を変更する必要はないと主張する国々もあり，universal membership についての意見は食い違ったままである。
7　国連環境計画管理理事会は，1997 年に開催した第 19 次会期で，国連環境計画の使命と権能に関するナイロビ宣言を採択したが，そのなかでも国際環境法の発展を，その主要な機能の 1 つとして再確認している。この役割は，国連環境開発会議で採択されたアジェンダ 21，第 38 章においても確認されている。
8　国連環境計画管理理事会決議 25/5 (III)．2009 年 2 月採択。
9　国連総会決議 43/53，1988 年 12 月採択。
10　国連総会決議 44/207，1989 年 12 月採択。
11　国連総会決議 45/212，1990 年 12 月採択。
12　国連総会決議 47/188，1992 年 12 月採択。
13　Agreement on the Action Plan for the Environmentally Sound Management of the Common Zambezi River System, 1987.
14　Lusaka Agreement on Co-Operative Enforcement Operations Directed at Illegal Trade in Wild Fauna And Flora, 1994.
15　Framework Convention on Environmental Protection for Sustainable Development, 2006. 中央アジア諸国が対象。
16　Framework Convention on the Protection and Sustainable Development of the Carpathians, 2003.
17　「環境法の発展と定期的再検討のための計画」。第 1 次プログラムは，1981 年 11 月にウルグアイの首都モンテビデオで国連環境計画が開催した政府間法律専門家会議を経て，1982 年 5 月に同管理理事会で採択され（決議 10/21），その後 1992 年に至る 10 年間，国連環境計画の環境法の分野での活動を戦略的に導く政策指針となった。以降，モンテビデオ・プログラムとして，広く知られている。
18　「1990 年代のための環境法の発展と定期的再検討のための計画」。第 1 次プログラム同様の政府間

	法律専門家会議での2度にわたる討議（リオデジャネイロ，1991年10月・11月，ナイロビ，1992年9月）を経て，アジェンダ21等，国連環境開発会議（リオ・サミット）の結果を受けて策定され，1993年5月に国連環境計画管理理事会で採択された（決議17/25）。
19	「21世紀の最初の10年のための環境法の発展と定期的再検討のための計画」。2000年に開催された政府間法律専門家会議での討議・交渉を経て，2001年2月に国連環境計画管理理事会で採択された（決議21/23）。
20	「第4次環境法の発展と定期的再検討のための計画」。2007年の政府間非公式協議と2008年の政府間法律専門家会議での討議と交渉を経て，2009年2月に国連環境計画管理理事会で採択された（決議25/11）。国連環境計画の予算および事業執行年度と中期事業計画（2010-2013）の開始年度に合わせるため，第3次モンテビデオ・プログラムは2009年までとし，第4次モンテビデオ・プログラムを次の10年計画として2010年より始めることとした。
21	国連総会決議62/98，1997年12月採択。
22	国連環境計画管理理事会決議85（V），1977年5月採択。
23	Rachel Carson, *Silent Spring*, Houghton Mifflin Company, Boston, 1962.
24	国連環境計画管理理事会決議18/12，1995年5月採択。
25	国連環境計画管理理事会決議19/13（C），1997年2月採択。
26	国連環境計画管理理事会決議12/14（1984年5月採択），14/27（1987年6月採択），15/30（1989年5月採択）。プライアー・インフォームド・コンセント制度は，国連食糧農業機関の農薬の配布と使用に関する行動規範にも取り入れられた。
27	決議18/12，1995年5月採択。国連食糧農業機関と共同で交渉会議開催とした。
28	決議19/13（C），1997年2月採択。
29	Final Act of the Conference of Plenipotentiaries on the Convention on the Prior Informed Consent Procedure for Certain Hazardous Chemicals and Pesticides in International Trade, UN Document UNEP/FAO/PIC/CONF/5, 17 September 1998.
30	Final Act of the Conference of Plenipotentiaries on the Stockholm Convention on Persistent Organic Pollutants, UN Document UNEP/POPS/CONF/4, 5 June 2001.
31	ロッテルダム条約では化学物質検討委員会（Chemical Review Committee）が，ストックホルム条約では残留性有機汚染物質検討委員会（Persistent Organic Review Committee）が，それぞれこの任務にあたっている。
32	Decision IX/10 of the Conference of the Parties to the Basel Convention at its ninth meeting, decision RC-4/11 of the Conference of the Parties to the Rotterdam Convention at its fourth meeting, and decision SC-4/34 of the Conference of the Parties of the Stockholm Convention at its fourth meeting.
33	Bamako Convention on the Ban of the Import into Africa and the Control of Transboundary Movement and Management of Hazardous Wastes within Africa, Bamako, 1991.
34	Convention to Ban the Importation into the Forum Island Countries of Hazardous and Radioactive Wastes and to Control the Transboundary Movement and Management of Hazardous Wastes within the South Pacific Region, Waigani, 1995.
35	スウェーデンのマルモで2000年5月に開催された国連環境計画管理理事会第6次特別会期で採択されたマルモ閣僚宣言で，地球環境問題を解決することのできる国際的な制度枠組みを，特に2002年開催の国連持続的開発世界サミットへ向けて策定することの必要性が強調された。これ

を受けて，2001 年 2 月に開催された国連環境計画管理理事会第 21 次通常会期で，国際環境ガバナンスに関する決議が採択された（決議 21/21）。この決議の草案討議の段階で，当初は「地球環境ガバナンス」（global environmental governance）の概念が一部加盟国政府から提案されたが，政府間討議の過程で，別の加盟国政府が「国際環境ガバナンス」（international environmental governance）と呼び変えるよう要求し，結局これが決議に受け入れられた。ここには，国家が国際社会を構成し，意思決定をする主要な主体であるという理念が強くうかがえる。2002 年 2 月，コロンビアのカルタヘナで開催された国連環境計画管理理事会第 7 次特別会期で国際環境ガバナンスに関する指針が決議 SS.VII/1 として採択され，これは 2002 年国連持続的開発世界サミットで採択された「ヨハネスブルク実施計画」と，その後の国連総会決議のなかで，完全実施すべきことが強調された。そこで勧告された方針に従って，以降，国連環境計画を中心に必要な行動がとられ，また政策討議が国連環境計画管理理事会と国連総会を中心に継続されてきた。2005 年 9 月に国連総会において開催された世界サミット（2005 World Summit）が採択した「世界サミット結論文書」（World Summit Outcome document，国連総会決議 60/1）のなかでは，特に国際環境ガバナンスの強化の必要性が強調された（同文書，段落 169）。これを受けて，国連総会で協議が続き，また国連環境計画管理理事会でも，引き続きこの課題に関する協議が続いている。

36 　ジョセフ・ナイとロバート・コヘインは「ガバナンス」（governance）は集団の共同行動を導き，あるいは規制する公式・非公式な過程（processes）や制度（institutions）を意味するとした。そこでは，政府は権威をもって行動し，また公の義務を定立するその 1 類型であるとする一方，ガバナンスはかならずしも政府や政府に権限を委譲された国際組織によってのみなされるものではなく，私企業やその組合あるいは非政府団体やそうした団体の連合も，しばしば政府団体とともにガバナンスを築くとした。Robert O. Keohane and Joseph S. Nye Jr., *Introduction Governance in a Globalizing World*, Joseph S. Nye and John D. Donahue, eds. Brookings Institution Press, Washington, D.C., Page 12.

37 　Report of the World Commission on Environment and Development, UN Document A42/427, Annex, section 5.2, para.86, 1987.

38 　たとえば，国際自然保護連合（IUCN）が環境に関する一般的な国際憲章（international covenant）の草案を作成し，またそれに類似の動きとして，市民レベルからの発案として，地球憲章（Earth Charter）の草案が作成された。

39 　第 4 次モンテビデオ・プログラム，第Ⅲ章，F，活動項目（f）．UN Document UNEP/GC/25/INF/15, page 17.

〈参考文献〉

　国連における国際法の形成については，たとえば，Paul C. Szasz *"General Law-making Processes"*, *United Nations Legal Order, Volume 1*, edited by Oscar Schachter and Christopher C. Joyner, American Society of International Law/Cambridge University Press, Cambridge/New York,1995 を参照。国際法の視点から国際環境立法を論述した文献としては，村瀬信也『国際立法――国際法の法源論』（東信堂，東京，2002 年）参照。

第2編 外国法

第6章
海洋哺乳動物の保護のためにアクティブ・ソナーの使用はどこまで制限されるべきか
―― Winter v. NRDC 事件連邦最高裁判決が示す軍と環境法制のあり方

法政大学人間環境学部教授　永野　秀雄

はじめに

　米国海軍は，継続的な軍事演習を通じて，「戦争に勝利できる戦闘能力のある海軍力を維持し，侵略を抑止し，海域の自由を保障する」という使命を負っている[1]。そして，海軍による戦闘では，潜水艦戦および対潜水艦戦が重要な一部を構成している。

　潜水艦にとって，ソナー（sonar）は，海中を航行するために必要不可欠であるばかりでなく，攻撃戦術と防御戦術の双方で用いられる。このソナーとは，海中音波を使って，船舶・潜水艦やその他の海中の物体（機雷，沈船等）を搜索，探知，測距する兵器である。ソナーには，音の伝達を受け，潜水艦等の対象物の存在を探知するのに用いられるパッシブ・ソナー[2]と，山彦の原理を利用して音を発射し，その受信を行うアクティブ・ソナーの2種類がある。海中では周波数が高くなるほど音の減衰が大きく，周波数が低いほど遠距離まで音が届く。このため，アクティブ・ソナーを低周波化させる技術が開発されてきた。しかし，低周波アクティブ・ソナーは送受信機が巨大化するという欠点があるため，潜水艦では中周波アクティブ・ソナーが多く使われている[3]。

　海中は，様々な自然音に満ちているため，ソナー要員が，対象となる敵潜水艦等の音を区別するには相当の技術が要求される。このため，この技術を維持し実戦に備えるためには，軍事演習を行う必要がある[4]。米国海軍は，南カリフォルニア沿岸海域がこのような軍事演習に適しているとして，長年にわたり軍事演習を実施してきた[5]。

　その一方，1998年以降，クジラが海岸に大量に乗り上げるという奇妙な現象が起きた。そして，この現象とアクティブ・ソナーとの関係が疑われるようになり，その関連性を示す多くの証拠も出されるようになった[6]。

　クジラ等の海洋哺乳類は，反響定位（エコー・ロケーション）を用いて，海の中を泳ぎ，仲間と交信し，食料等を特定している[7]。このため，海洋哺乳動物が中周波アクティブ・ソナーの音により混乱をきたし，この音を回避しようと急激に水面に上昇しようとして，「ベンズ（bends）」と呼ばれている減圧症になると

指摘されている。これは，血液中に気泡が発生し，器官に致死的な損傷をもたらすことが原因とされている[8]。また，アクティブ・ソナーの音を回避しようとして，パニックに陥ったり，方向感覚を失うことで，通常の航路から離脱してしまい，これが餓死，浜辺への乗り上げ，交配・出産の途絶，内陸河川への侵入等を引き起こす原因になっているとの指摘もある[9]。

　本稿は，環境保護団体の天然資源保護協議会（Natural Resources Defense Council）等が，海洋哺乳類の保護のために，米国海軍に対して，南カリフォルニア沿岸海域におけるアクティブ・ソナーの使用を制限すべきであると主張して争われたWinter v. NRDC事件連邦最高裁判決（以下，「Winter事件連邦最高裁判決」という。）[10]を分析するものである。米国環境法における海洋哺乳類の保護と，海軍が主張する軍事演習の実施に関する国防上の利益とを，連邦最高裁がどのように判断したのかを検討する。

　以下では，まず，Winter事件連邦最高裁判決の事実関係と訴訟経緯を紹介する。これらの記述の中には，米国環境法および民事訴訟についての関連知識がないと理解しにくい部分があるので，別途概説する。そのうえで，Winter事件連邦最高裁判決を分析するとともに，同判決がもたらす今後の影響について述べることにする。

I　事実の概要

　海軍は，その軍事力を「攻撃群（strike groups）」として展開する。この攻撃群は，航空母艦あるいは多目的強襲揚陸艦を中心とした水上艦艇，潜水艦，および航空機から構成されている。この攻撃群を運用するためには，一体化した連携が不可欠である。このため，海軍は，攻撃群を派遣する前に，大規模な統合演習を行う必要がある[11]。

　現代の通常動力型潜水艦は，ほぼ無音で航行することから，その探索・追跡は，海軍にとって重要な課題となっている。米国の対象勢力（potential adversaries）は，同種の潜水艦を，少なくとも300隻は保有している。この通常動力型潜水艦を特定するための最も効果的な兵器が，アクティブ・ソナーであ

る。本件で問題となっているのは，海軍が使用している中周波アクティブ・ソナーであり，その出力周波数は，1キロヘルツから10キロヘルツである。このアクティブ・ソナーによる反射波の受信は，気象や海底の条件等に大きく左右されることから，ソナー担当者は現実的な条件の下で様々な訓練を行い，高度に熟達することが求められる[12]。

南カリフォルニア沿岸海域は，陸・海・空軍基地から比較的近く，上陸地域としても適していることから，統合軍事演習を実施する理想的な海域であると言われている。この海域で軍事演習を行う場合，対潜水艦戦の訓練も当然に含まれる。そして，敵の通常動力型潜水艦がバッテリー電源により潜航していることを想定して，これを特定するために中周波アクティブ・ソナーが使用されることになる[13]。

天然資源保護協議会等は，この南カリフォルニア沿岸海域における軍事演習で中周波アクティブ・ソナーが使用されることで，ここに生息する海洋哺乳類37種類に被害が生じていると主張していた。この主張に対して，海軍は，過去40年にわたり同海域における軍事演習で中周波アクティブ・ソナーを使用してきたものの，海洋哺乳動物に対する同ソナーに起因した損害について文書として報告されたものはないと主張している。また，海軍は，たとえ中周波アクティブ・ソナーが海洋哺乳動物に被害をもたらすとしても，一時的に難聴になるか，その行動パターンが短時間だけ混乱するにとどまると主張している。しかし，天然資源保護協議会等によれば，海軍によるこのような認識は不十分であり，中周波アクティブ・ソナーによって，海洋哺乳類に「恒久的な聴力損失，減圧症，重大な行動障害」が引き起こされ，また，集団座礁とも関連付けられるという[14]。

海軍は，このような状況にあって，海洋哺乳動物保護法（Marine Mammal Protection Act）と国家環境政策法（National Environmental Policy Act）について，以下のように対処した。

海洋哺乳動物保護法は，海洋哺乳動物の「捕獲」を原則として禁止している。同法における「捕獲」の意味は広く，その「虐待，狩猟，生け捕り，殺害，あるいはこれらを試みること」と定義されている。その一方で，国防長官が「国防にとって必要」であると判断した場合，国防総省および各軍のいかなる行為も，同法の適用が免除される[15]。

2007年1月，国防副長官は，国防長官の代理として，本件で争点となった海軍の軍事演習に関して，海洋哺乳動物保護法の適用を2年間免除した。もっともこの適用免除には，海軍が，いくつかの緩和手続を採用することが条件とされていた。この条件には，①海洋哺乳動物を発見するための人員を訓練すること，②各船舶が，水面に異常（海洋哺乳類を含む）がないかどうかについて，少なくとも5つの双眼鏡で監視を行うこと，③航空機およびソナー担当者が，軍事演習域の近辺に海洋哺乳類を発見した場合，これを報告すること，④当該船舶の船首から1000ヤード以内に海洋哺乳類を発見した場合，アクティブ・ソナーの伝送レベルを6デシベル下げ，また，500ヤード以内に発見された場合には10デシベルだけ下げること，⑤当該船舶の200ヤード以内に海洋哺乳類が発見された場合には，アクティブ・ソナーを完全に停止すること，⑥アクティブ・ソナーを，現実的に可能な範囲で最低限のレベルで運用すること，および，⑦調整と報告手続の採用，が含まれていた[16]。

　次に，海軍による国家環境政策法への対処をみる。同法は，連邦行政機関に対して，人的環境の質に重大な影響をもたらす主要な連邦行政行為について，できうる限り，環境影響評価書（EIS）を準備することを義務づけている。その一方，同法は，行政機関が，より簡潔な環境評価書（EA）を準備した結果，当該行政行為は，環境に重大な影響をもたらすものではないと判断した場合には，包括的な環境影響評価書を準備する義務はないと定めている[17]。

　海軍は，2007年2月に公表された環境評価書において，2009年1月までに予定されている南カリフォルニア沿岸海域における14回の軍事演習は，環境に対して重大な影響をもたらすものではないとして，環境影響評価書を準備する必要はないと結論付けている。なお，この環境評価書では，海洋哺乳動物に対する潜在的被害がAレベルとBレベルの2種類に分けて分析されている。まずAレベルの虐待（harassment）は，生物組織の潜在的破壊または損失であると定義され，Bレベルの虐待は，移動，摂食行動，浮上，および繁殖といった行動パターンに対する一時的な被害または混乱であると定義されている。海軍のコンピュータによるモデル解析によれば，南カリフォルニア沿岸海域における軍事演習により，毎年8頭のマイルカに対してAレベルの被害が起きる可能性があるものの，これらの被害も，イルカは大きな群れで移動することから，海軍の監視により容易に

特定できるため，その自主的な緩和手続により回避しうると予想されていた。また，Bレベルのオオギハクジラに対する被害は，毎年274件起こりうると予測しているものの，これらは恒久的な被害をもたらすものではないとしている。その一方で，オオギハクジラは海表面にほとんど姿をあらわさないことから，アクティブ・ソナーによる被害については不明確であるとしている。なお，海軍は，オオハギクジラに対するAレベルの被害については慎重な態度をとり，その予想される被害を機密化して公表しなかった[18]。

II 訴訟の経緯

　海軍が環境評価書を公表すると，天然資源保護協議会等は，海軍による南カリフォルニア沿岸海域における軍事演習は，国家環境政策法，絶滅危惧種保護法（Endangered Species Act），および沿岸域管理法（Coastal Zone Management Act）に違反するとして，カリフォルニア州中央地区連邦地裁に，この違反に関する宣言的判決と，当該軍事演習における中周波アクティブ・ソナーの使用禁止を命じる仮差止を求めて訴訟を提起した。

　同裁判所は，原告による仮差止命令（preliminary injunction）を求める請求を認め，海軍に，今後予定されている同海域での11回の軍事演習において中周波アクティブ・ソナーを使用することを禁止する決定を下した[19]。同裁判所は，その理由として，①原告は，国家環境政策法と沿岸域管理法に基づく主張により，本案審理において勝訴する蓋然性を示したこと，②連邦第9巡回区における先例では，原告が，環境に対する回復不可能な損害が生じる「可能性（possibility）」を立証した場合，エクイティ上の救済を認めることは適切であること，および，③原告が主張する環境上の被害は，海軍が被る可能性のある被害より重大であること，を挙げている[20]。なお，原告による絶滅危惧種保護法違反に関する主張については，本案審理において勝訴する蓋然性がないと判示している[21]。

　これに対して海軍は，原決定を不服として連邦第9巡回区控訴裁判所に即時抗告し，これにより同控訴裁判所は，本件の係属中はこの仮差止命令の執行を停止

させた[22]。その後，同控訴裁判所は，口頭弁論終結後，原審の仮差止命令による救済は適切であると判断したものの，海軍に南カリフォルニア沿岸海域における中周波アクティブ・ソナーの使用を一律に禁止するのはその内容が広範すぎるとして，海軍が軍事演習を行うことができる緩和条件を定めた差止命令とするように，審理を原審に差戻した[23]。

連邦地裁は，この差戻審において，海軍が海洋哺乳動物保護法の適用免除を受けたときに条件とされた緩和措置に加え，以下の緩和手続を実施する限りにおいて，中周波アクティブ・ソナーの使用を認めるという新たな仮差止命令を下した。その緩和手続とは，①海岸から12マイルの「立入禁止区域」を設定すること，②海洋哺乳類に関する追加的モニタリングを実施するための監視を行うこと，③哨戒ヘリコプターに搭載されている吊下式ソナーの使用制限，④地理的な「難所」における中周波ソナーの利用の制限，⑤海洋哺乳類を船舶から2200ヤード以内に見つけた場合，中周波アクティブ・ソナーを停止すること，および，⑥大きく海表面が振幅しているときは，音は，近接する水層の温度の違いから，通常より遠くへ届くため，中周波アクティブ・ソナーを6デシベルだけ下げること，であった[24]。海軍は，これらの緩和措置のうち，最後の2つだけを不服として控訴手続をとった。

海軍は，この控訴手続をとる一方で，連邦地裁が差戻審で違法性を認定した沿岸域管理法と国家環境政策法について，行政上の救済を求めた。沿岸域管理法では，連邦行政機関の活動について，大統領が「米国の最優先の利益（paramount interest of the United States）」にあたると判断した場合，同法に基づく州による管理プログラムの適用が免除される[25]。海軍は，連邦地裁による沿岸域管理法に基づく決定部分について，大統領に，この適用免除を求める申立を行った。大統領は，この申立につき，海軍による本演習の継続は国家安全保障にとって不可欠のものであり，連邦地裁による差止命令を遵守すれば，海軍が現実的な軍事演習を行うことができなくなるとして，海軍に同法の適用免除を認めた[26]。

海軍は，これと同時に，連邦地裁が国家環境政策法に基づいて下した決定部分につき，環境諮問委員会（Council on Environmental Quality）に申立をおこなった。国家環境政策法の下では，「緊急事態（emergency circumstances）」のために，行政機関が国家環境政策法とその施行規則に従わずに，環境に重大な

影響をもたらす行為を行う必要が生じた場合，環境諮問委員会に同法の遵守が不可能であると申立て，その代替措置（alternative arrangements）の決定を求めることができる[27]。本件にかかわる海軍による申立につき，環境諮問委員会は，連邦地裁による差止命令が執行されれば，海軍の攻撃部隊が十分な訓練を行えず，その使命を果たすことができなくなるという重大かつ非合理的なリスクを作り出すことになると認定した。その上で，海軍が海洋哺乳動物保護法の適用免除のために採用した緩和措置をもって，この緊急事態における代替措置とすることを決定した。このため，海軍は，この条件の下で軍事演習を行うことが認められたことになる。なお，環境諮問委員会は，この従前の緩和措置の他には，追加の通知，調査，報告要件を課しているに過ぎない[28]。

海軍は，これらの行政上の救済が認められたことから，連邦地裁に対して，その仮差止命令における緩和措置のうち，海洋哺乳類を船舶から2200ヤード以内に見つけたときに中周波アクティブ・ソナーを停止すること，および，海面が振幅している場合に中周波アクティブ・ソナーを6デシベルだけ下げること，という2つの措置について，その取消を求めた。しかし，連邦地裁がこの請求を棄却したことから[29]，海軍は控訴した。

しかし，連邦第9巡回区控訴裁判所は，海軍の請求を棄却した。その理由として，①環境諮問委員会による緊急事態規定の解釈は，海軍が，南カリフォルニア沿岸海域において軍事演習を計画したときから国家環境政策法を遵守する義務があることを認識していたことを考えると，本件が真の「緊急事態」に当たるか否かについて疑問があり[30]，②両当事者による訴訟の経過からすると，当該仮差止命令は予想可能なものであり[31]，③原告は，海軍が南カリフォルニア沿岸海域における軍事演習に関して環境影響評価書を準備する義務があるという主張について，本案審理において勝訴する蓋然性を立証しており[32]，④海軍の環境評価書では，本演習が環境に重大な影響をもたらすものではないと結論付けられているものの，その証拠が十分に示されておらず，説得性がなく[33]，⑤原告は，回復不可能な損害が生じる「可能性（possibility）」について立証しており[34]，⑥各当事者が被ることになる損害を比較衡量するとともに，公共の利益を考慮すると，いずれも原告の主張する利益の方が重要であり，⑦海軍は，本件で取消を求めている2つの緩和条件の下で過去に軍事演習を遂行したことはないことから，実際に同

演習を行うときに被る可能性のある影響は「推測的」なものに過ぎない[35]，と判示している。

海軍は，この判決を不服として，連邦最高裁判所に上告受理の申立を行い，同裁判所から，裁量上告受理令状を得た[36]。

III 関連する諸立法の背景

ここまで，Winter事件連邦最高裁判決に至る事実の概要と訴訟の経緯について記述してきた。この中には，米国における環境法制や訴訟手続に関する知識がないと理解しにくい部分がある。そこで，以下では，これらについて，①海洋哺乳動物保護法，②国家環境政策法，③沿岸域管理法，④絶滅危惧種保護法，⑤仮差止命令，⑥司法における軍による判断に対する評価，の順に概説する。

1 海洋哺乳動物保護法

海洋哺乳動物保護法[37]は，1972年にニクソン大統領の署名により成立した法律である[38]。同法は，マグロの巾着網漁により，1971年だけでも推計で35万頭のイルカが死んだという事実に世論が大きく反応したことがきっかけとなって制定された。同法により，米国の管轄権に属する人や船舶は，公海もしくは米国領土および領海での海洋哺乳動物の捕獲が禁止された[39]。ここでいう捕獲とは，条文上，海洋哺乳動物に対する「虐待，狩猟，生捕り，殺害，あるいはこれらを試みること」といった行為すべてを意味する[40]。

その後，1994年の改正により，上記の捕獲の定義に含まれている「虐待（harassment）」の意味が明確にされた。具体的には，「野生の海洋哺乳動物または海洋哺乳動物個体群を損傷させるおそれがあり，もしくは，移動，息継ぎ，授乳，採食，給餌，避難を含み，これらに限定されない行動形態を崩すことで，野生の海洋哺乳動物または海洋哺乳動物個体群を混乱させ，海洋哺乳動物を追跡し，苦痛を与え，不快感を与える行為」とされている[41]。この定義によって，中周波アクティブ・ソナー等の音による野生の海洋哺乳動物に対する被害がカバー

されることになる。

　海洋哺乳動物保護法では，捕獲の禁止に関して，インデアン等による捕獲をはじめ，一定の例外が定められている[42]。その例外のひとつとして，国防長官が，「国防にとって必要」であると判断した場合，国防総省および各軍のいかなる行為も，同法の適用が免除されるという例外が規定されている。この適用除外規定には，同法の主務官庁である商務省・内務省の長官との協議や連邦議会の関連する委員会への報告などの要件が付されているものの，事実上，国防長官が国防上の必要性があると判断した場合には，同法の適用を受けないことになる[43]。

　Winter事件では，海軍がこの適用除外を申立て，緩和条件が付された上で，2年間の適用免除が認められている。

2　国家環境政策法

(1)　国家環境政策法の概観

　1969年，米国の連邦議会は，世界で初めて環境アセスメントを法制度化した国家環境政策法を成立させた。同法は，「人間環境の質に重大な影響をもたらす主要な連邦行政行為」を規制対象とし，これに該当する場合には，環境影響評価書（environmental impact statement（EIS））を準備する義務が課されている[44]。この立法は，環境影響評価書等に関する手続的枠組みを定めたものであり，環境上の実質的な規制基準等を定めたものではない[45]。

　この環境影響評価書を作成するにあたっては，市民への情報提供やパブリック・コメントを求めるといった段階的手続が定められている[46]。この策定プロセスに要する期間は，当該行為の複雑性等により変動するが，通常は数カ月から数年を要している[47]。

(2)　環境影響評価書の作成義務に関する3つの例外

　国家環境政策法における環境影響評価書の策定義務には，3つの例外が認められている。

　その第1が，行政機関が，その行為に関する環境評価書を準備した結果，当該行政行為が環境に対して重大な影響をもたらすものではないと判断した場合，環

境影響評価書を策定する必要がなくなるというものである。この環境評価書とは，環境影響評価書を作成するか否か，すなわち，ある行政行為が人的環境に重大な影響をもたらすか否かを決定するために作成される簡潔な公的文書である[48]。もしも，環境評価書において当該行政機関の行為が「人的環境に重大な影響をもたらすものではない」ことが示された場合，環境影響評価書を準備する必要はなくなる[49]。Winter事件において，海軍は，この環境評価書を作成した結果，環境影響評価書を準備する必要はないと結論付けている。

第2の例外は，連邦議会が，特定の行政行為を国家環境政策法の適用除外とする法律を制定した場合である。このような立法による適用除外は，通常，国家環境政策法の要件を課さないことが実質的な国家的利益になる場合に制定されている[50]。

第3の例外は，行政機関が，「緊急事態（emergency circumstances）」のゆえに，国家環境政策法とその施行規則に従うことなく，環境に重大な影響をもたらす行為を行う必要が生じた場合に，当該行政機関は，環境諮問委員会に国家環境政策法を遵守することが不可能であると申立て，その代替措置（alternative arrangements）の決定を求めることができるというものである[51]。この環境諮問委員会（Council on Environmental Quality）とは，国家環境政策法において，行政府に対する諮問を行う機関として大統領府に設立された機関である[52]。同委員会により認められた代替措置は，「当該緊急事態に関する直接の影響を管理する」ことに限定されたものでなければならない[53]。なお，もしもこの緊急事態による国家環境政策法の適用免除が認められない場合には，当然のことながら，当該行政機関は，国家環境政策法に定められた要件を遵守することが求められる。

Winter事件において，海軍は，連邦地裁による差戻審において仮差止が命じられた後，これが緊急事態にあたるとして申立を行い，環境諮問委員会により海軍に有利な代替措置が認められている。しかし，その後の連邦第9巡回区控訴裁判所による判決では，このような事態が果たして「緊急事態」に該当するのか否かについて疑問視されている。そこで，以下では，この緊急事態に関するこれまでの判例法理を概観したい。

(3) 緊急事態に関する判例法理

環境諮問委員会は，この緊急事態に関する代替措置を求める申立を，1978年の規則施行から2008年1月22日までの間に，41件受けつけているという[54]。このうち，訴訟で環境諮問委員会による判断が取り上げられたのは，以下の3つの判例である。これらの判例において，どのような場合をもって緊急事態として認定されるのかを確認したい。

(a) Crosby v. Young 事件判決

最初のCrosby v. Young事件判決[55]は，自動車工場建設を目的とする新用地の公用収用計画をめぐる事件である。自動車会社のゼネラルモーターズは，1980年にデトロイト市にあった工場を3年後に閉鎖する計画を発表するとともに，適当な敷地があれば同市に別の新工場を建設すると表明した。同市は，経済の再活性化を目的として，この新工場建設のための敷地の取得と，反対する住民等が所有する敷地に対する公用収用を決定した。本来，同市は，この収用手続および開発に必要な連邦資金の貸与を受ける前に，国家環境政策法に従い，環境影響評価書の作成に伴う手続を終了していなければならなかった[56]。

しかし，同計画の継続のためには，環境影響評価書が完成する前に，連邦資金の前払いを受ける必要があったことから，環境諮問委員会に緊急事態に関する代替措置の決定を求めた[57]。環境諮問委員会は，もしも当該プロジェクトへの貸付金の承認が遅れた場合，冬がくる前に年配者を引っ越しさせる必要があるという緊急事態に対応できなくなることに加え，犯罪の増加，失業，増税，市債評価の下落といった不利益をもたらす可能性があると判断した。その上で，環境影響評価報告書の提出期限に伴う問題は，差し迫った問題であると結論付け，緊急事態規則に基づきデトロイト市に代替措置を認めている[58]。

その後，公用収用に反対する住民は，公用収用および建物の取り壊しに関する仮差止命令を求め，州法および連邦法に基づいてそれぞれ訴訟を提起したが[59]，敗訴している[60]。

(b) National Audubon Society v. Hester 事件判決

Nat'l Audubon Soc. v. Hester事件判決[61]は，稀少動物であるカリフォルニア・コンドルの保護をめぐる事件である。カリフォルニア・コンドルは，北ア

メリカで最も大きな翼を持った生物であるとともに、稀少動物として26羽しか現存していないと考えられていた。このコンドルの保護を巡り、これを管轄する連邦魚類野生生物庁と自然環境保護団体等による議論が始まった。この時点で、絶滅回避を目的として2カ所の動物園で人口飼育されていたカリフォルニア・コンドルは、計6羽に過ぎなかった。連邦魚類野生生物庁は、1985年10月、野生のカリフォルニア・コンドルの一群を維持する計画のために環境評価書（EA）を準備した。同書においては、今後、野生群の個体数が減少し続けるならば、野生のカリフォルニア・コンドルを再び捕獲する可能性があると記されていた[62]。

　その後、野生のカリフォルニア・コンドルの存在を脅かすいくつかの出来事が生じた。連邦魚類野生生物庁は、緊急事態のゆえに、現存する野生のコンドルを全て捕獲するために環境諮問委員会に申立を行い、未だ完成していなかった環境影響評価書の作成義務を免除するように求めた。この申立について、環境諮問委員会は状況の変化により緊急事態が生じたと認定し、同庁に環境影響評価書を作成する義務を免除した[63]。

　これに対して、自然保護団体である原告は、自然環境にあるカリフォルニア・コンドルを全て捕獲するという同庁による決定は、連邦行政手続法（Administrative Procedure Act）[64]、絶滅危惧種保護法[65]、および、国家環境政策法[66]に違反すると主張して、連邦コロンビア特別区地裁に訴訟を提起した。同地裁は、連邦魚類野生生物庁は、これまでの方針を変更した理由について十分な説明を行っておらず、上記諸法に関する裁量権の濫用が認められると判示した。また、このまま同庁による全捕獲が実施されれば、原告の主張する利益に回復不可能な損害をもたらす恐れがあるとして、原告による仮差止の請求を認める決定を下した[67]。

　連邦魚類野生生物庁は、この判決を不服として、コロンビア特別区連邦控訴裁判所に控訴した。同控訴裁判所は、同庁の裁量に基づく判断について、①十分に環境問題に配慮した決定であり、②同庁が作成した環境評価書においても、同コンドルの全捕獲の可能性は言及されていることから方針の変更がなされたわけではなく、③同庁の裁量は、判例法理で認められているとおり、変化する状況に基づいて政策を採用したにすぎない等の理由により、同庁の決定は

合理的な裁量によるものであると判断して，原判決を破棄している[68]。

(c) Valley Citizens for a Safe Environment v. Vest 事件判決

　Valley Citizens for a Safe Env't v. Vest 事件判決[69]は，米国内のウェストーバー空軍基地の夜間飛行に関する事件である。空軍は，同空軍基地の利用に関する環境影響評価書において，夜10時から翌朝7時までの輸送機の飛行について，「軍事活動は日常的に行われることはない」との内容を盛り込んでいた。しかし，空軍は，湾岸戦争により情勢が変化したことを理由として，上記時間帯における輸送機の運用を開始した[70]。

　この事態に対して，ヴァレー・シチズンズという市民団体は，空軍に不服を申し立てたが，空軍は，夜間飛行が環境に及ぼす影響を再評価することを拒否した。その一方で，空軍は環境諮問委員会への申立により，国家環境政策法における「緊急事態」に該当するとの承認を受けて，当該夜間飛行が認められた[71]。

　これに対して同市民団体は，連邦マサチューセッツ地区地方裁判所に訴訟を提起し，①この夜間飛行の差止を求めるとともに，②空軍が国家環境政策法と環境諮問委員会規則に反しているとの宣言的救済，および，③環境諮問委員会による判断に裁量権の濫用があるとの宣言的救済とを求めた[72]。

　同裁判所は，中東の情勢に伴う軍隊の運用，計画上の困難等を考慮すると，環境諮問委員会が恣意的に国家環境政策法における「緊急事態」を認定したとは認められず，空軍による国家環境政策法上の手続違反もないとして，原告による請求を棄却した[73]。

　なお，同裁判所は，傍論において，空軍が数カ月に及ぶとしている当該夜間飛行をそれ以降も継続するようであれば，本裁判所は，ヴァレー・シチズンズの利益を保護するために，必要であればエクイティ上の救済を発動することを躊躇しないであろうと判示している[74]。

(d) 緊急事態に関する判例の検討

　ここでは，上記で紹介した3つの判例について，まとめて考察したい。

　まず，最初の Crosby v. Young 事件判決では，自動車会社の新工場建設用地取得に伴う行政行為について，冬が到来する前に年配者を引っ越しさせるという緊急性に加え，治安の確保や経済的要因をも含めて緊急事態が認定されて

175

いる。第2のNational Audubon Society v. Hester事件判決では，稀少動物の保護を実施する前に，環境影響報告書の作成が間に合わないことから，緊急事態が認められている。そして最後のValley Citizens for a Safe Environment v. Vest事件判決では，空軍が環境影響評価書において夜間飛行につき制限を設けていたものが，湾岸戦争の開始により，緊急事態であることが認められたものである。これらの3つの緊急事態に関する判断では，時間的な緊急性と，具体的な予測が困難な事態が発生していることが共通の要素となっていると考えられる。

これに対して，Winter事件では，連邦地裁による仮差止命令について，緊急事態が認定されている。しかし，従来からの紛争の経過からすれば，時間的な緊急性の要素があったとは考えにくく，また，同命令につき具体的な予測が困難であったとも言い難い。本件における環境諮問委員会による緊急事態の認定においては，従来の判断基準と異なり，海軍による軍事訓練に支障が生じることで安全保障上のリスクが生じることが，その根拠とされている。

しかしながら，国家環境政策法には，海洋哺乳動物保護法における国防長官の判断による適用除外や，以下でみる沿岸域管理法における大統領による義務免除，絶滅危惧種保護法における国防長官を中心とした適用免除制度は存在していない。このため，Winter事件において，環境諮問委員会が，安全保障リスクを回避することを目的として緊急事態を認定したことは，国家環境政策法に国家安全保障を理由とした適用免除規定がないにもかかわらず，同委員会が実質的にこれを認めることになる判断を下している点に特徴があると言える。

3　沿岸域管理法

連邦議会は，沿岸域における都市化の進展，人口集中，環境破壊・汚染に対処し，これに対する連邦行政機関と州の行政機関による保全努力を調整すること等を目的として，1972年に沿岸域管理法[75]を制定した。同法は，州がその沿岸域の資源を保存・保護・開発するための自主的なプログラムを奨励することを目的としている。同法の運用は，海洋・大気局（National Ocean and Atmospheric Administration）により行われている。

なぜ連邦法であるのに連邦政府が直接的に沿岸域を管理する制度になっていないのかと言えば，連邦制度上，土地の利用規制権限は州の管轄下にあるためである。海上の河航水域（Navigable Water）は連邦政府の管轄に属するものの，沿岸から3マイル以内の海底および私有化されていない海岸については，州の管轄下に置かれている。このため，連邦法上は，州が自主的に沿岸管理計画を定めた場合に補助金を交付するといった誘導策をとることになるのである[76]。

　その一方で，連邦政府による行為が，逆に同法に基づく州の計画に抵触してくる場合も生じる。たとえば，連邦政府が，州沿岸部の沖合において油田開発を行うような場合である。このため，同法では，連邦機関の活動が州の沿岸域に「直接的な影響を与える」場合には，「最大限，実際的な範囲で」「承認された沿岸域管理計画に適合しなければならない」という限定的な留保条項が規定されている[77]。

　また，これとは別に，同法では，連邦行政機関が州の管理プログラムを遵守する予定のない場合，または，できない場合について，その適用除外を受けるための手続を定めている[78]。この手続では，大統領が，当該連邦行政機関の活動を，「米国の最優先の利益（paramount interest of the United States）」にあたると判断した場合，州の管理プログラムを遵守する義務から免除されることになる[79]。Winter事件では，連邦地裁の差戻審で沿岸域管理法に関する違法性が認定されたことを受け，海軍は，この適用除外を申立て，大統領に認められている。

4　絶滅危惧種保護法

　絶滅危惧種保護法[80]は，1973年に絶滅危惧種に対する保護を確立するために制定された[81]。この5年後，連邦議会は，同法の保護範囲を拡大する一方で，国家安全保障に関する適用免除を認める規定を設けた。この規定では，国防長官が，国家安全保障上の理由により，閣僚級委員7名で構成される稀少保護種委員会[82]に対して，同法の要件について緩和措置を認定することなく，適用そのものを免除するように要請することが要件となっている[83]。

　この改正により，同法は，主要な連邦環境法の中で，初めて国家安全保障を理

由とした適用除外条項をもつことになった[84]。しかし，これまでのところ，この適用除外に関する条項は，国防長官により発動されたことはない。

Wilson事件では，連邦地裁が最初に仮差止を命じた判決において，原告は，絶滅危惧種保護法に基づく主張について，本案審理において勝訴する蓋然性を立証していないとして，同法に基づく仮差止命令は認められなかった[85]。

5　仮差止命令

Wilson事件連邦最高裁判決において主たる争点となったのは，エクイティ上の救済である仮差止命令（preliminary injunction）[86]を認めるか否かであった。ここでは，まず英米法上の用語を解説した後，仮差止命令に関する判例法理を概説する。

英国法では，司法上の救済方法が，損害賠償を中心としたコモン・ロー上の救済（legal remedy）と，判例法理により確立した差止（injunction）や契約の特定履行（specific performance）といったエクイティ上の救済（equitable remedy）とに区別されている。米国法は，英国法を継承する中で発展したことから，現在でも，このコモン・ロー上の救済とエクイティ上の救済との区別がある。

このエクイティ上の救済の特色は，損害賠償等のコモン・ロー上の救済が不十分な場合にだけ認められるという補充性と，救済の付与が裁判所の裁量に任されている点にある。そして，差止命令には，本案の終局判決が下されるまで一定の行為の不作為を命じる仮差止命令（preliminary injunction）と，本案判決の内容となり既判力をもつ本案的差止命令（permanent injunction）の2種類がある[87]。

Wilson事件で争点となった仮差止命令を認めるか否かについて，裁判所は，従来の判例で以下の4つの要素を考慮してきた。この4つの要素とは，①原告が当該事件の本案審理において勝訴する蓋然性が高いこと，②仮差止命令が認められない場合，原告は回復不可能な損害を被る蓋然性があること，③両当事者の利益を比較衡量した場合，原告の利益の方が被告のものより重要であること，および，④仮差止命令を認めることで，公共の利益が促進されること，である。これ

らの要素について，以下で説明する。

　まず，裁判所が仮差止命令を認めるか否かを判断するにあたって考慮すべき要素となるのが，原告が当該事件の本案審理において勝訴する蓋然性が高いか否かである。この点につき，連邦最高裁判所は，Munaf v. Geren事件判決で，原告が本案審理において勝訴する蓋然性があるか否かを決定せずに仮差止が認められたことは，下級審による裁量権の濫用に当たるといる判例法理を確立している[88]。

　第2の判断要素は，仮差止命令が認められない場合，原告が回復不可能な損害を被る蓋然性があるか否かを考慮することである[89]。この点につき，連邦最高裁判所は，「実質的かつ差し迫った回復不可能な損害の蓋然性」があるか否かが，その具体的な判断基準であるとしている[90]。また，仮差止命令が認められなければ，環境に回復不可能な損害がもたらされる蓋然性がある場合については，その蓋然性が十分に高いのであれば，仮差止命令が認められるとの判断基準を示している[91]。

　第3の判断要素は，両当事者の利益を比較衡量した場合，原告の利益の方が被告のものより重要であることである[92]。この点につき，連邦最高裁判所は，環境にかかわる回復不可能な損害が起きる蓋然性がある場合であっても，両当事者の利益は比較衡量されなければならず，また，この判断は連邦地方裁判所による裁量により決定されるとの判断基準を示している[93]。

　最後の要素は，仮差止命令を認めることで，公共の利益が促進されることである[94]。このため，連邦最高裁判所は，仮差止命令が公共の利益に影響をもたらす場合には，たとえ他の考慮すべき要素がすべて満たされている場合でも仮差止は認められず，当該事件の本案審理においてエクイティ上の救済の適否に関して判断されるべきであると判示している[95]。

6　司法における軍による判断に対する評価

　以下で検討するWilson事件連邦最高裁判決では，海軍が主張する専門的判断について，その主張の多くが認容されている。これは，連邦議会が行政機関に解釈権限を委任し，当該行政機関による解釈が合理的である場合には，司法判断に

おいて当該解釈が尊重されるというChevron U.S.A., Inc. v. Natural Resources Defense Council, Inc.事件連邦最高裁判決[96]の法理が適用されているのではなく[97]，あくまでその専門的判断が尊重されているのである。

それでは，連邦最高裁判所は，軍による専門的判断について，従来どのように判断してきたのであろうか。連邦最高裁判所は，伝統的に，軍に対して積極的な判断を控える姿勢を維持してきた。これは，軍に関する判断は，選挙で選出される政府部門に委ねられるべきであるとともに，軍による専門的な判断に対して司法が十分に判断するのは困難であるとの理由に基づいている[98]。この考え方は，「軍当局の専門的判断」に対しては，十分に尊重（deference）しなければならないとする判例法理として確立している[99]。この判例法理は，軍事関連尊重基準（military deference standard）とも呼ばれている[100]。なお，ここでいう「軍による専門的判断」とは，「軍事力の編成，訓練，装備，および管理に関する複雑で，微妙な専門的な決定」を意味している[101]。

Wilson事件においては，中周波アクティブ・ソナーのレベルを南カリフォルニア沿岸海域における軍事演習の間，どのような状況でどのレベルまで下げることが適切かという軍の専門的な判断が争点となっている。このため，連邦最高裁判所では，この軍事関連尊重基準の適用のあり方が問われることになる。

Ⅳ　連邦最高裁判決

以下では，Wilson事件連邦最高裁判決の内容を概観する。なお，紙数の関係から，同意意見および反対意見については省略する。

ジョージ・ワシントン大統領が連邦議会でおこなった最初の年次教書演説にあるように，「平和を維持するための最も効果的な手段は，戦争に備えることである」。そして，「米国海軍が戦争に備える最も重要な方法のひとつは，海において統合軍事演習を行うことにある。そして，これらの演習には，海軍が過去40年にわたり行ってきた敵潜水艦を発見・追跡するためのソナーを利用した訓練が含まれる」。被上告人によると，海軍によるソナー訓練プログラムは，海洋哺乳動物に被害を与えており，海軍は計画中の一連の軍事訓練を始める前に環境影響評

価書を準備すべきであったと主張している。原審は，海洋哺乳動物が海軍の軍事演習による被害を受けたことを示す証拠がないことを認識していながら，海軍によるソナー訓練に制限を課す仮差止命令を認めている。本裁判所は，原審判決は不適切であると判断し，これを破棄する[102]。

　本裁判所は，原告が仮差止を請求する場合，①原告が本案審理において勝訴する蓋然性が高いこと，②仮差止が認められない場合，原告は回復不可能な損害を被る蓋然性があること，③両当事者の利益を比較衡量した場合，原告の利益の方が被告のものより重要であること，および，④仮差止が公共の利益となること，の4つの要素を示す必要があると判示してきた。しかし，原審では，これらの2つ目の要素について，「蓋然性（likely）」ではなく「可能性（possibility）」があればよいという緩やかな基準を採用しており，認められない。また，連邦地裁による最終的な仮差止命令に関する決定において，海軍が抗弁していない4つの新たな制限により，回復不可能な損害が起きる蓋然性があるのか否かについて考慮していない点に重大な誤りがある[103]。

　仮差止命令は，権利として認められるものではなく，特別な救済手段である。裁判所は，この特別な救済を裁量により付与するにあたっては，その結果として生じる公的な結果に特に注意を払わなければならない。本件について，連邦地方裁判所と連邦第9巡回区控訴裁判所は，仮差止命令が，海軍による現実的な軍事演習を遂行する能力を制限し，かつ，これが国家安全保障に関する公共の利益に対して負の影響をもたらす結果を招くことを軽視している。本件では，「本質的に専門的な軍事的判断」が含まれており，本裁判所の判例では，このような判断を尊重してきた。本裁判所は，軍事演習における現実的な条件の下で中周波アクティブ・ソナーを使用することは，海軍および国家にとって最重要事項であるとする海軍上級士官等による判断を尊重する。このような公的利益と，被上告人の主張する海洋哺乳動物が被る被害とを比較衡量すると，海軍の主張する利益の方が重要であると言える。もちろん，軍事的な利益が，常に他の考慮に勝るのではなく，そのように判示しているわけではない[104]。

　また，下級審判決では，仮差止命令を下す場合には，エクイティと公的利益を評価する必要があるにもかかわらず，十分な考慮がなされていない。海軍が異議を申し立てている仮差止命令の中の2つの要件は，海軍の軍事演習に対して潜在

的にどのような問題が生じるかについて海軍士官が予想した諸点につき尊重しておらず，かつ，十分な比較衡量がなされていないことから誤りがある[105]。

このように，下級審が仮差止を命じるに際し誤りが認められる。このため，本裁判所は，被上告人による法的主張について判断する必要はない。また，これまで仮差止命令について述べてきたように，本件の本案審理がなされた後に，本案的差止命令が付与されることも裁量権の濫用に該当する。連邦地裁による仮差止命令で海軍が抗弁している2つの要件は，裁量権の濫用にあたることから，この2要件を破棄するとともに，原審判決を破棄し，本件を原裁判所に差し戻す[106]。

V　Winter事件連邦最高裁判決の分析とその後の和解

1　本判決の分析と今後の影響

本判決の特徴は，仮差止命令に関して，従来の判例法理で確立している4つの考慮すべき要素が原審で適切に考慮されていないとして，被上告人が主張していた請求について具体的な判断を行わずに破棄差戻しを命じている点にある。

本判決では，仮差止命令に関する考慮要素のうち，原告は，仮差止が認められなければ回復不可能な損害を被る「蓋然性」を立証する必要があるという従来の判例法理が確認され，連邦第9巡回区で先例とされていた「可能性」の立証で足りるとする判断基準を否定している。この点については，判例法理の統一という面からは重要である。

しかし，それよりも本判決が重大な意味を持つのは，仮差止命令が下されることで公共の利益に負の影響がもたらされてはならないという考慮要素に関する判断である。この点につき，連邦最高裁は，海軍が現実的な軍事演習を遂行できなくなることで，国家安全保障に関する公共の利益に対して負の影響をもたらす結果を招くことになると判示している。このため，軍の行為に対する仮差止命令（または本案的差止命令）が，国家安全保障上のリスクに直結すると判断された場合には，たとえ当該行為が回復不可能な環境上の損害を引き起こす蓋然性がある場合でも，差止請求は認められない可能性が高いことが明らかになった。

また，本判決では，仮差止命令に関する考慮要素のひとつである両当事者間の利益の比較衡量についても，被上告人が主張する環境保護に関する利益よりも，海軍の主張する国家安全保障上の利益の方が重要であると判示されている。この点につき，連邦最高裁も，軍事的な利益が常に他の考慮に勝るわけではないと判示しているものの，例外的な事例につき留保しているものと考えられる。

　さらに，本判決では，中周波アクティブ・ソナーの軍事演習における利用制限の適否に関して，「本質的に専門的な軍事判断」が含まれているとして，最高裁判例で確立してきた軍事関連尊重基準の下で，海軍による判断が全面的に支持されている。このため，今後，「軍事力の編成，訓練，装備，および管理に関する複雑で，微妙な専門的な決定」が関連する環境問題について，連邦裁判所は，軍による専門的な判断を尊重する立場を取る判断を下すことになろう。

　以上から，軍による専門的な判断が影響する環境問題において，環境保護を目的とした仮差止命令（または本案的差止命令）が国家安全保障上の利益を脅かすと判断された場合，これらのエクイティ上の救済が認められることは，ほとんどなくなったと言えよう。この点につき，本件が，海軍により過去40年にわたり行われてきた軍事演習に関する紛争であり，また，原審において海洋哺乳動物が当該軍事演習により被害を受けたことを示す証拠がないことを認識していたという特徴があることをもって，判例の射程範囲を過度に限定して考えることは適切ではないと言えよう。

　一方，本判決は，環境保護団体にとっては，軍がかかわる上記の類型の環境訴訟で，エクイティ上の救済を求めて勝訴することが困難になったことを意味している。環境関連の訴訟では，損害の特定が困難であり，その金銭的評価を算出することも難しい。また，環境被害の多くは，回復不可能な場合が多い。このため，環境保護団体は，エクイティ上の救済を求めて訴訟を提起することになる。この主要な救済手段が，軍がかかわる上記の類型の訴訟で難しくなったことから，今後は，訴訟戦略の見直しが必要になろう。

2　和解

　連邦最高裁が，仮差止命令のうち海軍が反対していた2要件を破棄し，原審

判決の破棄差戻を命じたのは，2008年11月12日であった。この判決後，同年12月28日に，被上告人の天然資源保護協議会（Natural Resources Defense Council）と海軍は，この紛争を裁判外で和解した[107]。

　この和解の中で，海軍は，①世界で行われる主要な軍事演習に関して，ソナーの使用も含めた環境上の審査を行い，これを公表するための環境コンプライアンスに関する予定を立てること，②かつてソナーに関して本件訴訟において機密指定されていた情報を開示すること，③天然資源保護協議会等が指定する新たな海洋哺乳動物の研究に，1475万ドルの資金を拠出すること，④ソナーは海洋哺乳動物を死に至らしめる可能性があり，恒久的な損害と一時的な聴力喪失を引き起こすことを認識すること，等に合意している。

　この和解内容だけをみると，海軍が相当な譲歩を行ったように見えるが，実際には海軍が勝利したことを意味している。なぜならば，海軍は，南カリフォルニア沿岸海域における軍事演習につき，自らとった緩和措置や，かつて命じられた緩和措置を今後はとる必要はなく，自由に中周波アクティブ・ソナーを使った軍事演習を行うことができるようになったためである。

〈注〉

1　The US Navy Organization, Mission of the Navy, http://www.navy.mil/navydata/organization/org-top.asp（last visited Feb 15, 2010）.
2　米国海軍によれば，通常動力型潜水艦（ディーゼル・エレクトリック方式）はほとんど音を立てることなく航行することから，パッシブ・ソナーによる探知は効果的ではないとされる。また，パッシブ・ソナーによる探知できる範囲はアクティブ・ソナーに比べて制限があることからも，敵潜水艦の正確な位置を特定することはできないという。Winter v. NRDC, 129 S. Ct. 365, 370 n.1 (2008).
3　鳥羽利男「『海中音響兵器ソーナー』出現と発展（初回），（その２）」軍事研究518号101頁（2009年），526号220頁（2010年）．
4　Winter v. NRDC, 129 S. Ct. 365, 370-01 (2008).
5　Id.
6　Stephanie Siegel, Low-Frequency Sonar Raises Whale Advocates Hackles, CNN, June 30, 1999, http://www.cnn.com/NATURE/9906/30/sea.noise.part1/(last visited Feb 15, 2010).
7　この点については，以下の文献を参照のこと。今泉智人「イルカのソーナー能力の魚群探知機への適用に関する研究」水研センター研報28号47頁（2009年）．
8　See NRDC v. Winter, 518 F.3d 658, 665-66 (9th Cir. Cal. 2008).
9　See Geoffrey Lean, Cole Moreton & Jonathan Owen, Sonar Threat to World's Whales, Independent, Jan. 22, 2006, available at http://www.independent.co.uk/ environment/sonar-threat-to-worlds-whales-524093.html（last visited Feb 15, 2010）．
10　Winter v. NRDC, 129 S. Ct. 365 (2008).
11　Id. at 370.
12　Id. at 370-71.
13　Id. at 371.
14　Id.
15　Id.
16　Id. at 371-72.
17　Id. at 372.
18　Id.
19　NRDC v. Winter, 645 F. Supp. 2d 841, 845 (C.D. Cal. 2007).
20　Id. at 846-55.
21　Id. at, 854-55.
22　NRDC v. Winter, 502 F.3d 859, 865 (9th Cir. Cal. 2007).
23　NRDC v. Winter, 508 F.3d 885, 887 (9th Cir. Cal. 2007).
24　NRDC v. Winter, 530 F. Supp. 2d 1110, 1118-1121 (CD Cal. 2008).
25　沿岸域管理法とその適用免除については，後でその内容を記述する。
26　Winter v. NRDC, 129 S. Ct. 365, 373 (2008).
27　この国家環境政策法における緊急事態に伴う規定については，後述する。
28　Winter v. NRDC, 129 S. Ct. 365, 373-74 (2008).
29　Winter v. NRDC, 527 F.Supp.2d 1216 (CD Cal. 2008).
30　NRDC v. Winter, 518 F.3d 658, 681 (9th Cir. Cal. 2008).

31 *Id.*
32 *Id.*, at 693.
33 *Id.*
34 *Id.*, at 696.
35 *Id.*, at 698-699.
36 Winter v. NRDC, 129 S.Ct. 339 (2008).
37 Marine Mammal Protection Act of 1972, Pub. L. No. 92-522, 86 Stat. 1027 (1972).
38 海洋哺乳動物保護法については、以下の文献を参照した。Elena McCarthy & Flora Lichtman, *The Origin and Evolution of Ocean Noise Regulation under the U.S. Marine Mammal Protection Act*, 13 OCEAN & COASTAL L.J. 1 (2007). 下村英嗣「海洋哺乳動物保護と対外環境政策—1972年アメリカ海洋哺乳動物保護法における対外環境政策—」エコノミア50巻3号26頁以下（1999年）。
39 16 U.S.C. 1372(a)(1).
40 *Id.*
41 16 U.S.C. 1362 (18).
42 *See* 16 U.S.C. § 1371 (Supp. 1972).
43 *See* 16 U.S.C. § 1371(f).
44 *See generally* National Environmental Policy Act of 1969, Pub. L. No. 91-190, 83 Stat. 852 (1970) (*codified as amended* at 42 U.S.C. §§ 4321-4370). この国家環境政策法およびその施行規則については、以下の邦語訳を参照のこと。橋本敬子「アメリカ国家環境政策法及び同施行規則（抄）」環境研究102号91頁（1996年）。
45 *See* Andrus v. Sierra Club, 442 U.S. 347, 350 (1979).
46 *See* 42 U.S.C. § 4331(a)-(b); *see also* Sierra Club v. Eubanks, 335 F. Supp. 2d 1070, 1076 (E.D. Cal. 2004).
47 *See* Flint Ridge Dev. Co. v. Scenic Rivers Ass'n of Okla., 426 U.S. 776, 788-89 (1976).
48 *See* 40 C.F.R. § 1508.9.
49 40 C.F.R. § 1508.13.
50 たとえば、軍事関連では、以下に引用する国防授権法が、国防次官または各軍の次官に対して、空中における低レベルの戦闘訓練につき、国家環境政策法とその施行規則で求められている環境影響評価書の準備義務を免除している。*See* Floyd D. Spence National Defense Authorization Act for Fiscal year 2001, Pub. L. No. 106-398, § 317, 114 Stat. 1654, 1654A-57 (2000).
51 *See* 40 C.F.R. § 1506.11.
52 42 U.S.C. § 4342.
53 *See* 40 C.F.R. § 1506.11.
54 *See* Kristina Alexander, *Whales and Sonar: Exemptions for the Navy's Mid-Frequency Active Sonar Training*, CRS Report 34403 (Feb. 18, 2009) at 4.
55 Crosby v. Young, 512 F. Supp. 1363 (E.D. Mich. 1981).
56 *Id.* at 1365-67.
57 *Id.* at 1380-81.
58 *Id.* at 1386.
59 *Id.* at 1365-68.
60 *Id.* at 1391.

61 Nat'l Audubon Soc. v. Hester, 801 F.2d 405 (D.C. Cir. 1986).
62 *Id.* at 405 to 06.
63 *Id.*
64 5 U.S.C.S. § 701 et seq.
65 16 U.S.C.S. § 1531 et seq.
66 42 U.S.C.S. § 4321 et seq.
67 Hester, 801 F.2d at 406 to 07.
68 *Id.* 407-08.
69 1991 U.S.Dist.Lexis 21863 (D. Mass. May 30, 1991).
70 *Id.* at *3-5.
71 *Id.* at *5-6.
72 *Id.* at *6.
73 *Id.* at *13-21.
74 *Id.* at *19-21.
75 16 U.S.C. § 1452(2) (2006).
76 この沿岸域管理法については，以下の文献を参照した。Linda Krop, *Defending State's Rights Under the Coastal Zone Management Act - State of California v. Norton*, 8 SUSTAINABLE DEV. L. & POL'Y 54 (2007). 井上従子「日米の沿岸域管理・利用制度に関する比較研究（1）」横浜国際経済法学3巻1号83頁以下（1994年），荏原明則「アメリカ沿岸域管理制度」環境研究147号45頁以下（2007年）。
77 16 U.S.C. § 1456(c)(1)(A) (2006).
78 *See id.* § 1456(c)(1)(B).
79 *See* 16 U.S.C. § 1456(c)(1))(B) (2006); 16 U.S.C. § 1456(c)(3)(A) (2006).
80 16 U.S.C. § §1531-44(2000).
81 この絶滅危惧種保護法については，以下の文献を参照した。Jason C. Wells, *National Security and the Endangered Species Act: A Fresh Look at the Exemption Process and the Evolution of Army Environmental Policy*, 31 WM. & MARY ENVTL. L. & POL'Y REV. 255 (2006).
82 *See* 16 U.S.C. § 1536(e) (2000).
83 16 U.S.C. § 1536(j).
84 *See* E.G. Willard, Tom Zimmerman & Eric Bee, *Environmental Law and National Security: Can Existing Exemptions in Environmental Laws Preserve DOD Training and Operational Prerogatives Without New Legislation?*, 54 A.F.L.REV. 65, 65-68 (2004).
85 NRDC v. Winter, 645 F. Supp. 2d 841, 854-55 (C.D. Cal. 2007).
86 この用語の訳としては，仮差止命令の他に，暫定的差止命令，仮処分差止命令等も用いられている。
87 エクイティと仮差止命令の概要については，以下の文献を参照した。浅香吉幹『アメリカ民事訴訟法』弘文堂，2000年11月，田中英夫『英米法総論　上』東京大学出版会，1980年，12頁，同『英米法総論　下』東京大学出版会，1980年557頁，坂本真樹「暫定的命令の新しい枠組みの検討」法政研究（静岡大学）13巻2号139頁，2008年。また，近年の英語論文で，この基本枠組みに触れたものとして，以下の論考がある。Eric A. White, *Examining Presidential Power Through the Rubric of Equity*, 108 MICH. L. REV. 113 (2009).
88 *See* Munaf v. Geren, 128 S.Ct. 2007, 2219 (2008).

89	*See* City of Los Angeles v. Lyons, 461 U.S. 95, 111 (1983).
90	*See* O'Shea v. Littleton, 414 U.S. 488, 499 (1974) (*citing* Younger v. Harris, 401 U.S. 37, 43-44 (1971)).
91	*See* Amoco Prod. Co. v. Gambell, 480 U.S. 531, 545 (1987).
92	*See* Yalcus v. United States, 321 U.S. 414, 440 (1944).
93	*See* Amoco Prod. Co. v. Village of Gambell, 480 U.S. 531, 534-35 (1987).
94	*See id.* at 542.
95	*See* Yalcus v. United States, 321 U.S. 414, 440 (1944).
96	467 U.S. 837 (1984).
97	この Chevron 事件連邦最高裁判決の法理に関しては，拙稿「EEOC による立法解釈に対する司法判断」アメリカ法 2002 年 2 号 359 頁，2002 年を参照のこと。
98	*See* Boumediene v. Bush, 128 S. Ct. 2229, 2276-77 (2008).
99	*See* Goldman v. Weinberger, 475 U.S. 503, 507 (1986) (*quoting* Chappell v. Wallace, 462 U.S. 296, 305 (1983)). この Goldman 事件連邦最高裁判決は，空軍に所属するユダヤ人が，勤務中にヤムルカ（yarmulke）をかぶることを禁じる空軍規則は，連邦憲法第 1 修正に基づく信教の自由に違反するとして提訴した事件である。これに対して，空軍は，軍隊における服装の統一には合法的な利益があり，原告が主張する便宜を認めることは，これらの利益を損なうことになるので認められないと主張した。*Id.* at 506. 連邦最高裁判所は，たとえ連邦憲法第 1 修正に基づく信教の自由により保護された利益が問題となる場合であっても，裁判所は，特定の軍事上の利益に関する比較的重要な事項に関しては，軍当局の専門的判断を尊重しなければならないと判示している。*Id.* at 507.
100	もちろん，学者の中には，軍による専門的判断を連邦最高裁判所が尊重して判断に踏み込まない点について，司法判断の放棄に当たるとして批判する者もいる。*See e.g.,* Jonathan Masur, *A Hard Look or a Blind Eye: Administrative Law and Military Deference*, 56 HASTINGS L.J. 441, 515 (2005).
101	*See* Gilligan v. Morgan, 413 U.S. 1, 10 (1973).
102	Winter v. NRDC, 129 S. Ct. 365, 370 (2008).
103	*Id.* at 374-76.
104	*Id.* at 376-78.
105	*Id.* at 378-81.
106	*Id.* at 381-83.
107	Press Release, National Res. Def. Council, Environmental Coalition Reaches Agreement with Navy on Mid-Frequency Sonar Lawsuit (Dec. 28, 2008), available at http://www.nrdc.org/media/2008/081228.asp (last visited Feb 15, 2010).

〈参考文献〉

本稿では，脚注で引用したものを除き，以下の文献を参照した。

William S. Eubanks II, *Examining Our Priorities: The Relationship between National Security and Other Fundamental Values: Damage Done? The Status of NEPA after Winter v. NRDC and Answers to Lingering Questions Left Open by the Court*, 33 VT. L. REV. 649 (2009); William Krueger, *In the Navy: The Future Strength of Preliminary Injunctions Under NEPA In Light of NRDC v. Winter*, 10 N.C. J.L. & TECH. 423 (2009); Lisa Lightbody, *Winter v. Natural Resources Defense*

Council, Inc., 33 HARV. ENVTL. L. REV. 593 (2009); Ian K. London, *Winter v. National Resources Defense Council: Enabling the Military's Ongoing Rollback of Environmental Legislation*, 87 DENV. U.L. REV. 197 (2009); Caroline Milne, *Winter v. Natural Resources Defense Council: The United States Supreme Court Tips the Balance Against Environmental Interests in the Name of National Security*, 23 TUL. ENVTL. L.J. 187 (2009); Benjamin I. Narodick, *Winter v. National Resources Defense Council: Going into the Belly of the Whale of Preliminary Injunctions and Environmental Law*, 15 B.U. J. SCI. & TECH. L. 332 (2009); Joel R. Reynolds, *Taryn G. Kiekow & Stephen Zak Smith, No Whale of a Tale: Legal Implications of Winter v.* NRDC, 36 ECOLOGY L.Q. 753 (2009); Brian Schierding, *A Whale of a Tale: The Supreme Court Sets a New Trend Favoring National Security over Environmental Concerns*, 16 MO. ENVTL. L. & POL'Y REV. 751 (2009); CC Vassar, *NRDC v. Winter: Is NEPA Impeding National Security Interests?*, 24 J. LAND USE & ENVTL. LAW 279 (2009).

第7章
最近の欧州環境政策の動向

明治大学法科大学院教授 　柳　憲一郎

はじめに

　欧州連合（EU）の基本的な目標の1つは持続可能な発展である。これは将来の人々のニーズを損なわず，現世代のニーズを満たすことを意味するもので，その目標は，環境の重要性が持続可能な発展の戦略という形を取って，リスボンプロセス（Lisbon process）に追加され，2001年の欧州理事会で強化された。EUでは，これまで環境目標を設定し，その遵守を求める規制的な手法を多用してきたが，その限界もあり，新たな手法を模索してきた。1992年に提案された第5次欧州環境行動計画（1993―2000年）では，新たに持続可能な発展（サスティナブル・ディベロップメント）と政策手段の多様化を柱として，すべての経済的・社会的パートナーを取り込む方式（ボトムアップ型）を基本として，環境と持続可能な開発のための長期戦略を策定した。特に，この計画に基づく政策決定における指導的な原則は，汚染者負担原則の効果的な実施を含んだ予防的アプローチ（Precautionary Approach）と責任分担（Shared Responsibility）であった。責任分担の意図は，すべての社会セクター（行政，公・私企業，公衆）を適切に取り込むことによって，現在の生活行動様式を持続可能な発展型へと変えていくことにあったといえる。

　2002年7月に採択された第6次環境行動計画（1600/2002/EC）[1]は，「気候変動問題」，「自然保護と生物多様性」，「環境と健康」，「天然資源の持続的利用と廃棄物」の4つの重点領域を掲げ，今後10年間にわたる欧州の持続可能な開発を実現するための環境政策方針と目標について「私たちの未来，私たちの選択」という副題を付けた。その基本的考え方としては，規制の履行の確保を維持しつつ，環境配慮政策を他の政策に内生化・統合化し，社会全体として取り組めるような革新的アプローチを常に取り入れていくということにあった。そのための戦略的アプローチとして，「既存の法制度の確実な実施」，「各種政策における環境配慮」，「市場メカニズムの活用」，「市民の役割」，「土地利用計画や意思決定手続のグリーン化」という5つを定め，さらに，優先すべき7つのテーマ戦略を定め，公約として推進してきている。

また，規制手段以外の自主的取り組みを促すため，企業の申請に基づき，環境基準を遵守している企業を登録し，定期的に監査する環境監査制度（EMAS）や環境に配慮した製品基準を定め，企業の申請により表示できる「エコラベル」制度によって，企業の自主的取り組みを支援することや環境に配慮した製品を普及させるという観点から，ライフサイクル・アセスメントの考え方に基づき，環境上望ましい製品設計の選択を行い，それを情報公開するという統合的製品政策（Integrated Product Policy : IPP）の推進を図り，何が環境に優しい製品であるのかについて，消費者に商品選択の有益な情報を提供するという政策を記述した。そして，欧州理事会は，天然資源の管理の領域でさらなる責任をもって，「……資源使用の抑制と廃棄物の環境影響の削減を目標とする欧州連合の統合的製品政策は，企業と協働して実行されなければならない」ということを承認している。

　欧州議会によれば，環境政策で掲げられた多数の目標において，EUの取り組みは遅れを示している。特に遅れが目立つのは，生物多様性の減少傾向の転換，海洋及び土壌保全の強化，持続可能な農薬利用の促進，エネルギー効率の向上に関する目標であるとされる。

　EU環境政策において，2008年は大きな政策転換の区切りを画す1年となった。特に，気候及びエネルギーに関する新たな包括指令案を巡る協議が政策活動の大きな部分を占めたと言ってよいだろう。指令案では，EUの温室効果ガス排出量を2020年までに，1990年比で20％削減することと規定している。EUは包括指令に基づき，2013年以降に排出上限値を引き下げ，オークション方式で配分する排出枠数を増大する予定の，EU炭素排出権取引制度（ETS）改正規則に合意し，これとは別に成立した合意に基づき，航空業界はETSに統合される見通しが立った。また関連法律により，発電所における炭素回収・貯留（CCS）技術導入が促進されることとなった。京都議定書が定める5年間の約束期間とETS第2段階の初年度として，ETS非対象部門向けの新たな国別温室効果ガス排出上限値を巡る合意も成立し，目標値の達成が困難だと思われるEU加盟国に認められる裁量が大幅に拡大されたからである[2]。

　また，再生可能エネルギーの支援に関する新指令により，再生可能エネルギー全般を対象とした拘束力を伴う国別消費目標，特に再生可能な輸送用燃料に関す

る目標値が設定されることになり、さらに、輸送部門由来の排出量を削減するための2つの主要な法案、すなわち、1つは新車由来のCO_2排出規制を導入する指令、もう1つは、燃料供給業者に対しライフサイクル炭素排出量の削減を義務付けるEU燃料基準指令の改正指令案が合意されたのである。

ここでは、最近の欧州環境政策について、I 大気環境政策、II 水環境政策、III 土壌保全政策、IV 製品管理政策などを中心に、その現状と課題について概観することにしたい。

I 大気環境政策

1 自動車CO_2の排出規制

欧州の環境政策では、環境配慮の内生化・統合化が図られているが、エネルギー、運輸、産業、農業など、各種の政策を企画立案する場合には、その早期の段階から環境配慮を組み込むことで、規制による限界を補おうとしている。この環境政策の内生化は、アムステルダム条約（1999年）において明定化されたものである。EU域内の自動車の使用は、乗用車の燃料消費により、主要な温室効果ガスであるCO_2排出の12％を占め、気候変動に大きな影響を与えている。すなわち、道路交通がEUにおいて2番目に大きい温暖化ガス排出原因であり、この部門での気候変動対策が必要不可欠となっている。CO_2排出量の削減につながる燃費の効率性といった重要な自動車技術の向上があるにせよ、増加する交通量や大型化する車両による影響を緩和するまでには至っていない。1990年から2004年にかけてEU全体としてCO_2の排出量を5％削減したにもかかわらず、道路輸送においては26％も増加しているのが現実である。

EUの目標は、構成国各国がそれぞれ異なる国内措置を講じた場合に比して、製造事業者により安定した目標設定を提供することにあるが、その排出基準を策定するにあたっては、製造事業者の競争力への影響、直接もしくは間接費用の経済活動への影響、エネルギー消費の軽減の促進、価値のある雇用などの諸要素が考慮されなければならない。

EUの取り組みとして欧州理事会は，2006年6月に満場一致で「軽重量税車両からのCO_2排出に関するEU戦略に沿って，新車は平均的に2008年もしくは2009年までに140gCO_2/km，2012年までに120gCO_2/kmを達成すること」を再確認し，さらに，欧州議会は中期的には自動車産業に80～100gCO_2/kmの新車導入を行うことを義務化することも含めた，運輸セクターからの排出量削減の強い方針を求めた[3]。2007年2月，欧州委員会は，乗用車及び軽商用車のCO_2排出削減に関するEU戦略の調査結果に関するコミュニケーション・ペーパー（COM（2007）19 final）とその規制アセスメントの報告書を取りまとめた。このコミュニケーション・ペーパーでは，2008年及び2009年までに1キロ当たり140gまで削減するという前記の基準値が達成されたとされ，2012年までに1キロメートル当たりCO_2を120gまで削減するというEU目標を達成するための統合的アプローチ（軽重量税車両（乗用車及び軽商用車）の燃費経済性の向上，他の技術的向上，バイオ燃料の使用））導入の提案がなされた。さらに，欧州委員会のCO_2排出量の義務的削減に重点を置いた法的枠組によれば，自動車技術の向上によって1キロメートル当たり平均130gという新車の目標を達成することが目的とされていた。一方，燃料については，欧州委員会は燃料の質に関する指令の修正を通して，運輸燃料の漸進的な脱炭素化を義務付けることを提案した。バイオ燃料に関する指令の履行がごく最近になって報告されたにもかかわらず，この指令を直ちに改正し，この提案を受け入れた。2007年のコミュニケーションでは，欧州委員会は，軽重量税車両のCO_2排出量削減及び燃費効率性を向上させ，2012年までに120gCO_2/kmを達成するというEU戦略の次のステップのため，他のEU機関やすべての利害関係団体と意見交換をする論拠を提供しつつ，車からのCO_2排出量削減の統合的なアプローチの要素として，バイオ燃料の使用の増大を提案した。

　2008年12月，閣僚理事会と欧州議会は，CO_2排出上限値の完全導入を2015年まで段階的に先送りすることで合意した。それによると，バイオ燃料やエコドライブ対策によって10gCO_2/kmの削減を図ることで，120gCO_2/kmというEU全体の平均排出量の削減目標を達成するという緩やかなものであるが，その一方で，2020年に90gCO_2/kmを達成するという長期的排出目標が明記され，欧州委員会の当初案から一段と踏み込んだ厳しい目標が設定されている[4]。

また，清浄な大気質の確保のために，欧州は，1996年に，大気環境枠組み指令を採択してきた。この指令では，各汚染物質に関する具体的な大気環境上限値（Limit Value）及び大気環境警戒値（Alert Value）は，大気環境枠組み指令に基づく個別の指令（Daugter Directives）によって制定され，二酸化硫黄，窒素酸化物，浮遊粒子状物質及び鉛のLimit Valueが定められてきた（Com（97）500）。なお，各Limit Valueについては，その達成目標年次も合わせて各個別指令に規定された（指令第2条第5項）。

小括

　これまでの個別の指令は，2008年の改正大気質指令[5]によって，一本化されることになった。この改正指令の目的には，①人の健康及び環境全体に対する有害な影響を回避，防止及び削減するために設けられた大気環境質の目標を決定し，設定すること，②共通の手段及び基準に基づいて構成国での大気環境質を評価すること，③環境汚染及び不法侵害のおそれへの対応を支援し，国内及び域内対策に起因する長期傾向及び改善を監視すること，④大気環境質に関するかかる情報を公衆が入手可能であることを保証すること，⑤大気質の良好な地域の大気質を維持し，それ以外の地域の大気質を改善すること，⑥大気汚染の削減に関する構成国間の協力を増進すること，等を掲げている。

II　水環境政策

　EUにおける水環境法政策は，1973年に採択されたECの第一次環境行動計画から主要な政策課題の1つとして掲げられており，この分野において多種多様なEC指令が制定されてきた。
　ECの水環境法政策の取り組みは，1つは，排出基準の設定とそれに基づく対策の推進であり，主として有害物質指令（Dangerous Substances Directive：76/464/EEC）など，特定の汚濁物質による水質汚濁の防止に着目してきた。
　また，その一方で，環境目標値の設定に基づく対策を推進し，飲料水用途の

公共用水域に係るEC指令（Surface Water for Drinking Water Abstraction Directive：75/440/EEC）にみるような，主に利水形態に着目した対策を推進してきた。その後，これらの既存EC指令を見直す一方，エコロジーに係る水質に関する指令案（Ecological Quality of Water Directive：Com（93）680 final）など，新たなEC指令の制定又は提案をおこなってきたが，これらは，いずれも個別の問題毎の行き当たりばったりの色彩が強く，包括的な水環境法制の欠如が長年の懸念とされていた。持続可能な水政策の開発が必要であるとする第5次環境行動計画を受け，1995年に包括的な水環境枠組み指令案（COM（97）49）が提案された。水環境枠組み指令案は，水環境の保全全般に関する事項を包括的に規定するものである。特に注目される点としては，この水環境枠組み指令において，上記2つの流れを統合したアプローチ（combined approach）が採用される点が挙げられる。この水環境枠組み指令案は，1998年6月に修正案（COM（98）76final）が採択された。修正指令案では，目的規定に洪水，渇水の影響の緩和が追加され，また，領海水等の水環境保全や関連の国際協定にかかる目標達成に資することなどが付加されたほか，環境基準の達成期限の延長などの規定の緩和措置など，多少の修正が講じられた。

また，地下水に関しては，1991年にハーグで開催された地下水に関する閣僚セミナーの宣言において，淡水の質及び量の長期的な悪化を防ぐための行動の必要性が謳われ，淡水資源の持続可能な管理及び保護を目的とする行動プログラムについて，2000年までに実施することとされた。それを受けて，理事会は，1992年2月25日[6]及び1995年2月20日[7]の決議において，淡水保全に関する全体的政策の一部として，地下水に関する行動プログラムと，特定の危険物質により生じる汚染からの地下水の保全に関する1979年12月17日の理事会指令80/68/EEC（COUNCIL DIRECTIVE of 17 December 1979 on the protection of groundwater against pollution caused by certain dangerous substances（80/68/EEC））の修正を求めた[8]。

1996年9月，EU委員会が，地下水の統合的保全及び管理のための行動プログラムに関する欧州議会及び理事会の決定に対するプロポーザルを提出した。このプロポーザルにおいて，委員会は，淡水の取水規制と淡水の質及び量のモニタリングとについての手続を確立する必要性を指摘した。

このように，1990年から始まったEUの水環境に対する指令の主要な見直しによって，水政策の首尾一貫性と統合性を基本とする水環境枠組み指令（Water Framework Directive 2000/60/EC）が，2000年10月23日に採択され，同年12月22日に発効することになるのである。また，地下水については，2006年12月に地下水指令（地下水の汚染と悪化の防止に関する2006年12月12日の欧州議会及び理事会の指令2006/118/E）を制定している。

　ここでは，EUの水環境法制度の変遷に触れた後，水の枠組み指令の概要を地下水に重点を置いて述べることにする。

1　水環境枠組み指令

　この指令は，国境で区切られた水域管理ではなく河川流域を単位とする浄化及び管理の取り組みを可能とし，河川そのものの機能を化学的・生態学的に捉えた河川管理の実施を目指すEUの新たな試みである[9]。

(1) 目的

　水枠組み指令は，内水地表水，河口水，沿岸水，地下水を保全するために，汚染の防止及び削減，持続可能な水利用の促進，水環境の保全，水のエコシステムの状態の向上，洪水及び渇水の影響の緩和のための共同体枠組を確立することを目的とする。

　地表水及び地下水を対象としていること，また，河川を行政的・政治的境界で区切らず，地理学的・水文学的に1つの河川流域全体を管理の対象としていること等が特徴である。

　ただし，この水枠組み指令では，地下水の地下水への汚染の流入の防止と制限に関しては，定めていなかったため，2006年12月に新たに地下水指令（2006/118/EC）が採択されている。

(2) 水質目標

　水枠組み指令では，主な目標として，すべての水域を2015年までに良好な水質状態にする水質目標を掲げている。この目標として，化学的な水質の評価だけ

でなく,初めて,生態学的な状況の評価も加わった。地表水について,生態学的状態及び化学的状態を,地下水については,量的及び化学的状態が参照される。

　生態学的状態は,場所によって異なるので,EUによる共通の基準は設定されない。そこで,地表水の生態学的状態は,最小限の人的影響のある状態からのわずかな逸脱が認められる複雑なシステムによって測定される。地表水の化学的状態は,EUレベルで質基準が設定される化学物質については,その基準の遵守という観点から定められる。

　一方,地下水は,汚染されてはならないというのが前提であるため,化学的な質基準の設定は最善のアプローチとはいえない。そのため,地下水への直接放出の禁止及び間接放出の影響をカバーするためのモニタリングの実施というアプローチが,併用される。

　地下水の量的状態については,毎年一定量の涵養(recharge)しか行われないため,かつ,関連のエコシステムを維持するためにある程度の水量が必要とされるため,取水は制限される。

　なお,洪水や渇水等による水域の一時的な悪化は,その悪影響を緩和するために必要な措置が講じられた場合,環境目標の不達成とはみなされない。

(3) 優先物質

　当該目標を達成するために,欧州委員会は2001年1月,新EU水枠組み指令の最初の規制対象として指定する32種類の「優先物質」リストを提案し,2001年11月に採択された[10]。

　「優先物質」リストに記載された特定の有害物質については,20年以内に水域への排出を段階的に禁止することとなる。その中の「最優先危険物質」11種類については,20年以内に排出全面禁止の対象となる。さらにいくつかの化学物質が調査の結果により最優先危険物質のリストに加えられることとなる。最優先危険物質として指定された場合,20年以内の段階的使用停止の対象となるため,企業にとっては,リストに掲載された化学物質が優先危険物質としてそのまま残るのか,より一層危険な最優先危険物質として分類し直されるのかが焦点となっている。

　ただし,新水枠組み指令の優先物質リストは,地下水への適用を意図して策定

されておらず，地下水には直接適用されない。

(4) 水供給の費用回収

適切な水の価格設定政策（cost-recovery pricing）を導入することで，水資源の効率的な利用を図り，水利用者に対して適切なインセンティブを提供することで，環境目標に貢献するとしている。産業用，家庭用及び農業用などの異なる水利用について，附属書Ⅲによる経済的分析によって，また汚染者負担原則を考慮して，水供給の費用回収に適切な貢献をすることを確保するというものである。費用回収に際しては，構成国は，影響を受ける地域の地理学的及び気候的条件に加え，社会的，環境的及び経済的影響を考慮することができる。

(5) 特徴

水枠組み指令は，①環境基準と排出基準の両面からのアプローチ，②流域管理計画に基づく総合的な対策の推進，及び③モニタリングの推進の三本柱よりなる。

構成国は，この指令の義務を履行するための，国内法的手当を行うことが義務づけられるものである。

なお，水枠組み指令は，基本法的な性格を有するものであり，具体的な規制の仕組みは個別のEC指令及び構成国の国内法に大幅に委ねられている。

①排出基準と環境基準との組み合わせによる総合的な対策の推進

伝統的に環境基準と排出基準の両面からの政策の推進が当初から行われてきた我が国とは異なり，EUにおいては，環境基準を念頭に個々の地域の状況に応じて規制の内容を決定する環境基準中心のアプローチか，一律の排出基準を中心とするアプローチのどちらを選択するかがかつての最大の争点であり，1976年の有害物質指令（Dangerous Substances Directive：76/464/EEC）の制定に際して，前者を指向する英国と後者を指向する大陸諸国との間の妥協の産物として，両アプローチの選択制が採用された経緯がある。

しかし，水枠組み指令においては，この選択制を廃止し，両者の併用性を採用することとしており，構成国に対し，地表水に対して，排出基準及び環境質

基準の両方に基づく、対策の推進を図ることを義務づけている（指令第10条）。

　具体的には、一律の排出基準による措置に加えて、環境基準を達成するために必要なその他の措置を「措置プログラム」において定め、同計画を実行することを構成国に義務づけている（指令第11条）。

②流域管理計画に基づく総合的な対策の推進

　構成国は、この指令の発効後、遅くとも15年以内に公共用水域及び地下水について良好な水環境の状態の達成（＝環境基準の達成。指令第2条第18項、34項及び35項及び第4条第1項参照。）を目指して、その領域内の各流域をそれぞれひとまとめにした「流域区域」を設定し、流域毎に「流域管理計画」を策定するとともに、当該計画には、具体的な対策内容を記載した「措置プログラム」を併せて定め、これを実施しなければならない（指令第4条、第5条、第11条及び第13条）。

　流域区域では、水の状態の分析、地表水・地下水の状態に対する人の活動の影響評価、水利用の経済的分析を求めている（指令第5条及び付属書Ⅱ及びⅢ）。また、地表水及び地下水の保全、または、共同体立法による生息地・種の保全地域などの一定の地域を保護区域として登録する（指令第6条）。そのため、飲料用（10㎥／日）に取水される水域はすべて保護区域として登録される（指令第7条）。

③モニタリングの推進

　構成国は、各流域区域内の水環境の状況を把握するため、モニタリング計画を策定し、実施しなければならない。公共用水域については、その生態学的・化学的状態に関するモニタリングを行うとともに、地下水についてその化学的状態及び水量に関するモニタリングを行わなければならない（指令第8条、第11条及び付属書Ⅴ）。モニタリング方法の詳細については、EC規制小委員会により別途定められる（指令第21条）。

(6) 地下水関連規定

　水枠組み指令は、地下水について、量的状態及び化学的状態が、水の状態を表

す指標として用いられている。定義によると，良好な状態とは，利用可能な地下水源が長期年間平均抽出率を超えないものとされ，良好な化学的状態は，塩化及びその他の溶け出しを示していない汚染物質濃度及び他の関連する共同体立法の下で適用される質基準を超えない汚染物質濃度とされている。また，第17条に地下水汚染を防止及び規制する戦略の規定をおき，第4条1項(b)に従った地下水の良好な化学的状態の目標を達成することを目指し，欧州議会及び理事会に対して早期に地下水指令を採択するように求めることとした。

指令発効後のタイムスケジュールのうち，①同指令発効7年後には，飲料水取水のための地表水の質に関する指令（75/440/EEC），淡水地表水の質に関する情報交換のための共通手続に関する指令（77/795/EEC），飲料水取水のための地表水についてのサンプリング及び分析の測定及び頻度に関する指令（79/869/EEC）は廃止されるとされ，9年以内には，河川流域管理計画の策定，公表，12年以内に，環境目標を達成するための措置プログラムの作成及び施行，13年後には，魚類保護のための淡水の質に関する指令（78/659/EEC），貝類のための水質に関する指令（79/923/EEC），危険物質による地下水汚染に関する指令（80/68/EEC），危険物質による水環境の汚染に関する指令（76/464/EEC）などの廃止が規定されている。

2　地下水指令の制定

地下水指令については，2003年9月に欧州委員会から水枠組み指令の17条に基づき，提案されていた。地下水指令案は，欧州議会の読会の終了後も，硝酸塩の汚染規制と地下水の水質悪化防止要件について，閣僚理事会と欧州議会の意見が分かれた。そのため，調停協議が必要となり，2006年10月，欧州議会と閣僚理事会との調停委員会で合意が成立し，同12月，閣僚理事会の承認を得て成立した。

この地下水指令（2006/118/EC）は，以下のように，全14条からなり，第1条（目的），第2条（定義），第3条（地下水の化学的状態評価の基準），第4条（地下水の化学的状態の評価基準），第5条（重大かつ継続的な上昇傾向の確認と，その傾向が逆転するポイントの定義），第6条（地下水に流入する汚染物質の防

止及び制限のための措置)，第7条（暫定的処置），第8条（技術的適応），第9条（小委員会手順），第10条（レビュー），第11条（評価），第12条（実施），第13条（発効），第14条（名宛人）で構成されている。

　この指令は，水枠組み指令（2000/60/EC）の第17条1項，2項に規定された内容を具体化するものであり，①良好といえる地下水の化学的状態の基準，②重大で継続的な上昇傾向の確認と逆転の基準，③傾向の逆転を行うポイントの定義など，水枠組み指令の定める地下水への汚染の流入の防止と制限に関する規定を補完するもので，すべての地下水域の状態の悪化を防ぐことを目的としている。

　また，地下水指令は，構成国に対して，2008年12月22日までに水銀，アンモニウム及び鉛などの物質を対象とした安全閾値を設定するよう義務付けるものである。さらに，地下水中の硝酸塩含有量を1リットル当たり50ミリグラムに規制する共通の濃度上限値をEU全域に適用するというものである。

　地下水指令の施行に伴い，構成国は，有害物質の地下水への流入を回避するため，「あらゆる必要な対策」の導入を義務付けられる。構成国は2009年までに，危険と判断される地下水汚染の「重大かつ継続的な上昇傾向」を確認し，汚染物質の濃度が安全閾値の75％に達した場合には，汚染物質濃度の上昇傾向を逆転させるための対策を導入しなくてはならない。また，2009年1月16日までに同指令を国内法に移行することが求められており，これにより欧州の地下水保全制度の基本的な枠組みが構築されたと評価できるであろう。

小括

　欧州では，河川単位での水域管理，その機能について化学的，生態学的に健全な管理を目的とした新たな段階に入ったが，国同士が隣接する欧州においては国境で区切られた水域管理ではなく河川流域を単位とする浄化及び管理とは望まれるべきものであり，環境としての観点からは不可欠の取り組みといえる。

　すべての水域を2015年までに良好な水質状態にする水質目標を掲げているが，イギリス国内での流域管理計画に関する「措置プログラム」の開始期限が2012年12月であり，2015年中までの3年間でどれだけ目標を達成しうるか懸念がないわけではない。

これからの持続的発展のため，①持続的発展指標の実現，②水質汚濁防止対策として，農業起因の硝酸塩対策，③地下水規制として農家の地下水課徴金制度，④都市部での下水処理規制なども並行して取り組み，できる限り期限前のプログラムの開始，あるいは，現行の「水質改善プログラム」の充実によりその引き継ぎ時に向けてのレベル向上が求められる。

III　土壌保全政策

　欧州における土壌保全の取り組みは，土壌の生物多様性の減少の問題として認識されてきた。1992年の生物多様性条約（CBD）は，生物の多様性の保全を目指し，その構成要素の持続可能な利用を奨励し，遺伝資源の利用から生じる利益を配分することを明らかにした。その根底にあるのは，土壌や土地管理を含む人の活動によって生物の多様性が損なわれているということへの懸念である。また，1994年の国連砂漠化対処条約（UNCCD）[11]は，国際協力や国際的合意によって支えられている効果的な行動を通して，土地の劣化の防止及び縮小，部分的に劣化した土地の回復，砂漠化した土地の再生を目指し，1999年に欧州委員会といくつかの締約国の共同イニシアティブ（1998年，欧州における土壌保全政策に関するボン覚書）に基づき，欧州土壌フォーラム（ESF）を立ち上げ，それにより，土壌保全問題についての理解を深めるとともに，情報交換を促進してきた。同フォーラムは，科学的及び技術的レベルから行政的・政策的領域にわたる土壌保全に関する議論を鼓舞してきたが，2002年に欧州委員会は土壌に対するあらゆる脅威を網羅する，「土壌保全に関するテーマ戦略」に向けてのコミュニケーションを策定した[12]。2001年の残留性有機汚染物質（POPs）に関するストックホルム条約では，POPsによって汚染されたサイトを特定するための適切な戦略開発への努力を締約国が行うことを要求している。また，アルプス条約はアルプス地方の保護を目指し，その一部である土壌保全に関する議定書は，土壌の生態学的機能を保全し，土壌の劣化を防止し，その地域における土壌の合理的な利用を保証することに努めることを謳っている。同議定書は，特に汚染や土壌流失，土壌の不浸透に関連する一連の原則や対策を含んでいる。

とはいえ，欧州諸国では，環境媒体としての土壌に関する法制度をもつ構成国は極めて限られており（例えば，オランダ，ドイツ，オーストリアなど），多くのEU構成国は，一般の環境法あるいは農業関連法に土壌保全の側面を含めている。そのため，土壌保全への取り組み方は片面的であり，さきの2002年のコミュニケーションのような包括的な取り組みはみられない。また，土壌汚染浄化に関する特別法をもつ構成国は限られており，その他の国は，土壌汚染条項を廃棄物や汚染防止に関する立法などに内包させている。そのため，浄化責任や浄化のアプローチなど，制度の詳細は各国間で少なからぬ差異がある。その一方で，イギリスの土壌戦略やフランスの土壌管理アクション・プランなどを作成する国もみられるという状況にある。そこで，以下では，欧州の最近の土壌保全政策を概観し，提案された土壌保全指令案を紹介することにする[13]。

1 土壌保すべてーマ戦略と土壌保全関連政策の取り組み

(1) 土壌保すべてーマ戦略

　欧州委員会は，2002年，土壌保全のための包括的なEU戦略が必要と考え，持続可能な土壌の利用を確実にするために，①土壌劣化を防止し，その機能を保全すること，②劣化土壌を現在の機能のレベルにまで回復させ，土壌回復に必要な費用を考慮すること，などを目標に設定している[14]。

　その目標を推進するに当たって，考慮することは，(1)土壌劣化は共同体立法が存在する他の環境分野にも影響すること，(2)域内市場に対する歪み，(3)国境を越えた影響，(4)食の安全，(5)国際的な視点，などである。

　したがって，欧州委員会の提案はこれらのギャップを埋め，包括的な土壌保全を確保するために目標となる政策を定めることにあると位置づけている。そこで，欧州委員会は，①原則や目標に沿った土壌保全と持続可能な利用についての法規制の枠組み，②国内及び地域の政策システム及びその実施に土壌保全の組込み，③国内及び地域のリサーチプログラムの活用による特定の分野における土壌保全の知識ギャップの充填，④土壌保全の必要性の普及啓発，などの4つの柱からなる戦略を策定している。

　これらの戦略は，土壌流失，土壌有機物の減少，土壌の塩化，圧密作用，そし

て地すべりの対策の実現可能な履行を例証するシナリオを中心に構築しているが，土壌汚染に関する制度的な取り組みについては，汚染地についての共通の定義（例えば人の健康と環境に重大なリスクを生じさせる土地），構成国によるその適用，潜在的に土壌汚染を引き起こす活動についての共通のリストに基づき，構成国はその領域内での汚染地を特定し，国家浄化戦略を設けることを要求するものである。

すなわち，浄化する土地に関して合理的で透明性を持った優先順位に基づき，土壌汚染やそれに基づくリスクを低減し，所有者が不明の土地の浄化のための基金のメカニズムを作ることを目標としている。これらは潜在的汚染活動が行われたもしくは行われている土地について，行政によって定められる売主や買主になろうとする者や取引をした他の当事者に土壌状況報告書を作成させる義務によって補完される。また，この指令は有害物質の土壌への浸透を制限することを要件にすることによって汚染の予防も焦点にしている。

2 提案された土壌保全指令案

欧州共同体には，土壌保全の規定があるが，土壌保全に関する特別の法規制はこれまで存在しなかった。欧州委員会は，2004年に土壌保全指令案[15]を作成したが，その修正案を欧州議会に提出している。この指令案は，劣化した土壌を現在及び将来に利用できるようなレベルにまで回復させるのと同時に，土壌に関連する政策を他の政策に統合するための規制を構築し，土壌脅威を未然防止し，土壌保全を図り，持続可能な利用に関する共通戦略を作成することを目的としている。

指令案の構造は，第1章一般条項（第1条—第5条），第2章リスクの未然防止（第6条—第8条），第3章土壌汚染（第9条—第14条），第4章普及啓発（第15条—第17条），第5章最終条項（第18条—第26条）までの5章構成により，全26条からなっている[16]。

この指令の目的は，(a)バイオマス生産（農林業を含む），(b)食品栄養素，物質と水の蓄積，ろ過と変換，(c)生息環境，生物学と遺伝子などの生物多様性の貯蔵，(d)人類と人類活動のための物理学，文化的環境，(e)原料の源泉，(f)炭素貯蔵庫としての活動，(g)地質学的，考古学的遺産のアーカイブなど，あらゆる環境，

経済，社会，文化的機能のために，土壌の機能の保護と土壌保全のための枠組みを構築し，広範かつ人為的な活動から生ずる土壌劣化を未然防止するための対策を規定するとともに，当該対策には，土壌劣化の影響を軽減させ，土壌を現在及び将来の利用に適合させるレベルに修復させることを含むものである。

　ここでは，土壌汚染に係る規定（第9条—第14条）のみを取り上げることにしたい。なお，この指令は，表層土壌を対象としており，地下水は対象外である。

①土壌汚染の未然防止（第9条）
　第1条で規定される土壌機能を保護する目的に従い，人の健康と環境に重大なリスクを発生させ，土壌の機能を損なわせる蓄積物を未然に防止する目的で，大気から発生する有害物質について，例外的，不可避的，かつ浄化困難な自然現象に由来する有害物質を除き，意図的若しくは非意図的に，地表あるいは地中への有害物質の侵入を制限するとともに，適切な対策を講ずることを構成国に義務付けるものとする。

②汚染地目録（第10条）
　第11条に規定された手続に従い，構成国は，人の健康と環境に重大なリスクを及ぼすレベルの人為的に生じた有害物質に汚染された国内の土地を特定する義務を負う。このリスクは，現在及び将来の土地利用を考慮して評価されなければならない。また，構成国は，汚染地の国内目録を作成するものとする。当該目録は公開され，少なくとも5年毎に改訂されるものとする。

③汚染地の特定（第11条）
　構成国は，汚染地の特定にあたって責任を負う権限ある機関を指定しなければならない。権限ある機関は，5年以内に，附属書Ⅱで規定された潜在的な大気汚染活動が現在行われている，もしくは，過去に行われていた土地を特定するものとする。なお，家畜の飼育に係る零細事業者の活動はこの限りではない。汚染地の特定は定期的に改訂される。権限ある機関は，タイムテーブルに従って，土地の有害物質の濃度レベルを測定し，人の健康と環境に重要なリスクがある場合には，オンサイトのリスク評価を行うものとする。具体的スケ

ジュールとしては，(a)5年以内には，少なくともサイトの10％，(b)15年以内には，少なくともサイトの60％，(c)25年以内には残りのサイト，について行うものとする。

④土壌状況の報告（第12条）

　構成国は，附属書Ⅱにリストアップされた潜在的な汚染活動が行われている土地，あるいは，国内登録による公的記録によって，汚染活動が生じていると認められる土地が売却される場合には，その土地の所有者あるいは将来の購入者が，第11条に規定する権限ある機関，もしくは，契約の他方当事者に提出できる土壌状況の報告書を作成しなければならない。その土壌状況の報告書は，構成国によって指定された団体や個人によって作成されるが，それには，(a)公式記録によって入手することができる土地履歴，(b)土壌中の有害物質の濃度レベルを決定するための科学的分析（なお，土地で潜在的な汚染活動が行われた際の有害物質に限定される），(c)有害物質が，人の健康と環境に重大なリスクを及ぼすと考えられる十分な根拠のある濃度レベル，を含むものとする。また，構成国は，第2(b)条で規定された濃度レベルを決定するために必要な対策を講ずる義務を負う。この土壌状況報告書に含まれる情報は，第10(1)条に従い，汚染地を特定する目的のため，権限ある機関が利用するものとする。

⑤汚染地の浄化（第13条）

　構成国は，目録の中でリストアップされた汚染地の浄化を確保しなければならない。浄化とは，汚染地が，現在及び将来の活用を考慮し，人の健康と環境に重大なリスクを与えることのないよう，汚染の除去，制御，抑制，減少を目的とする措置からなるものとする。構成国は，汚染者負担の原則に従うが，汚染者を特定できず，共同体や自国内の法によっても責任を負う者がなく，浄化の費用を負担させることができない場合に備えて，汚染地の浄化のために資金を供給するための適切なメカニズムを構築するものとする。

⑥国家浄化戦略の策定（第14条）

　構成国は，7年以内に，目録に基づき，国家浄化戦略を策定するものとする。

国家浄化戦略には，浄化目標，人の健康にリスクを及ぼす汚染地の優先順位，実施に向けてのタイムテーブル，国内手続に従って，構成国が行う予算決定に責任を負う権限ある機関による割当資金などを含まなければならない。人の健康と環境に重大な影響を及ぼすリスクは，抑制，もしくは，自然浄化が採択された土地において，モニターされる。国家浄化戦略は，少なくとも，8年以内に実施され，公表されるものとする。少なくとも5年毎に改訂されるものとする。

小括

欧州土壌保全政策の柱である土壌保全指令案は，第6次環境行動計画のテーマ戦略の最後の1つとして推進されてきたが，現在のところ採択されるに至っていない。そこには，各構成国間の制度的取り組みの温度差や手続的な複雑さがあり，経済的な負担を伴う対策費用に対する躊躇がみられる。指令案が提示されて以来，これまでの閣僚理事会の議長国のポルトガル，フランス，チェコは成立に向けて協議を行い，調整案を提示してきたが，行き詰まりを打開することはできなかった。地球温暖化政策など関連の諸政策との調整も今後の課題になっているが，新たな議長国のスペインの主導により，成立に向けての協議が再開される見通しである。

IV 製品政策

1 欧州統合的製品政策

(1) IPPの目標

IPP手法は，ライフサイクルという考えに基づいており，製品のライフサイクルと製品の環境影響の削減の目標を揺りかごから墓場まで考えるというものである。これによって，すべてのライフサイクルでの影響とすべての環境側面を包括的に範囲に含めることを目標としている。これにより，ある環境負荷が単にある

影響部分になること，あるいは他の環境影響タイプにシフトするという結果への対処として，サプライチェーンの個々の部分や影響を抑止することに用いることができる。これは最終的には生産の個々のステージ（原材料の投入から廃棄まで）の環境影響が記録され，評価されることにより製品のライフサイクルにおける影響の総計が最終的には計算されることを包含している。すなわち，すべての製品やサービスはそれらの生産，使用または処分の間のいずれかで環境への影響を及ぼす。その影響の厳密な性質は複雑で定量化しにくいのであるが，この問題の潜在的な重要性は明らかとなっている。

(2) IPP 手法

IPP 手法には，以下の5つの基本原則がある。

①ライフサイクル思考

IPPは製品のライフサイクルを考慮し，「揺りかごから墓場まで」の製品の累積的な環境影響の削減を目標としている。それによってIPPはライフサイクルのそれぞれの部分で環境負荷を他の部分へ転移させる方法で扱われることのないようにすることを目的にしている[17]。また，製品のライフサイクルの全体を俯瞰することによって，IPPは政策の一貫性を促進する。IPPは環境影響の削減や企業や社会のための費用の節約において最も効果的であるライフサイクルの時点における環境影響の削減の方法を奨励する。

②市場との協働

環境適合的な製品の供給や需要を促進することで市場がより安定した方向に動くようにインセンティブを設定する。これにより，持続可能な発展に参加する革新的で前向きな企業に貢献する。

③ステークホルダーの関与

企業は，どうすれば製品の設計によりよく環境の側面を統合できるかを見抜くことができ，消費者は，環境適合的な製品[18]をどのように買うか，その製品をどのようによりよく使用し，処分できるかを評価できる。政府は，国家経済

の全体に経済的及び法的な枠組みを設けることができ，また，環境適合的な製品を購入することを通じて，直接に市場に働きかけることができる。

④**継続的な改善**

市場によって設定された変数を考慮して，製品の設計，生産，使用及び処分のいずれかにおいて，製品のライフサイクルにわたって製品の環境影響を削減するための改善がなされうる。IPPは，達成すべき確定的な数値基準を設けることよりも，継続的な改善を目指している[19]。

⑤**政策手段の多様性**

IPP手法は，製品の多様性や様々なステークホルダーの関与のため，自主的取り組みから規制という政策手段や地方レベルから国際的なレベルまでの広い範囲に及ぶ。IPPは，第一義に自主的手法によっているが，規制的な手法も持続可能な発展に求められる結果を達成しうるツールの有効性として必要な場合もありうる。

(3) ライフサイクル思考の適用の促進

IPPを効果的なものとするため，それに必要なことは，製品関係者へのライフサイクル思考の徹底である。教育的な措置や意識向上のための措置は，国及び地域のレベルで，市民に最も近い方法で実施されることである。EUレベルでは，以下の3つの個別行動が必要とされている。

それは，(a)ライフサイクル情報の体系的収集，(b)環境管理システム，(c)製品設計に関する義務，などである。(a)については，欧州委員会は現在進行中のデータ収集の取り組みと既存の調和イニシアティブとの双方による調整イニシアティブを推進し，国連開発計画の推進するライフサイクル・イニシアティブに欧州としてのリンクの役割を果たそうとしている。LCAは現在利用可能な製品の潜在的な環境影響を評価するにあたって最善の枠組みを備えている。そのため，LCAは総合的製品政策の重要な支援ツールとなっているが，その利用に当たっての解釈については議論が継続されている。(b)の環境管理システム（EMS）は，組織の活動にライフサイクル思考を組み込み，継続的改善を達成するための枠組み

の1つである。EMASの2001年改正は、その視点を製造工程から製品へと向けさせるものであった。現在、製品は活動及びサービスと同様、明らかにEMAS規則の対象となっている。つまり、その製品による重大な環境影響は、環境審査、管理及び監査システムの対象とされなければならない。その製品の影響はEMASの検証人によって検証され、製品情報は環境報告書に記載され、製品の環境パフォーマンスは継続的に改善されなければならないのである。欧州委員会は2006年までに実施される規則改正にEMASにおける製品に係る事項の実施についてモニタリングと評価を行うことを予定した。(c)の製品設計義務は、IPPのグリーンペーパーの公表に続く環境領域での「新たなアプローチ」の適用についての議論を基礎とするものである。これには、最終消費機器の環境適合設計に関する指令案、及び電気・電子機器の環境設計に関する指令案への対応も併せて考慮される。また、エネルギー消費製品（EuP）の環境適合的設計の要求事項の設定に係る枠組み指令案の交渉過程で得られた知見も考慮される。特に、①適切な法的根拠、②域内市場への配慮、③国際条約上の義務、④かかる行為の範囲、⑤適当な製品または製品グループ、⑥設計上の要求事項の詳細さについて求められるレベル、⑦製品に係る最低限の基準の役割、⑧履行・報告に関する適切な手段、⑨かかるアプローチの費用と便益、⑩生じうる環境場の影響、⑪製品の環境面に影響を与える政策及び措置に製品設計義務を統合させる方法、などである。

(4) 消費者への情報提供

EUは、消費者に対して製品に関する選択の情報のための全体のツールと枠組みを提供する役割がある。そこで検討されている政策手法としては、(a)公共調達のグリーン化、(b)民間企業における購入のグリーン化、(c)環境ラベリング、などがあげられている。公共調達のグリーン化のために、欧州委員会は、より環境適合的な公共調達の範囲を決定し、構成国の公共調達のグリーン化の行動計画の策定を推進する。最近の動きでは、2007年3月にスウェーデンがIPP行動計画を公表し、グリーン公共調達を推進している。特に、民間企業の規制による負担を減らして、公共調達への参加を促している[20]。環境ラベリングとしては、エネルギーラベリング[21]が家電製品を中心にその貼付が義務付けられている。また、比較的新しいツールとして、環境製品宣言（EPDs）[22]は、欧州の枠組みとしても

検討される必要が指摘される。この環境製品宣言は，標準化された方法に従い，製品の定量的なライフサイクル情報を表示する制度である。ただし，それは当該製品がどれほど環境適合的であるかの評価はなされず，消費者が定量的な情報で自ら判断を下すか，その情報をLCAにおいて利用するというものである。

小括

　欧州で環境政策に製品による環境負荷の削減という側面を内在化させようとする背景には，以下の7つの側面が指摘されている。すなわち，①製品の量の増加，②製品及びサービスの種類の増加，③技術革新による新たなタイプの製品の出現，④世界規模での製品取引，⑤製品技術の複雑化，⑥製品の不適正な使用及び処分による環境影響，⑦多様なステークホルダーの関与，などである。
　エネルギー使用製品については，すでに十分な経験があり，その環境影響の増大も明らかになっている。そのため，欧州委員会はエネルギー使用製品の形式を用いた枠組みについても検討している。この枠組みは，個々の製品ごとの立法による措置を認めるものであり，また，立法によるよりも迅速かつ費用対効果が環境影響の低減に資する場合には，産業界の自主的取り組みを認めるものといえる。

おわりに

　欧州の基本的な環境政策は，環境行動計画において明らかにされる。基本的考え方としては，規制の履行の確保を維持しつつ，環境配慮政策を他の政策に内生化・統合化し，社会全体として取り組めるような革新的アプローチを常に取り入れていくということにある。
　ここでは，欧州環境政策のいくつかのトピックスを見てきたが，行動計画の1つの柱である気候変動対策に関しては，気候及びエネルギーに関する新たな「包括指令案」をめぐる協議が，最近の動向としてあげられる。包括指令案では，EUの温室効果ガス排出量を2020年までに，1990年比で20％まで削減すること

を規定している。EUは2008年12月にこの包括指令に基づき，2013年以降に排出上限値を引き下げ，オークション方式で配分する排出枠数の増大を目したEU炭素排出権取引制度（ETS）改正規則に合意している。また，関連法により，発電所における炭素回収・貯留（CCS）技術導入が促進されることになった。また，ETS非対象部門向けの新たな国別温室効果ガス排出上限値（2020年までに2005年比で平均10％削減）をめぐる合意も成立し，目標値の達成が困難だと思われるEU構成国に認められる裁量が大幅に拡大された。EUは，2009年11月にコペンハーゲンで開催される気候変動枠組み条約締約国会議においてリーダーシップをとるため，先的取り組み分野を決めるロードマップを作成し，エネルギー効率にかかわる政策を今後一層推進しようとしている。また，個別環境法の領域でも，改正廃棄物枠組み指令（2008/98/EC），環境罪指令（2008/99/EC），改正大気質指令（2008/50/EC）が採択され，さらに新たな国内回収目標や一段と高い再生・リサイクル目標値，さらに製造者責任原則の強化を盛り込んだ改正廃電気・電子機器指令案（COM（2008）810/4），及びオゾン層破壊物質に関するEU規則（COM（2008）0505）の改正案なども提案されている。欧州では，環境政策にかかる指令案を提案する際には，規制アセスメントを実施しているが，社会的，経済的，環境的側面から総合的にそのインパクトを評価する試みは我が国にも参考になると思われる。

〈注〉

1　第６次環境行動計画進捗報告書及び欧州議会決議。http://www.europarl.europa.eu/sides/getDoc.do?pubRef=-//EP//TEXT+TA+P6-TA-2008-0122+0+DOC+XML+V0//EN&language=EN

2　2008年12月に欧州議会で合意された気候・エネルギー包括指令は、① EU 排出権取引制度（ETS）に関する規則の改正指令、②「負担分担」に関する決定（2005年を基準年とし、2020年までに EU 加盟各国の非 ETS 参加部門向けに拘束力を伴う温室効果ガス排出削減目標の設定）、③炭素回収・貯留（CCS）技術の普及促進を図る指令、④再生エネルギー指令（EU の総エネルギー消費量に占める再生可能エネルギーの割合を2020年までに20％以上に拡大）、⑤新車の CO_2 排出規制指令（新車の温室効果ガス排出量に関して拘束力を伴う上限値を定め、2012年から2015年にかけて段階的に導入）、⑥改正燃料基準指令（現行の燃料基準指令を改正し、道路用燃料由来の温室効果ガス削減に向けて、2020年を期限とした拘束力を伴う目標値を導入）、などからなる。http://www.europarl.europa.eu/news/expert/infopress_page/064-44858-350-12-51-911-20081216IPR44857-15-12-2008-2008-false/default_en.htm 参照。

3　EU Sustainable Development Strategy, Council of the European Union を改定、2006年8月6日。

4　欧州議会プレスリリース。http://www.europarl.europa.eu/news/expert/infopress_page/064-43442-336-12-49-911-20081202IPR43441-01-12-2008-2008-false/default_en.htm

5　環境大気質及びヨーロッパのより清浄な大気に関する2008年5月21日付け欧州議会及び理事会の2008/50/EC 指令。

6　OJ C 59, 6.3.1992, p.2.

7　OJ C 49, 28.2.1995, p.1.

8　OJ L 20, 26.1.1980, p.43. 指令91/692/EEC（OJ L 377, 31.12.1991, p.48）により修正。

9　Directive 2000/60/EC of the European Parliament and of the Council of 23 October 2000 establishing a framework for Community action in the field of water policy. Official Journal L 327, 22/12/2000 P. 0001-0073. 2000年10月に採択された EU の指令。本指令は、EU 水域（地下水を含む）の水質を持続可能に利用でき、生態学的に健全な状況にすることを目的にしている。河川単位で浄化及び管理の取り組みを導入しており、国境を越える河川も同様に取り組む点に特徴がある。本指令が掲げる期限付きの目標は、すべての水域を2015年までに良好な水質状態にするとしている。この目標を達成するため、2000年には水質規制対象物質のリストが欧州委員会から公表されており、このリストが採択された後に水質基準、排出規制策が策定され、その他適正な水道料金の設定、産業活動、農業や都市地域からの排水にも汚染管理を行う、水質管理活動に NGO や地域住民の参加を求めるといった規定がある。

10　OJ L 331,15.12.2001, Annex X, List of Priority Substances in The Field of Water Policy. 優先物質のリストは以下のとおり。(a)最優先危険物質（11種類）：①ペンタブロモジフェニルエーテル、②ヘクサクロロベンゼン、③水銀及びその化合物、④芳香族炭化水素類、⑤カドミウム及びその化合物、⑥ヘクサクロロブタジエン、⑦ノニルフェノール、⑧トリブチルチン化合物、⑨短鎖塩化パラフィン、⑩ヘクサクロロシクロヘキサン、⑪ペンタクロロニトロベンゼン、(b)調査対象となった優先物質（11種類）：①アントラセン、②フタル酸ジエチルヘキシル、③ナフタレン、④トリクロロベンゼン、⑤アトラジン、⑥エンドサルファン、⑦オクチルフェノール、⑧トリフルラリン、⑨クロルピリフォス、⑩鉛及びその化合物、⑪ペンタクロロフェノール、(c)優先物質（10種類）：①アラクロール、②1, 2 ジクロロエタン、③尿素、④トリクロロメタン、⑤ベンゼン、⑥ジクロロ

メタン，⑦ニッケル及びその化合物，⑧クロロフェンビンホス，⑨ジウロン，⑩シマジン。EUの環境政策と産業< http://www.jmf.or.jp/japanese/wold_topic/EU/eu1_4_3.html >参照。

11　国連砂漠化対処条約の下で地域行動計画や国家行動計画を採択ないし今後採択するプロセスにある南部の構成国（ギリシャ，イタリア，ポルトガル，スペイン）などがある。

12　Communication COM（2002）179：EU委員会は土壌保全のための包括的なEU戦略が必要と考え，持続可能な土壌の利用を確実にするために，①土壌劣化を防止し，その機能を保全すること，②劣化土壌を現在の機能のレベルにまで回復させ，土壌回復に必要な費用を考慮すること，を目標に設定した。その目標を推進するに当たって，考慮することは，(1)土壌劣化は共同体立法が存在する他の環境分野にも影響すること，(2)域内市場に対する歪み，(3)国境を越えた影響，(4)食の安全，(5)国際的な視点，などである。

13　拙稿「欧州土壌保全政策の現状と課題」環境法研究34号，pp.90-121，有斐閣，2009年。テーマ戦略については，岡松暁子・友末優子・黒坂則子「土壌汚染に関するテーマ戦略に係る環境影響評価」Thematic Strategic for Soil Protection Impact Assessment of the Thematic Strategic on Soil Protection. Brussels,22.9.2.2006. SEC（2006）620. 平成18年度農用地，市街地等に関する土壌汚染環境法制の検討調査報告書──邦訳・英訳編──平成19年3月（社）商事法務研究会 pp.43-155に詳しい。

14　2004/34/EEC.

15　COM（2006）232 final. 全文の翻訳は，大杉麻美「土壌保護のための枠組み構築と2004/35/EC修正指令に関する指令案（委員会提案）」（平成18年度農用地，市街地等に関する土壌汚染環境法制の検討調査報告書──邦訳・英訳編──平成19年3月（社）商事法務研究会 pp.13-34）を参照されたい。

16　全文は，第1条（指令の目的と範囲），第2条（定義），第3条（統合），第4条（予防対策），第5条（不浸透），第6条（土壌流失，有機物の劣化，不浸透，塩化，地すべりのリスク地域の特定），第7条（対策），第8条（土壌流失，有機物減少，不浸透，塩化，地すべりに有効な対策に関する計画，第9条（土壌汚染の未然防止），第10条（汚染地目録），第11条（特定手法），第12条（土壌状況報告書），第13条（浄化），第14条（国家浄化戦略），第15条（普及啓発と公衆参加），第16条（報告），第17条（情報交換），第18条（技術的進歩の実践と採択），第19条（委員会），第20条（委員会報告書），第21条（参照），第22条（罰則），第23条（2004/35/EC指令の修正条），第24条（転換），第25条（効力発生），第26条（名宛人）からなる。

17　これと異なるライフサイクルアセスメント（Life Cycle Assessment）に対して，製品のライフサイクルにわたってその製品への環境影響の定量化や評価を含む実用的な理由で狭く定義された区切りである。

18　環境適合的な製品とは，同じ機能をもつ類似製品と比べて，その製品のライフサイクル全体にわたって環境影響がより軽微なものと定義する。

19　www.europa.eu.int/comm/environment/ipp/standard.pdf 及び Godenman, G., Hart, J.W., Sanz Levia, L.（2002）The New Approach in Setting Product Standards for Safety, Environmental Protection and Human Health: Directions for the Future, Environmental News No. 66, Danish Environmental Protection Agency を参照。

20　行動計画については，http://www.miljo.regeringen.se/content/1/c6/07/87/09/41eb66db.pdf。

21　ラベリング及び標準製品情報による家電製品によるエネルギーその他の資源の消費の表示に係る1992年9月22日の理事会指令92/75/EEC,OJL297,13.10.1992,P.16。

22　これはISOタイプⅢと呼ばれるものである。

217

第8章
自然資源管理の法理と手法
―― 地下水資源管理の日独比較から

西南学院大学法学部教授 勢一　智子

はじめに……自然資源としての地下水の特性

「資源」とは、「生産活動のもとになる物質・水力・労働力などの総称」（広辞苑第5版）である。例えば、石炭などの鉱物は生産活動にとって重要な天然資源であり、伝統的に法的な管理・利用調整の対象となっている。また、河川などの自然公物に関しても、維持管理に関わる法制度がおかれており、例えば、河川流水の利用については、河川法に規定されている。

こうした伝統的な自然資源管理の法制度は、個別法に散見されており、その沿革から、主として利用権の設定や調整に関する規定により構成される[1]。ここでは、採掘権や所有権などの財産権が中心的法益となる。利用権利関係の調整は、現代においても重要な役割を担っているが、自然資源をめぐる「利害関係」はここに止まるものではない。とりわけ、自然資源が人間を含む多様な生物を支える生態系維持基盤を構成する点に鑑みれば、社会的資源として包括的な管理システムが必要となる[2]。このためには、生産活動の資源として特定者に帰属する利用権調整とは異なる公共的観点から、社会的利益に対応した資源管理のあり方が求められる。

本稿では、自然資源管理のあり方につき、地下水を素材として検討を試みる。地下水に着目する理由は、その資源としての象徴的な自然環境的・法的位置づけにある[3]。

地球上には14億km^{3}の水が存在するが、そのほとんどは海水であり、淡水は約2.5％にすぎない。淡水のほとんどは南極や万年雪の状態にあり、技術的に利用可能な水資源として、地下水は大きな比重を占め、その資源価値は高い[4]。

地下水の資源的特徴は、第1に、清浄かつ定温の上質な水資源である点が挙げられる。採取も比較的容易であり、河川流水より資源価値が高い。第2に、資源として利用可能になるまでには、長期間の涵養過程が必要となる。そのため、過剰利用により枯渇する危険性が極めて高い。第3として、自然生態系を維持するための貴重な基盤と位置づけられる。地下水は、多様な生態系の形成・維持、水循環、水保存の機能を有し、自然生態系を担う主要な構成要素となっている。

このような地下水の有価性と多機能性に対して，法制度に目を移すと，それに相応する資源管理の法制度がおかれていない。地下水資源の利用管理を対象とする個別法はなく，河川法では地下水に地表水のような規制をおいていない。生産活動に利用される資源としても生態系を維持する資源としても地下水を見ると，社会的資源としての管理システムの問題性が見て取れる。他方，ドイツでは地表水と地下水を包摂する水法による利用管理体系がおかれており，EU法のもと広域的・統合的管理が進行している。また，地下水資源に対する法的位置づけも日本とは異なる。この差異に着目し，本稿では，地下水の社会的資源の側面から，その量的管理システムのあり方を日独比較を通じて検討してみたい。

まず，日本法における地下水管理制度を概観して，その現状と問題状況を把握する（以下，Ⅰで述べる）。次に，従来から地下水管理制度が運用されているドイツを参照事例として，資源管理の側面から地下水関連制度を検討する（以下，Ⅱで述べる）。ここでは，近年展開してきたEUの体系的な水管理体制を受けた法改正の動向も含めて見てみたい。これらを通じて，資源管理の法的仕組みと日本法の課題に言及してまとめとしたい。

Ⅰ　日本における地下水資源管理制度

以下では，地下水管理に関わる法制度に先立ち，まず，地下水利用の現状を概観する（以下，1で述べる）。次に，地下水利用に関する法制度として個別法の仕組みを取り上げる（以下，2で述べる）。続いて，現行法制度のもとで地下水資源管理を指向する先進的自治体の取り組み状況を見ていく（以下，3で述べる）。その上で，日本における地下水資源管理の制度的特徴と課題をまとめる（以下，4で述べる）。

1　地下水利用の現状

(1) 地下水利用状況とその地域差

若干のデータをもとに地下水の利用状況を見てみる[5]。全国レベルにおける水

使用量(取水量ベース)に占める地下水の割合は,約12.4%(104億m^3)である(2006年度)。これに他の利用をくわえた全地下水使用量は,約124億m^{3}と推計されている。このうち,用途別割合は,生活用水が28.6%(35.5億m^3),工業用水が28.9%(35.9億m^3),農業用水が26.6%(33.0億m^3)となっている。

地下水利用には地域差が大きく,例えば,工業用水は,北陸,近畿,関東,東海での依存率が高く(45%から63%),生活用水については,南九州,山陰地域(5割以上),関東,北陸(約4割)で高い依存率となっている。その他,北陸,東北では,消雪用にも利用されている。水資源の観点からは,こうした地域差は,以下の自治体の取り組みで見るように,地下水に対する資源管理・保護への喫緊さとして表れている。

(2) 地下水利用の多様化

従来からの産業利用や生活利用にくわえて,近年,新たな社会的機能に対するニーズやその認識の広まりが見られる。とりわけ,従来は想定されていなかった利用方法が増えつつあり,こうした変化は,地下水の価値の再認識につながる[6]。

1つは,飲料水ビジネスの拡大がある。飲料水ビジネスにおいて地下水は主要な供給源となっている。典型例であるミネラルウォーターは,大手メーカーにくわえ,地域ごとの生産も広がっており,国内で約400社,450種類が生産されていると推計されている[7]。こうした動きに対して,全国最大のミネラルウォーター生産量がある山梨県では,地域資源を利用する事業者に対して税負担を求めることを検討したことがある[8]。

2つめとして,専用水道による地下水利用が挙げられる[9]。近年の技術発展により,専用水道は小規模な設備や安価な初期投資で利用することができるようになっており,ホテルや病院,ショッピングセンターなどでの導入が進んでいる。同様に,水ビジネスの需要として,深層地下水などの新規資源開発も進みつつある[10]。

3つめとして,地下水は,環境用水としても期待されている。環境用水は,水質,親水空間,修景等生活環境または自然環境の維持,改善等を図ることを目的として利用される水(用水)であり,旧運河や堀などに用水することにより,「まちの清流」を再生する取り組み事例が見られる[11]。これは,エコロジカル・

ネットワークの形成を踏まえた，地下水の新たな用途である。これ以外にも，近時はヒートアイランド対策における地下水の活用も検討されている[12]。

(3) 自然生態系の一部としての「利用」

　上記のような人為的な地下水利用の多様化にくわえて，自然環境保全の面からも地下水には自然生態系の重要な構成要素としての位置づけがある。地下水を含む水循環系が生物多様性を確保するための生息空間の維持にとって重要な役割を担っている[13]。また，河川などの地表水との関係においても，地下水による地表水の涵養機能，浄化機能は，水域保全の観点からも不可欠である。

　これらの例に見られるように，近年，地下水に対する「自然」資源としてのニーズが明確化されてきている。ここでは，従来のような採取利用を前提とする地下水利用管理ではなく，自然生態系・水循環系の一環を担う地下水としての管理が要請される。そのため，利用と保全の両立という自然保護法領域と共通する視点が必要となる[14]。

2　地下水資源管理に関する法制度

(1) 地下水法規制の沿革と特徴

　地下水に関しては，個別法や総合的法律は存在しない。その利用管理については，地下水以外を対象とする個別法の中に規定が散見される。現行法や条例等の規定を見る前に，地下水に関わる法規制の沿革と特徴を概観する。

　地下水の法的性質については，1887年の土地の私的所有権の明文化（民法207条）以来，土地所有権に含まれると解されてきた[15]。この背景には，明治以前からの民間依存型の地下水開発にくわえ，当時は揚水技術の未発達から，土地所有権に附随・包摂される程度の資源価値であった事情がある。さらに，その後長期にわたり自由利用に委ねられてきた経緯も反映されている。

　地下水に対する公的規制は，1950年代以降，揚水技術と機器の発展により，地下水の大量消費が顕在化したときに登場する。高度成長期の水需要の急増に伴い，地下水の過剰揚水が地盤沈下や塩水化の原因と特定されたことから，地下水利用は，地盤沈下や汚染等の公害防止目的による施策を通じて，間接的に規制さ

れることとなった[16]。その後も現在まで，量的観点からの公的規制は，この体制が維持させている。

このような地下水の位置づけは，同じ水資源である河川流水などの地表水が，河川法により私権が排除され，公共管理のもとにおかれていることと本質的に異なる。第1に，その利用について，地表水に関しては，従来から経済生産活動との調整を図るために，法的規制の対象となってきた。それに対して，地下水は，同様に経済生産活動に使用されているにもかかわらず，現在まで，その利用調整を規制目的とする法律はおかれていない。第2として，その保全について，汚染防止という水質保護の規制は水質汚濁防止法などにより行われており，一定の成果が認められる。その一方で，資源としての利用管理で重要な量的保護に関しては，それを確保するための法的制度が整備されていない。個別法に地下水の揚水規制をおく例はあるが，地盤沈下防止という公害対策の手段として，その原因となる過剰揚水が規制されているにすぎない。このように，土地所有権に付属する地下水は，その法的位置づけから，先に見た現代的要請に対応する公共的資源管理にそぐわないものになっている[17]。

このような問題状況に対して，1970年代に地下水管理の法制化の動きがあった。地盤沈下対策として，工業用水やビル用水以外も含む用水全般を対象とした地下水管理の法案が検討された[18]。結局，公水・私水の法的性質づけなどをめぐり調整が困難となり，いずれも法制化に至らず，最終的に「要綱」による地盤沈下対策の強化がなされることとなった[19]。

これと同時期に，自治体レベルでは，独自の地下水規制が導入された。まず初期には，地盤沈下が深刻な地域において，その対策として取水規制がおかれ，その後，後述するように，地域における水資源の適正確保の観点から，水量確保を目的とした取り組みが進められた。

(2) 地盤沈下防止目的による取水規制

地下水の取水規制については，工業用地下水を対象とする「工業用水法」（1956年）および冷房用等の建築物で利用される地下水を対象とする「建築物用地下水の採取の規制に関する法律」（1962年：いわゆるビル用水法）がある。これらの法律は，いずれも地盤沈下防止を主目的として，指定区域内の揚水設備に

対して，都道府県知事による許可制をおいている（工業用水法3条1項，ビル用水法3条1項）。この規制の特徴は，1つは，工業用など一定の用途のための地下水採取が対象となる。2つめとして，一定規模以上の揚水設備が対象となる点がある。3つめには，その適用は，指定地域内の設備が対象になる。地下水の採取が規制される対象地域は，すでに地下水障害が発生している地域であり，かつそれによる支障が予測される場合に限定されている[20]。

こうした取水規制においては許可制が採用されているが，その許可基準は，吐出口の断面積およびストレーナーの位置と断面積の合計など揚水能力により規定されており（ビル用水法4条），また個別事業所単位の揚水量規制であり，総量規制は採用されていない[21]。

緊急な対応が必要な地域においては，その沿革から例外的に「地盤沈下防止等対策要綱」（1985年）が策定されている（濃尾平野，筑後・佐賀平野，関東平野北部）。この要綱は，地下水の過剰採取の規制，代替水源の確保および代替水の供給の手段により，地下水の保全と地盤沈下による災害の防止・被害の復旧等を確保するため，地域の実情に応じた総合的な対策をとることを目的とする。なお，2005年3月30日に「地盤沈下防止等対策要綱に関する関係府省連絡会議」が設置され，地下水目標量を現行通りにすること，および概ね5年ごとに評価検討を行うことについて申し合わせた[22]。

（3）鉱物法における配慮条項

地下水への影響を伴う事業には，鉱物法分野が該当するが，鉱物等の採取に伴う地下水への影響については個別法に明文上の規定は存在しない。

鉱物・岩石・砂利等の採取に伴う地下水への影響については，運用上，他の産業の利益や公共の福祉として考慮されるにとどまる。例えば，鉱業法（1950年）では，鉱物の掘採が，「保険衛生上害があり」，「公共の用に供する施設を破壊し」，「その他の産業の利益を損じ」，「公共の福祉に反する」と認めるときは，鉱業権の不許可・取消・縮小の処分を行うことができるとしている（35条，53条）。

採石法（1950年）や砂利採取法（1968年）でも同様に，地下水への影響は，採取計画の認可に際して他の産業の利益や公共の福祉との調整の枠内で配慮されるに過ぎない（採石法33条の4，砂利採取法19条）。

3　先進的自治体における取り組み

　すでに見たように，国レベルでは地下水自体を対象とする利用管理の法制度はおかれていないが，一部の自治体において，条例や要綱による地下水保全や利用規制が見られる[23]。これらの規定の多くは，地下水を公共的資源として捉えており[24]，その利用管理・量的確保のための工夫が見受けられる。

　地盤沈下による障害防止を目的とする取水規制は，地盤沈下発生地域の自治体において早期から見られる[25]。それに対して，資源管理の視点による地下水管理の試みは，地盤沈下がほとんど見られず，地下水依存度の高い地域に多く見られるのが特徴である[26]。以下では，先進自治体の条例等に見られる先駆的な資源管理の手法を概観する。

(1) 一般的な取水規制

　地下水の取水に対して一定規模以上の取水設備に許可制や届出義務をおく取水規制が見られる。指定地域に限定する場合とほぼ全域が対象となるものがあるが，多くの場合，発生している地下水障害への対策という消極目的にとどまらず，地下水資源の適正な確保という積極目的からの取り組みである[27]。

　こうした取水規制には，条例上明文化された地下水の公水としての位置づけがその根拠となっている。例えば，秦野市地下水保全条例は，地下水を「市民共有の貴重な資源」かつ「公水」であることを謳っている（1条）[28]。また，京都府長岡京市地下水採取適正化に関する条例も地下水を公水とする（1条）。

(2) 地下水の利用抑制のための自主規制

　条例等による一般的な取水規制は，個別の取水設備の能力を基準とするため，地域における取水総量については，管理対象とならない。そのため，地下水資源保護の観点から過剰取水を防止する必要がある。

　地下水の利用量を抑制するための手法は，地下水利用業者に対する自主規制が中心となっている。例えば，事業所ごとに最大日量の取水基準を設定しているもの[29]，渇水期に一律10％の取水削減を要請するもの[30]，あるいは，大規模採取者

に節水計画の作成と実施を求め，その実施状況を定期報告させる例[31]などが見られる。

(3) 地下水利用者に対する費用負担への協力金制度

資源利用に応じた経済的負担を利用者に課す方法は，経済的インセンティブを活用した行政手法である。地下水の場合，所有権との関係から，その利用に対する課金制度ではなく[32]，地下水利用事業者の自主的な協力を基礎とする基金などが見られる[33]。

例えば，座間市の地下水保全対策基金制度は，地下水保全のための施策経費の一部に充当するため，地下水採取事業者からの協力金や市民からの寄付により基金を設置している（年間300万円程度，平成17年12月現在，約1,700万円）。この協力金負担の導入については，行政担当者が各事業者を巡回して説明を行い理解を得た経緯がある[34]。

協力金額に従量制を採用しているものとして，秦野市の「地下水利用協力金」がある。これは，20m³／日以上の地下水利用業者に対し，協力金20円／m³の納付を求めている（平成7年4月以降，平成17年には約3,744万円）。協力金は人工涵養事業など地下水保全に利用される。こうした従量制協力金の納付に関しては，市長と地下水利用者の間で協定書が締結されており，それが基礎となっている（導入時の昭和50年当初は，5円／m³）。

(4) 地下水管理の計画手法

地下水管理についての包括的な計画は国レベルにはおかれていないが，自治体レベルでは，水資源確保の観点から，地下水管理のための計画や指針が見受けられる。管理のための目標設定は，地下水利用を抑制するためだけでなく，涵養など資源としての地下水量を増加させる施策を推進する目的から重要な役割を担っている。

まず，地下水保全の基本計画として，例えば，座間市の地下水保全基本計画は，地下水の水量と水質の計画的な管理と総合的な地下水保全施策の推進を目指して策定される。地下水涵養の目標量，将来にわたる地下水揚水計画を定め，基準となる地下水位を設定して，地下水位の維持のための揚水削減は，事業者への

節水要請による。

次に，地下水管理に指針を示す例として，富山県では，1992年度から将来にわたって地下水の保全・適正利用を図るため，平野部の全域を対象とする「富山県地下水指針」（2006年3月最終改定）を策定している[35]。本指針では，「豊かで清らかな地下水の確保」を目指し，保全目標に「地下水の採取に伴う地下水障害を防ぐ」ことを掲げており，その目標達成のために「適正揚水量」が地下水区ごとに設定されている。この適正揚水量は，地下水障害を防ぐための科学的数値（「限界揚水量」）にくわえ，水文地質的特色や名水分布など地域特性による社会的条件が考慮されて設定されている。

富山県の指針は，最近の地下水利用状況の変化や地下水位観測結果等を踏まえた2005年度の改定により，これまでの「地下水の保全」に加え，積極的涵養施策による「地下水の創水」を新たに追加した。このような積極的施策としての地下水涵養は，計画管理手法のもとではじめて可能になる施策である[36]。

その他，水の循環に着目した例として，名古屋市の「なごや水の環復活プラン」（2007年2月）およびそれを改定した「水の環復活2050なごや戦略」（2009年3月）が挙げられる。都市化によって損なわれた健全な水の循環の回復を構想したものであり，地下水保全に特化したものではないが，地域の水収支に着目して，地下水の保全管理を位置づける点で先駆的である。

4　日本における地下水資源管理の制度的特徴と課題

以上見てきた日本の地下水管理制度を踏まえて，現在の日本型地下水資源管理体制の特徴をまとめたい。ここでは，ドイツとの制度比較に備えて3点を挙げておく。

(1) 土地所有権中心主義とその限界

地下水に関しては，すでに見たように，社会的資源としての法的位置づけが明確でないため，公的規制導入の障害となっている状況がある。

まず，地下水の所有権については，河川が私権設定を排除した占有許可制をおくのに対して，議論はあるものの，土地所有権に含まれると解されている（民法

207条）[37]。地盤沈下など公害防止目的による消極的規制は、工業用水やビル用水などのように従来から可能であるが、積極目的による規制には、その法的根拠が不十分である。

　土地所有権が地下水の自由利用を包摂する点は、近年では、ミネラルウォーターの生産やいわゆるスーパー銭湯などの施設建設による大量の揚水を伴う事業活動や、専用水道の急増にもかかわってくる。こうした利用は、従来から法規制の対象となっている地盤沈下地域以外で見られるものであり、また、公害規制当時は想定していなかった方法であるため、現行規制では十分に対応できる根拠を備えていない。広域的な水循環系管理が要請されている中、条例レベルでは対応に限界があり、自然資源としての地下水には、なお私的所有権との理念的整理が残されている状況にある[38]。

(2) 公害規制からの転換と自主規制の活用

　私的所有権との調整の問題から、地方レベルにおいては、地下水を公水や共有資源として位置づけることにより、地下水保全管理に向けた先進的取り組みが見受けられる。そのもとで、設備能力を基準とする取水規制に関しては、従前から法が採用する手法として比較的広く採用されている一方、取水総量の削減や金銭的費用負担など新たな負担を伴う制度に対しては、自治体側も法的根拠の点から躊躇することが少なくない[39]。

　そのような状況の下では、事業者の自主規制に委ねたり、協力要請への好意的な対応を期待する形で取り組みが進められることになる。自主規制や任意協力による施策の実効性を高めるために、事業者と協定を締結したり、関係者による協議会を設置して継続的な協力体制の養成に努める実務運用が見受けられる。そのため、事業者の協力を得ることに成功して、成果を上げる例があるものの、山梨県によるミネラルウォーター税のように、合意が得られなかった事例では実効性を備えない[40]。

(3) 資源管理原則・手法の模索

　すでに見たように、現行法には、地下水に関する体系的な保全管理計画が存在しない。従前の地下水保全は水量確保が目標であったが、近年では、地下水利用

量の減少から地下水位の再上昇による地下構造物の漏水や浮き上がりの問題状況も発生している。地下水の特性に鑑みれば，地盤沈下対策やその延長としての取水抑制では十分ではなく，取水規制，農林業，湖沼や河川との関連を含めて，水循環や水収支の観点から最適な状態を確保する広域的な管理が必要となる[41]。国レベルでは，1990年代半ばから「健全な水循環」の確保が政策課題として挙げられているが[42]，法制化には至っていない。

地方レベルでは，熊本市を中心とした地域における広域的流域管理が先駆的事例であるが[43]，多くの場合，保全計画や指針など計画手法の仕組みは，各行政区域内を対象とする単独のものにとどまる。こうした個別地域の水循環管理を正当化するためには，地下水の特性を踏まえた水文循環の観点から，広域かつ領域横断的な管理計画，そして生物多様性などの自然保護を含む総合的な管理計画，およびそれらの体系化が必要である。とりわけ，生物多様性保全など個別地域で完結しない利害については，少なくとも国家レベルの政策目標に対応した体系的な計画が不可欠である。

II ドイツにおける地下水資源管理制度

以下では，まず，地下水利用に関する現状および法制度の概要を見る（以下，1で述べる）。ここでは，ドイツ法の地下水管理の理念や目的も確認する。次に，こうした法制度のもとで地下水管理を担う行政手法を取り上げる（以下，2で述べる）。これらを受けて法制度や手法に見受けられるドイツ法の特色をまとめたい（以下，3で述べる）。

1 地下水利用に関する現状と法制度

ドイツの地下水制度は，連邦レベルの水管理法（Gesetz zur Ordnung des Wasserhaushalts: WHG）ならびに州レベルの水法（Landeswassergesetze: LWG）により規定されている。

水管理法は，水の管理に関する総合的な法典であり，河川，沿岸水域および地

下水を含む包括的な水域を対象とする。この法律では，連邦レベルで共通する一般通則規定等をおき，それに基づく具体的な規定は，各州の水法による[44]。地下水の状態やその利用状況は，その歴史的経緯を含めて地域によって異なり，それが各州法における地下水関連規定にも反映されている。本稿では，地下水の量的管理にかかわる具体的な制度・手法の検討にあたり，水管理法にくわえ，特徴的な地下水制度を備える州法を取り上げる[45]。なお，以下では現行法の制度を対象とするが，法改正動向にも適宜言及したい[46]。

(1) 地下水利用の概況

(a) 地下水の利用状況

ドイツにおける地下水利用状況につき，数値データをもとに見てみたい[47]。公共用水の総取水量は，近年減少が続いているが，その内訳では，地下水からの取水量は微増傾向にある[48]。2007年の数値では，公共用水総取水量51.3億m³のうち35.8億m³が地下水からの取水分である。

水道水源としての地下水への依存率は，全国平均で約7割であるが，しかし，その割合は，地域によって異なる。例えば，ベルリンやハンブルクでは，水道水源の100％を地下水から取水している。バイエルン州では，75％，バーデン・ヴュルテンベルク州では55％，ノルドライン・ヴェストファーレン州では40％が，それぞれ地下水からの取水割合となっている。また，同じ州内でも地域差があり，例えば，バーデン・ヴュルテンベルク州の州都であるシュツトゥガルトの場合，ボーデン湖からの取水に100％依存している[49]。

ドイツでは，工業用や発電用の水利用は地表水割合が高く（9割から7割），地下水利用の最重点は，飲料水確保にある。そのため，水道水源としての地下水依存度の地域差が，地下水の利用規制・保護措置，それに起因する費用負担の地域ごとの差異につながっている。

(b) 水法における地下水利用

地下水利用に関して，量的には，地域差はあるものの大きな問題は指摘されていない[50]。また，近年では，地下水は，自然生態系の構成部分としても捉えられており，水循環システムの一環として，あるいは，生物多様性保全に寄与する生息圏であると同時に，それを支える水系を提供するものとして，適正な

地下水状態の確保が要請されている（水管理法1a条）[51]。

人為的な地下水の用途は，水管理法により，取水利用と排水利用とに大別される（同法3条1項5号，6号）。

1） 取水利用

まず，地下水を取水することより，水資源自体の利用を最終目的とする利用方法が挙げられる（同法3条1項6号）。ドイツにおける地下水の取水利用の中心は，飲料水供給によるものである。すでに見たように，ドイツでは，水道供給源として地下水への依存度が高く，全国平均でその7割が地下水から供給されている[52]。

地下水は，地層を流れる過程で天然のフィルターにより清浄化されることから，良質な飲料水源となっており，自然環境に恵まれている地域では，化学処理をほとんど利用しない例もある。このような飲料水利用のために，水源保護の点から，取水地を中心とした広範な地域において，土地利用規制等が実施されている。あわせて，水質確保の観点から，例えば，飲料水汚染防止の規制[53]がおかれている。

2） 排水利用

取水と並んで，地下水あるいは，その水脈につながる地域への排水も，水管理法における地下水利用に含まれる（同法3条1項5号）。すなわち，一定の物質を含む排水の受入先としての利用である。その他，排水利用の具体例としては，地下水脈に続く地層へのパイプ敷設，取水して冷却等に利用した地下水を再び戻すことなども挙げられる[54]。

このような排水利用が予定されているため，汚染対策は，地下水の水質維持の観点から，飲料水供給など取水利用の確保にとっても重要である。これに関しては，従来から重点がおかれており，地下水の汚染防止令[55]が定められている。農業や酪農業に関する排水利用は，農薬等に起因する土壌汚染や地下水汚染を引き起こすため，農業構造の転換を含めて，その対策が近年問題となっている。

(2) 法制度の沿革

地下水の利用管理は，ドイツでは伝統的に広義の水法に含まれる。ドイツの水

法は，歴史的には，水域の利用に関する慣習と結びついて発展してきた[56]。水管理法制定以前は，各地域における慣習的利用に対応する形で，地域ごとに異なる利用秩序が地方レベルの水法により形成されてきた。そのため，水域に対する私有財産権の承認や自由利用が採用されている例もあるなど，水管理に対する地域差が大きかった。

こうした状況に対する法制度的転機となったのが，1957年の水管理法制定である。水管理法は，ビスマルク時代以来80年にわたる懸案であった水法統一の実現するものであり，この結果，119本の州法令がとりまとめられることとなった[57]。これにより，水域に対する公共管理の法システムが確立した。

その後，水管理法は，現在までに，大規模な改正が7回行われており[58]，近年はEUの水枠組み指令[59]を段階的に国内法移行するための改正が多い。地下水管理に関しては，とりわけ，EU法による法制度展開が顕著である。具体的には，地下水に関する概念定義がおかれ[60]，以下で見るように，地下水の管理目標が明文化されることとなった（第7次改正：2002年：BGBl. I 1914）。また，管理目標の設定に関しては，水域管理に関する基本原則（1a条）も重要な指針を定める（第6次改正：1996年：BGBl. I 1695）。

(3) 地下水管理の基本法理

(a) 基本原則

水管理法は，水域管理の基本原則として，水域が自然生態系の構成要素であることを前提とし，水の節約利用にとどまらず，水収支の機能維持を明示している（1a条）。この原則は，地下水管理にも適用される。

水域管理に求められる基本原則は，最新の2009年改正を通じて一層明確となっている。例えば，改正法1条は，持続的な水域管理を行うことにより，水域を①自然循環の構成要素，②人間の生存基盤，③動植物のための生息空間，④利用可能な財（Gut）として保護する目的を掲げている。また，同法6条では，これを具体化した水域管理の一般原則を定めており，水域の諸機能や供給能力の維持（6条1項1号）や現在および将来の利用可能性の維持・創出（同項4号）などが示されている[61]。

(b) 地下水管理の目標

　水管理法では，2002年の第7次改正により，地下水の管理目標が明文化された（33a条）。この規定は，EU 水枠組み指令の要請を国内法に移行したものである（EU 水枠組み指令4条1項）。水管理法は，連邦レベルにおける一般的管理目標を規定し（33a条1項），その上で，地下水管理の具体的条件等を州法に委任する（同条2項以下）。いずれも，包括的な地下水保護を基本とする[62]。

　一般的管理目標は，以下の4点が規定されている。

1) 量的および質的観点から現状の悪化防止（33a条1項1号）
2) 汚染物質の濃度を増加させる，あらゆる影響・作用の低減（33a条1項2号）
3) 取水と排水の均衡確保（33a条1項3号）
4) 良好な水量状態・性状の維持，およびその基準の達成（33a条1項4号）

　管理条件の具体化は，州に委任されており，その内容は，EU 水枠組み指令の要請（別表2および5）に対応したものである。具体的には，1) 記録，2) 確認・評価分類，3) 地図への記載，4) モニタリングであり，これらは，大綱プログラムと水管理計画を通じて実施される（36条，36b条）。

　なお，EU 水枠組み指令により，手法のバリエーションについても EU 水準への移行が段階的に進められている。水管理計画・大綱プログラムは2009年，全水域における良好な水状態の達成は，2015年が目標とされており，現在，そのための対応が進められている[63]。

(c) 公共的管理の原則

　水管理法では，地下水の所有権に関する規定はない。ドイツ水法の沿革から，州法によっては，地下水の所有は，土地所有権に含まれると解されている[64]。他方，地下水の利用については，公共的管理のもとにおかれており，水法上許可制等の規制がおかれている利用については，土地所有権に含まれないと定められている（水管理法1a条3項）。すなわち，所有の帰属にかかわらず，地下水の利用は，公的管理が優先される。この点は，最新の改正により明示されている[65]。

2　地下水の利用管理にかかわる行政手法

　地下水の利用管理において採用されている仕組みを概観するにあたり，以下では，主要な手法を見ていく[66]。

(1) 利用規制

　水域の利用に対しては，原則として，水管理法による許可または特許を受けなければならない（2条，7条，8条）。このことは，地下水の利用においても同様である[67]。許可の付与にあたっては，公共給水など公共の福祉への侵害がないことが保障されなければならない（6条）。また，許可付与に先立ち，水域への不利益を調整するために必要な措置を課すなど，水域保全の観点から条件を付すことも可能である（例えば，4条）。

　ただし，水域への影響が少ない一定の場合には，地下水の採取・引水，地下水への排出は，許可等を要しない（33条1項）。具体的には，家事や一時的な少量利用にくわえて，現行の法規制導入以前から，慣習的に利用されてきた場合が想定されており，農場経営や農林業，醸造業に伴う水利用などが認められている。原則として自由な利用が認められている場合であっても，州法により，一般的に，あるいは地域ごとに許可制をおくことは可能である（33条2項）。

　許可制は，古典的な行政規制の手法であり，現在の環境法領域においても主要な仕組みである。このような許可制をおくことは，地下水の利用管理において，地下水に対する悪影響を未然に防止することに寄与する。

(2) 地下水資源の確保

(a) ゾーニングによる保全……水保全区域の設定

　水管理法では，現在あるいは将来における公共給水を確保するために，水保全区域（Wasserschutzgebiete）の指定制度をおいている（19条）。具体的には，水域を不利な影響から保護する場合（同条1項1号），地下水を豊富にする場合（同項2号）および降水の流出や土壌からの有害物質の流入等を防止する場合（同項3号）にゾーニングによる規制が行われる。

指定された区域では，特定行為の禁止・制限（同条2項1号）や土地の所有者と利用権者に対し，水域や土地の監視措置など特定措置の受忍義務を求めることができる（同条2項2号）。これにより，指定区域内では，土地利用が制限され，土地管理の記録作成などが求められることとなる（例えば，バーデン・ヴュルテンベルク州水法24条1項）。

水保全区域は，現存する地下水に対する保全措置にとどまらず，将来的な地下水の確保，例えば地下水脈へ雨水等が流れ込むメカニズムなども考慮して指定される。そのため，降水が土壌に浸透し地下水になる割合なども勘案して，地下水の質と量を確保するために，広域的な地域規制が必要となる。

例えば，バーデン・ヴュルテンベルク州の場合，水保全区域の指定において，保全重要度の異なる3つのゾーンに類型化し，それぞれのゾーンごとに禁止事項を設定している。具体的には，取水地周辺を「第1ゾーン」として，土地利用禁止，窒素肥料の散布禁止など最も厳しい規制をおき，その周辺地域に当たる「第2ゾーン」は，地下水の流れが取水地点まで50日かかる区域までを対象として，新規の建物や工業地域の設置禁止，汚染原因となる油や塗料の使用禁止を定める。その第2ゾーンの周辺の集水範囲となる「第3ゾーン」では，化学物質による汚染を防止し，パイプライン設置等の禁止を規定している[68]。

その他の州でも類似の制度があり，例えば，ベルリンの場合，212km²が飲料水保護地域（Trinkwasserschutzgebiet）として指定されている。この指定は，13地域にわたり，これは都市面積の約4分の1に及ぶ[69]。

こうしたゾーニングの手法は，環境法領域においては，自然保護分野を中心として活用されている伝統的な仕組みである。地下水保全に関しては，水文循環に基づき規制強度が異なる段階的ゾーニングが採用されている点に特徴がある。

(b) 人工涵養

地下水の量的確保のもう1つの主要な手法は，人工涵養である。地下水の人工涵養（Grundwasseranreicherung）は，人為的に設置された池（涵養池）などを利用して地表水を浸透させることにより，地下水を作り出す方法であ

る[70]。この方法は，工業発展と人口増加により，それに伴う工業用水と上水道用水の確保のために19世紀末より実施されてきた経緯がある[71]。

2004年の統計データでは，公共上水のうち，13.3％が人工涵養によるものである[72]。地下水の人工涵養は，水資源の取得が主たる目的であるが，その他の目的としては，地下水位の上昇，不都合な地下水流の防止，地下水収支の保全などがある[73]。人工涵養の利用には地域差があり，その利用率の高いノルドライン・ヴェストファーレン州では公共用水の約41％が人工涵養による[74]。他方で，ベルリンやハンブルクなど，公共水源を人工涵養に依存していない地域もある。

人工涵養による水量確保は，利用規制を伴う利用管理の法制度や水収支の管理を前提として初めて成り立つ手法である。

(3) 経済的インセンティブによる利用調整

水資源の過剰利用を回避する手法として，経済的インセンティブを活用する仕組みがある。具体的には，地下水等の利用に対して，一定の金銭的負担を求める一種の資源税である（Wasserentnahmeentgelt）。1988年にバーデン・ヴュルテンベルク州が最初に導入し（いわゆる，水ペニヒ：Wasserpfennig），その後，類似の制度が他の州でも取り入れられている[75]。

具体例を挙げると，例えば，ノルドライン・ヴェストファーレン州水資源税法[76]では，地下水の取水や排水などが徴収対象となる（同法1条1項）。徴収金額は，取水量に従って算定され（2条1項），原則として1m³あたり4.5セント（0.045ユーロ）である（2条2項）。冷却利用に対しては，低額が設定されており，3セント（0.03ユーロ），また，それ以外の循環利用には，0.3セント（0.003ユーロ）が課せられる（同条2項）。

ベルリン水法では，徴収対象は，ノルドライン・ヴェストファーレン州と同様であるが，一部の利用（水管理法33条1項，2項2号）と年間6000m³以下の少量利用は対象外となる（ベルリン水法13a条1項）。徴収金額は，利用量に従い，1m³ごとに31セント（0.31ユーロ）と比較的高額が課せられる。なお，年間6000m³までは徴収対象とならない（同条2項）。

以上，若干の例を紹介したが，大まかな特徴をまとめると[77]，課税対象は，地

下水だけのものと地下水と地表水の両方を含む場合がある。課税方法は，実際の取水量による従量制と予め付与された取水許可量に基づく定量制がある。ただし，多くの場合，農林業などの水集約産業に対する減免措置がおかれている。税収の用途については，税制度と連動する施策プログラムにより包括的な環境保全措置をおくもの，あるいは，危険防止や埋立処分場跡地の補修工事など，主として地下水保全に優先利用を規定するものがある。

このような利用量に応じて課金する仕組みは，水資源の節約利用に対する経済的インセンティブとして機能する。くわえて，税収により水資源保全の財源の一部を確保することも可能となる。これは，以下で見るように，間接的な水環境保全施策に利用される場合もある。

(4) 土地利用の制限・適正化による間接的保全

地下水保全のためには，地下水に影響を及ぼす産業との連携が重視されており，それにかかる土地利用の適正化を図ることによって地下水への悪影響を管理する仕組みが採用されている。とりわけ，地下水保全と農業との両立を主眼とする制度が多く見られる。すでに見た水資源税は，その沿革をたどれば，地下水の水質保全政策に伴う，農家に対する補償金支払いのための財源を調達する目的で導入されたものである[78]。これには，地下水が飲料水用の水源になっているにもかかわらず，農業肥料に含まれる硝酸塩を原因とする汚染が深刻となったことが背景にある。すなわち，農業などの土地利用を制限・適正化することが地下水保全に不可欠であると考えられているのである。

最初に導入したバーデン・ヴュルテンベルク州[79]は，地下水保全のために州面積の約2割を水保全地域に設定し，地域内の農家の土地利用を規制することにより，肥料使用の禁止や制限を行った。この制度は，1987年の州法改正により翌1988年から徴収が開始された。水節約へのインセンティブ効果を根拠として導入されたが[80]，料金額は低く，事実上，財源調達手段として機能しているといわれる[81]。最終的に，税収利用は，州のエコロジープログラムにより間接的に補償金支出とリンクしている。農薬の使用制限などに伴う農業生産性の低下による所得損失に対する補填にくわえ，水域の再自然化，埋立処分場跡地からの汚染防止など総合的な環境保全の財源として利用されている[82]。その他，有機農業への転

換支援や水道事業者による取り組みも挙げられる[83]。

　このような所得補償は，直接的には，農薬等による地下水汚染対策として多く行われているが，地下水保全全体に寄与する仕組みといえる。

(5) 事後的な規制的措置

　前述した許可制は，地下水利用に対する事前規制であるが，そのコントロールを前提として，水管理法には，事後的の統制の仕組みがおかれる。具体的には，許可を受けた利用行為に対して，必要な場合には，事後的に措置命令ができることを留保している（5条，8条）。この仕組みは，古典的な警察規制であり，次に取り上げる監視措置とともに，許可利用に対するコントロールには不可欠である。

　水域の利用は，水管理法により，所管行政庁による監督下におかれる（21条1項1号）。そのもとで，管理目標（25a—d条）や清浄維持規定（34条）の遵守などが要請され，許可を受けた水域利用が適法になされているかを監視するために，水域利用者は，個別には州法により，受忍義務や情報提供義務などが課せられる。

　行政庁による監視と並び，水管理法では水道事業者などの水域利用者による自己監視を義務づけている。事業者が自ら水域監視員（Gewässerschtzbeauftragte）を任命し，それにより事業活動を水域保全の観点から監視する仕組みである（水管理法21a—g条）。この制度は，他の環境法領域でも利用されている手法であり，専門家による内部チェックと助言により，国家による監視を補完する機能が期待できる[84]。

(6) モニタリング

　状況把握のために継続的に実施されるモニタリングは，情報収集の手法であると同時に，管理施策の達成状況を確認する機能も有する。地下水に対するモニタリングは，EU指令により要請されており，水管理法では，州法により規定されている（33a条）。地下水の質的量的測定は，従来から実施されており，長期的な統計データをもとに，管理目標が設定されている。

　例えば，ベルリンにおける地下水のモニタリングは，約25年間継続されており，現在では，250カ所の測定ポイントにおいて年に2回調査が行われている[85]。

地下水の水質については，1995年にモニタリング用カタログが導入されている。このカタログや基準値リストなどは水道事業者の全国的業界団体であるBGW[86]による指針が策定されており，拘束力はないものの，重要な基準となっている。

　また，バーデン・ヴュルテンベルク州の場合，2200カ所の水質測定ポイント，2600カ所の水位測定ポイントが設けられており，各地点における地下水のモニタリング状況をHPで公開している[87]。HP上でのリアルタイムの公開は，インターネットの普及に伴い，近時では一般的な手法となっている。モニタリングを公開する背景には，水の監視は，行政のみの任務に止まらず，地下水利用者や第三者による異なった視点からのチェックが必要であるとの認識がある。その他，水供給事業者が約1000カ所の水源データを公開しており，また，モニタリングプログラムの年次報告もHP上で提供されている[88]。

(7) 管理実施計画による施策実施

　モニタリングによる情報収集を踏まえて，長期的な観点から管理施策を実施するためには，そのための計画が不可欠である。水管理法では，地下水管理につき，大綱プログラム（Maßnahmenprogramm：36条）と管理計画（Bewirtschaftungsplan：36b条）が規定されている[89]。以下では，州法の規定を参照しつつ，水管理計画の仕組みを概観する。

　個別の計画策定手続は，各州水法により規定される。例えば，バーデン・ヴュルテンベルク州水法では，管理計画の策定には，州議会の議決を必要とし（3c条1項），6年ごとの審査と改訂を定めている（同条5項）。管理計画の策定手続としては，計画適用の3年前までに策定スケジュールと作業プログラム，聴聞措置が公表され，2年前までに当該流域についての重要な水管理上の問題の概要が公表されることになっている。1年前までに所管行政庁は，計画案を公表し，環境情報法に基づく計画案策定に関する諸情報を公開する。情報提供は，官報とインターネットで行われ，その上で6か月以内に聴聞意見がとりまとめられ，公表される。それを受けて，行政庁が計画を同様の方法により公表する（以上，3e条）。最終的に，水管理計画は，法規命令として発布される。

　地下水管理計画の内容につき，例えば，ヘッセン州の例[90]では，州域内の1238km^{2}を対象として，地下水保全と多様な利用ニーズの対立を異なる利害の比

較衡量を通じて解消することを目的とする。具体的な目標は，1）地域における水供給の確保，2）地下水に影響を及ぼす開発用地設定による建築汚染の回避，3）地下水が依存する植生地の保全・地下水位低下により汚染された森林地域・湿地の再生が挙げられている。その目標実現のため，計画では，1）目標とする地下水状況，2）措置カタログ，3）地下水涵養のための施設設置が定められる。将来に向けた目標である地下水指標は，46カ所の測定ポイントにおける平均的な地下水水準を基準として，利用ニーズ（農林業，生息状況，植生，環境保護，水経済上の利害など）と比較衡量の上決定される。長期にわたるモニタリングの結果として，年による降雨量の変動が大きいことがわかっており，そうした地域では，その点も考慮される。また，計画で定められる措置は，水供給構想の作成，利用別・自然空間別のモニタリングプログラムの実施，地下水状況の監視が挙げられる。これらの実施には，地域の水組合[91]の役割が期待されている。

　ヘッセン州の例でも強調されているが，こうした管理計画が，水法上の諸決定を統制することになり，この点において，計画手法の重要性が認められる。

3　ドイツ地下水管理制度の特色

　以上ドイツ地下水管理制度の概観をしたことを受けて，その制度の主要な特色を日本法と比較する視点から3点取り上げる。

(1) 水収支維持の原則

　地下水利用の基本原則として，とりわけ量的観点からは，水収支の維持が重視されている。水管理法では，水域管理の一般原則として，自然生態系の構成部分である水域保全を実現するため，汚染防止と並び，水の節約利用，水収支の機能維持が掲げられている（1a条）。また，地下水管理については，個別に取水と排水の利用均衡の確保が明示されている（33a条1項3号）。また，管理手法においても，水資源税に見られるように，地下水の利用形態に応じた異なる税額を設定して循環利用を優遇する措置などは，水収支の観点から地下水への負荷の程度に着目した仕組みである。

　水循環系に変化を及ぼさない利用管理という視点は，環境法領域の基

本原則である「持続可能な発展」, とりわけドイツにおいては持続性原則 (Nachhaltigkeitsprinzip) の理念と一致する[92]。

(2) 間接的保全施策の重視

地下水の利用管理においては, ドイツの場合, 水道水源の確保が主要な目的であり, 水資源保全の観点から幅広い分野にわたり施策が講じられている。広域的かつ段階的なゾーニングと土地利用規制, 地下水への影響の大きい産業に対する施策などを通じて, 現在および将来の地下水保全のために広域的な地域空間の管理が重視されている。これらは, 直接的な地下水保全措置ではないが, しかし, 例えば, 有機農業への転換支援を通じて農薬による地下水汚染を回避するなど, 間接的に機能する施策である。

地下水のみを単独で保全することは困難であり, 広域の地域空間として地下水保全に適合した環境を形成していく複合的な施策展開が必要となる。このとき, 受益者負担の仕組みが取り入れられている点は注目に値する[93]。農薬使用制限により生ずる所得損失への補填など, 水資源税収入が財源となる例が見受けられる。水資源税賦課分が水道料金に上乗せされることを考慮すれば, 水資源の維持費用を社会的に負担するシステムである。

(3) 水域全体としての体系的保全管理の強調

ドイツの水域管理は, 水域全体を対象とする水管理法という1つの法律のもとに実施され, 地下水管理もここに含まれる。この法構造から, 水域管理を統一的原則・施策の下に実現することに馴染む。また, EU指令に適合した水管理法のもと, 統一的流域管理が今後の水域管理の中心となり, この指定流域には地下水系も含まれる（1b条3項）[94]。これは, 広範囲の流域を統一的な管理計画のもとに管理する仕組みであり, 地下水管理に関しても, その属する水域の観点からの保全管理の中に位置づけられる。

地下水の形成過程を考慮すれば, 河川や湖沼など地表水を含めた水域全体としての収支維持が重要であり, この点からも水域全体としての保全は地下水管理においても看過できない観点である。

III　まとめにかえて……自然資源管理法制のあり方について

　以上見てきたドイツ地下水管理制度を踏まえて，最後に再度日本法に立ち返り，自然資源管理のあり方への示唆に触れておきたい。

　1つは，広域的管理の必要性である。自然資源の自然生態系における存在形態を念頭におき，それにあわせた管理をするためには，自治体単位の行政区域制では十分に対応できない。地下水についても，広範囲のゾーニング，流域全体を対象とした水域管理など，地下水系を含めた水域保全という広域的管理の視点が不可欠である。この点では，ドイツの水管理法のように，一般原則や広域計画を備え水域全体を統合的に管理する「水基本法」の制定も選択肢となりうる。

　2つめとして，自然生態系の存在形態に着目すると，広域性にくわえて，関連する分野との管理の統合性が重要となる。地下水の保全には，例えば，農薬の使用規制や有機農業の推進など，他の産業に対する施策，あるいは，土壌汚染に起因する地下水汚染の防止など，他の関連環境領域との統合的施策が必要となる。これについては，土地利用規制や管理計画など，計画間・施策間の調整を可能にする法体系と制度が必要である。ここでは，資源の適正利用に資する点でも自然資源利用に対するコスト負担のあり方も重要となる[95]。ドイツの場合，EU法による制度形成に負う部分も大きいが，地下水管理に見られるような広域的・統合的管理を可能にする法制度は日本法に有益である。

　3つめは，自然資源の現状に相応した順応的管理が要請される[96]。自然生態系の一部を構成する自然資源を利用管理するには，人間社会との時間軸の差異への配慮が求められる。生態系の長期的かつ複雑な変化を前提とするためには，継続的なモニタリングとその分析等を通じた，科学性を基礎とする持続可能な利用管理を進めることが不可欠となる。そのもとでは，法制度にも新たな知見による修正に開かれた持続可能な管理が求められる。これは，自然生態系のみならず，その構成員としての現世代にとっても次世代配慮においても肝要となる。ドイツの場合，地下水は主要な水道水源であるため，将来的な確保が強調されるが，日本においても，適正な水資源を確保するために，社会システムとしての水資源管理

を構想していく必要がある。

「資源」とは何かは，その時代における社会的有用性や技術水準に応じて変わり，それに伴い利用管理制度も異なる[97]。何を「資源」と捉え，どのように社会として共有・管理していくかは，常に問われることになる。公害国会から2010年で40年，自然資源が決して安価ではなかった経験から法が学ぶことは多いと考える。

＜付記＞ 本稿は，科学研究費補助金〔若手研究B〕「環境行政法における費用負担の法理と手法」（課題番号：20730030，期間：2008年度－2010年度）による研究成果の一部である。

〈注〉

1 例えば，河川法につき，渡辺洋三「河川法・道路法（法体制確立期）」鵜飼信成他編『講座日本近代法発達史第6巻』（1959年）131頁以下，温泉法につき，北條浩／村田彰編『温泉法の立法・改正審議資料と研究』（御茶の水書房，2009年）を参照。
2 自然公物を資源とする考え方につき，参照，塩野宏「自然公物の管理の課題と方向」同『行政組織法の諸問題』（有斐閣，1991年）320頁〔初出1979年〕。
3 法的観点からの地下水の資源性につき，阿部泰隆「地下水の利用と保全―その法的システム」ジュリスト増刊23号『現代の水問題－課題と展望』（1981年）223頁。
4 淡水のうち地下水が0.76％，河川や湖沼の水は，わずか0.01％である。参照，国土交通省土地・水資源局水資源部『平成21度版・日本の水資源』（2009年）34頁。水資源をめぐる世界の動向につき，モード・バーロウ（佐久間智子訳）『ウォーター・ビジネス』（作品社，2008年）を参照。
5 データにつき，国交省・前掲注（4）を参照。
6 概観するものとして，志々目友博「健全な水循環の確保に向けた地下水・地盤環境対策」環境研究137号（2005年）33頁以下，田中正「地下水流動システムと地下水利用のあり方」都市問題研究61巻7号（2009年）20頁以下。
7 今後の地下水利用のあり方に関する懇談会報告書「健全な地下水の保全・利用に向けて」（2007年3月）36頁。ミネラルウォーター国内生産量は，2008年は約201万klであり，10年で約3倍に増加している。参照，日本ミネラルウォーター協会「ミネラルウォーター類・国内生産，輸入の推移」（2009年10月1日）。
8 検討された案では1リットルあたり0.5から1円の税率であり，2.5から5億円の税見込みとされるが，実現には至っていない。山梨県地方税制研究会「『ミネラルウォーターに関する税』についての報告書－山梨県の特性を活かした環境目的税を目指して」（2005年3月）を参照。
9 参照，（社）日本水道協会「地下水利用専用水道の拡大に関する報告書」（2005年）2頁以下，宮下規「地下水利用および地盤沈下対策の現状と課題」水環境学会誌30巻9号（2007年）4頁。
10 いわゆるスーパー銭湯など大規模な都市型施設の増加が指摘されている。参照，（社）環境情報科学センター『平成18年度地盤沈下対策再評価検討調査報告書』（2007年3月）53頁以下。
11 参照，環境省水・大気局水環境課「環境用水の導入事例集」（2007年3月）。なお，河川水に関しては，許可基準が示され，水利利用に位置づけられている（「環境用水に係る水利使用許可の取り扱いについて」（河川局水政課長・河川局河川環境課長通達）2006年3月20日）。
12 環境省の「クールシティ推進事業」では，ヒートアイランド現象を緩和するために，散水による気化熱や水面積の拡大が検討されており，その水源として地下水の活用も挙げられている。参照，環境省「ヒートアイランド対策ガイドライン」（2009年3月）。
13 この点は，「第3次生物多様性戦略」（2007年11月27日）において示されている。志々目・前掲注（6）34頁。
14 例えば，自然公園法では，利用と保全の両方が法目的として掲げられている（1条）。
15 土地所有権との関係では，「地下水は土地の一部を為すもの」と解されている。地下水の法的性質に関する判例・学説につき，参照，宮崎淳「土地所有権と地下水法－地下水法の法的性質を中心として」稲本洋之助古稀記念論文集刊行委員会編『都市と土地利用』（日本評論社，2006年）48頁以下，小川竹一「土地所有権と地下水利用権」島大法学47巻3号（2003年）31頁以下，遠藤浩「地中の鉱物・地下水（1）－ささやかな法的構成についての試論」法曹時報28巻5号（1976年）7頁以下。

16　地盤沈下対策としての地下水利用規制につき，(社) 環境情報科学センター『平成17年度地盤沈下対策再評価検討調査報告書』(2006年2月) 1頁以下。地下水に関する法制度全般につき，参照，柳憲一郎「地下水に関する法制度」地下水技術44巻2号 (2002年) 2頁以下。

17　塩野・前掲注 (2) 323頁以下，櫻井敬子「水法の現代的課題－環境，流域，水循環」小早川光郎／宇賀克也編『行政法の発展と変革 (下)』(有斐閣，2001年) 709頁以下。

18　個別の法案として，「地下水の保全及び地盤沈下の防止に関する法律案」(国土庁，1978年3月)，「地盤沈下防止法案」(環境庁，1977年2月)，「工業用水適正化法案」(通産省，1977年4月)，「地下水法案」(建設省，1974年12月) がある。

19　当時の地下水管理の法制化動向につき，平成18年度報告書・前掲注 (10) 58頁以下，「特集・地下水の利用と規制」ジュリスト582号 (1975年) を参照。後者には，法案とともに地下水法制度の展望につき，今日にも通用する詳細な議論が掲載されている。このことは，当時の問題状況が，今日まで改善されていないことを示している。その後の国内外の動向につき，参照，一方井誠治「健全な水循環回復に関する現状と課題」森島昭夫他編『ジュリスト増刊・環境問題の行方』(有斐閣，1999年) 147頁以下。

20　工業用水法3条2項。現在の指定地域は10都府県17地域1,915km^2。ビル用水法では，地域指定の要件は，「当該地域内において地下水を採取したことにより地盤が沈下し，これに伴って，高潮，出水等による災害が生じるおそれがある場合」となっており，現在の指定地域は，4都府県4地域1,575km^2 である。

21　総量規制を欠く問題点の指摘につき，阿部・前掲注 (3) 225頁，金子昇平「地下水の法律問題」駒澤大学法学部研究紀要42号 (1984年) 15頁以下を参照。現行法の運用上の問題点につき，参照，平成17年度報告書・前掲注 (16) 58頁以下。

22　健全な水循環系構築に関する関係省庁連絡会議「健全な水循環系構築のための計画づくりに向けて」(2003年10月)。

23　条例・要綱等による地下水取水規制は，25都道府県248市町村で行われている (2008年9月現在，環境省発表)。地下水規制に関する条例や自治体の取り組み状況をまとめたものとして，懇談会報告書・前掲注 (7) 23頁以下，平成18年度報告書・前掲注 (10) 1頁以下，平成17年度報告書・前掲注 (16) 29頁以下を参照。以下では，これらを参照して紹介する。

24　例えば，地下水を公水として認識しているもの (秦野市，長岡京市) や共有の資源として位置づけているものが見られる (座間市，秦野市，東近江市，大村市)。概観するものとして，参照，平成18年度報告書・前掲注 (10) 3頁。

25　なお，かつて地盤沈下発生が深刻であった地域では，問題状況が落ち着いた後も条例等による個別の規制が現在まで進められてきており，事実上，地下水資源保護に寄与している。例として，東京都都民の健康と安全を確保する環境に関する条例 (2001年)，埼玉県生活環境保全条例 (2002年) が挙げられる。平成18年度報告書・前掲注 (10) を参照。

26　自治体条例等の分析につき，参照，平成18年度報告書・前掲注 (10) 9頁以下。

27　例えば，山形県，茨城県，富山県，静岡県，熊本県などの条例に見られる。

28　沿革につき，参照，津田信吾「秦野市の地下水に関する制度」地下水技術44巻3号 (2002年) 41頁以下。

29　座間市地下水を保全する条例 (1998年) 15条により，地下水取水事業者に対して，1事業所の最大日量の取水基準を設定している (具体的数値は，規則11条，上流域の都市化などの環境変化に対応するため，原則3年ごとに見直し)。参照，小林一隆「座間市の地下水保全に関する取り組みについて」地下水技術44巻3号 (2002年) 52頁以下。

30 秦野市が1995年に実施しており，その際には一定の成果が認められた。津田・前掲注（28）41頁以下を参照。

31 熊本市地下水保全条例18条（2007年）。参照，星子和徳「熊本市における地下水保全の取り組み」都市問題研究61巻7号（2009年）79頁以下。

32 日本では，利用者負担による水源税が国レベルで導入に至らなかったことにつき，参照，番場哲晴「『森林環境税』と水源地域の保全」自治研究80巻6号（2004年）76頁以下。

33 民法207条に抵触する指摘や，法的には私的な所有物である地下水の利用に課税できないため，寄付金，寄付金の割り当ては強制できない事情がある（地方財政法4条5項）。自治体における対応につき，参照，平成18年度報告書・前掲注（10）1-1頁以下（ヒアリング調査）。

34 自治体担当者へのアンケート調査につき，平成17年度報告書・前掲注（16）33頁。

35 富山県の施策の概要につき，岩田助和「富山県における地下水保全施策について」地下水技術49巻3号（2007年）17頁以下も参照。

36 地下水涵養に関する規定をおく条例として，群馬県，埼玉県，千葉県，東京都，新潟県，奈良県，熊本県がある。

37 地下水の所有にかかわる法的性質につき，参照，「座談会・地下水法制について」ジュリスト582号（1975年）35頁以下，磯村篤範「地下水管理法制の再検討序論－循環型環境整備をめぐるもう一つの世界」関西大学法学研究所研究叢書第35冊『循環型社会の環境政策と法』（2006年）148頁以下，松本充郎「地下水法序説」四万十・流域圏学会誌7巻2号（2008年）24頁以下。

38 同様の問題状況は，自然保護法の分野においても共通する。参照，北村喜宣『プレップ環境法』（弘文堂，2006年）100頁，勢一智子「自然保護の社会化への展開－自然保護法制における公用制限と損失補償」環境管理42巻11号（2006年）63頁以下。

39 平成18年度報告書・前掲注（10）のヒアリング調査を参照。

40 山梨県では，新税導入に向けて2002年12月に中間報告を取りまとめたものの，ミネラルウォーター協会から反対声明が出されている。

41 「環境管理」概念として，公物管理を提唱するものとして，磯部力「公物管理から環境管理へ－現代行政法における『管理』の概念をめぐる一考察」『国際化時代の行政と法』（良書普及会，1993年）116頁以下。流域管理につき，櫻井敬子「流域管理の法的課題」河川2001年3月号12頁以下，同・前掲注（17）705頁以下。

42 概念と経緯につき，参照，志々目・前掲注（6）32頁以下，宮崎淳「地下水の利用と保全の法理－健全な水循環の確保の視点から」創価法学36巻1号（2007年）4頁以下。

43 平成18年度報告書・前掲注（10）1-42頁以下，川勝健志「地下水保全税の制度設計（1）」経済論叢172巻3号（2003年）70頁以下，星子・前掲注（31）79頁以下。

44 連邦制度改革により連邦と州の立法権限が変更され（BGBl. I 2006 S. 2034），これを受けて2009年に水管理法の改正が行われている（2010年1月時点では未施行）。Vgl. Gesetz zur Neuregelung des Wasserrechts vom 31. Juli 2009 (BGBl. I S. 2585). Vgl. S. Caßor-Pfeiffer, Das Gesetz zur Neuregelung des Wasserrechts, ZfW 2010, S. 1ff. 連邦制改革による環境法への影響につき，戸部真澄「ドイツにおける地方分権と環境行政」『平成18年度世界各国の環境法制に係る比較法調査報告書』（社団法人商事法務研究会，2007年）45頁以下，vgl. W. Köch (Hrsg.), Auf dem Weg zu einem Umweltgesetzbuch nach der Föderalismusreform, 2009. 関連するものとして，戸部真澄「ドイツ自然保護法制における地方自治規律密度」環境研究153号（2009年）91頁以下も参照。

45 ドイツ法制度に関する部分については，勢一智子「ドイツにおける地下水管理制度」平成18年

	度報告・前掲注（10）2-100頁以下を一部基礎としている。
46	WHG (BGBl. I 2002, S. 3245) の最新の改正は，2009年であり（前掲注（44）を参照），2010年3月1日から施行される予定である。なお，2009年法改正は環境法典法案（Referentenentwurf für UGB II vom 4. Dezember 2008）の不成立を受けて行われたものである。
47	数値データにつき，ドイツ統計庁HP (http://www.destatis.de) より参照。以下，本稿の内容および出典は，原則として2009年12月末時点を基準としている。
48	取水量および取水源の州別データにつき，Vgl. Statistische Ämter des Bundes und der Länder, Öffentliche Wassergewinnung 2007 vom 8. Dezember 2009.
49	Vgl. BMU, Grundwasser in Deutschland, 2008, S. 25. ドイツを含めた国際比較データにつき，小林康彦『水道の水源水質の保全－安全でおいしい水を求める日本・欧米の制度と実践』（技報堂出版，1994年）150頁以下も参照。
50	Wasserwirtschaft in Deutschland, Teil 1 Grundlagen, 2006, S. 31.
51	Wasserwirtschaft in Deutschland, Teil 1 Grundlagen, 2006, S. 31ff.
52	Wasserwirtschaft in Deutschland, Teil 1 Grundlagen, 2006, S. 31.
53	Trinkwasserverordnung, vom 21. Mai 2001, BGBl. I S. 959.
54	M. Czychowski/ M. Reinhardt, Wasserhaushaltsgesetz (WHG): Kommentar, 2003, S. 191f.
55	Grundwasserverordnung, vom 18. März 1997, BGBl. I S. 542. 本令の邦訳として，松村弓彦「ドイツ地下水令」環境研究116号（2000年）93頁を参照。
56	Vgl. M. Kloepfer, Zur Geschichte des deutschen Umweltrechts, 1994, S. 15ff., 58ff. 参照，A・ヴュストホーフ（板橋郁夫訳）『ドイツ水法概論』（成文堂，1971年）45頁以下。
57	Vgl. Kloepfer (Fn. 56), S. 62ff. 参照，ヴュストホーフ・前掲注（56）8頁以下，三本木健治「西欧の地下水法制と公水論の進展」ジュリスト582号（1975年）76頁。
58	Vgl. R. Breuer, Öffentliches und privateswasserrecht, 3. Aufl., 2004, S. 7ff.; P. Nisipeanu, Tradition oder Fortentwicklung? Wasserrecht im UBG, NuR 2008, S. 91ff.
59	Richtlinie 2000/60/EG des Europäischen Parlaments und des Rates vom 23. October 2000 zur Schaffung eines Ordnungsrahmens für Massnahmen der Gemeinschaft im Bereich der Wasserpolitik, ABl EG, Nr. L 327/1 (Wasserrahmenrichtlinie). Vgl. Breuer (Fn. 58), S. 57ff.
60	水管理法1条1項1文2号。地下水の定義は，EU水枠組み指令2条2号に対応したものである。Vgl. WHG Kommentar (Fn. 54), S. 99; Breuer (Fn. 58), S. 117f. EUの地下水管理につき，参照，柳憲一郎／朝賀広伸「EUおよび英国における地下水管理制度」明治大学法科大学院論集3号（2008年）81頁以下。
61	Vgl. Begründung zum Entwurf eines Gesetzes zur Neuregelung des Wasserrechts vom 11. März 2009, S. 47.
62	WHG Kommentar (Fn. 54), S. 1260.
63	例えば，バーデン・ヴュルテンベルク州の対応状況につき，vgl. Landesanstalt für Umweltschutz Baden-Württemberg: LfU BW, Methodenband – Bestandsaufnahme der WRRL in Baden-Württemberg, 2005.
64	参照，三本木・前掲注（57）76頁以下，磯村篤範「ドイツの水管理法における私法上の権利としての地下水利用権の検討」関西大学法学研究所研究叢書第37冊『続・循環型社会の環境政策と法』（2008年）157頁以下。
65	Vgl. Begründung (Fn. 61), S. 44f.
66	なお，手法の概観につき，参照，三本木・前掲注（57）・77頁。

67　なお，水管理法制定以前からの慣習利用に対しては例外が認められる（水管理法15条）。
68　参照，石澤清史「海外の水事情－ドイツ・フライブルクの水質保護政策」いんだすと12巻9号（1997年）32頁。Vgl. VwV-WSG BW; Richtlinien für Trinkwasssrschutzgebiete, I, Schutzgebiete für Grundwasser vom DVGW (DVGW-Arbeitsblatt W 101).
69　指定状況につき，ベルリンHP（http://www.berlin.de/sen/umwelt/wasser/grundwasser/）を参照。
70　Werner-Dietrich Schmidt（肥田登訳）「西ドイツの地下水かん養」工業用水319号（1985年）46頁以下。
71　戸次文夫「西ドイツHALTERN浄水場の地下水かん養」工業用水341号（1987年）28頁。
72　州ごとの数値につき，統計庁による取水量および取水源の州別データ（http://www.statistik-portal.de/Statistik-Portal/de_jb10_jahrtabu1.asp）を参照。
73　Schmidt・前掲注（70）8頁。
74　同州内でも地域差は大きく，ルール地域の全水道事業体で69％，ゲルゼンバッサーAG（Gelsenwasser AG, 1887年設立）では80％を超えるという数値もある。参照，Schmidt・前掲注（70）・47頁。
75　同様の規定は，例えば，§§ 40ff. BbgWG; § 13a BlnWG; Art. 4 II 4 BayWG. Vgl. R. Sparwasser/R. Engel/A. Voßkuhle, Umweltrecht, 5. Aufl., 2003, S. 111, 567, M. Bulling/O. Finkenbeiner/W. -D. Eckardt/K. Kibele, Wassergesetz für Baden-Württemberg : Kommentar, 3. Aufl., 2009, S. 17ff (Vor §§ 17a-17d).
76　Wasserentnahmeentgeltgesetz des Landes Nordrhein-Westfalen vom 27. Jan. 2004.
77　参照，川勝・前掲注（43）80頁以下。
78　参照，稲富徹『環境税の理論と実際』（有斐閣，2000年）196頁。
79　Wassergesetz für Baden-Württemberg vom 20. Januar 2005 (GBl. S. 219) zuletzt geändert am 11. Oktober 2005 (GBl. Nr. 15, S. 668). 現行法では，17a条が根拠規定（Entgelt für Wasserentnahmen）である。
80　沿革につき，稲富・前掲注（78）199頁以下を参照。
81　稲富・前掲注（78）201頁。
82　稲富・前掲注（78）202頁，川勝・前掲注（43）83頁。Vgl. BWWG-Kommentar (Fn. 75), S1ff (§17a).
83　例えば，ノルドライン・ヴェストファーレン州水法では，水道事業者の水資源税計算に，農業支援施策分の費用を差し引きできることを規定しており（8条），経済的インセンティブを与えている。また，契約等の合意形成による取り組みにつき，参照，横川洋「ドイツの水質保全プログラムにおける協力原則の適用－農業環境プログラムにおける合意形成の促進と実効性の確保のために」2000年度日本農業経済学会論文集（2000年）212頁以下。
84　Vgl. M. Kloepfer, Umweltrecht, 3. Aufl., 2003, S. 375ff.
85　地下水に関してベルリン市HPにおいて情報提供されている（http://www.stadtentwicklung.berlin.de/umwelt/wasser/grundwasser/de/）。
86　Bundesverband der deutschen Gas- und Wasserwirtschaft e. V. (http://www.bgw.de).
87　Landesanstalt für Umwelt, Messungen und Naturschutz: GuQ: Grundwasserstände und Quellschüttungen (http://www2.lfu.baden-wuerttemberg.de/public/abt4/guq/).
88　LUBW, Grundwasser-Überwachungsprogramm (http://www.lubw.baden-wuerttemberg.de/servlet/is/2690/).

89　Vgl. W. Erbguth/ S. Schlacke, Umweltrecht, 2. Aufl., 2008, S. 260ff.; R. Breuer, Praxisprobleme des deutschen Wasserrechts nach der Umsetzung der Wasserrahmenrichtlinie, NuR 2007, S. 508f. なお, 2009年改正法の規定につき, vgl. W. Erbguth/S. Schlacke, Umweltrecht, 3. Aufl., 2010, S. 268ff.

90　ヘッセン湿地地域地下水管理計画 (Grundwasserbewirtschaftungsplan Hessisches Ried von 1999: GWBWPL), ヘッセン環境庁HP参照 (http://www.hlug.de/)。

91　Wasserverband Hessisches Ried: WHRなど地域の水組合と関係事業者および行政機関が地下水関連情報共有・提供サイトを共同で運営している (http://www.grundwasser-online.de/)。

92　同様の発想は, 補償原則 (Konpenzationsprinzip) にも共通する。Vgl. Voßkuhle, Kompensationsprinzip, 1999. 勢一智子「補償原則―ドイツ環境法にみる持続的発展のための調整原理」西南学院大学法学論集37巻1号71頁 (2004年) 71頁以下。

93　この分野において, 原因者負担原則とは異なる費用負担原理が肯定される理由につき, 参照, 稲富・前掲注 (78) 197頁以下。

94　具体的な指定がなされる州法において, 例えば, バーデン・ヴュルテンベルク州水法では, 流域指定に地表水とともに地下水も含まれることが明文化されている (3b条)。

95　EU水枠組み指令では, 水資源に対する適正な費用負担の反映が要請されている。Vgl. Art. 9 WRRL. なお, 2008年度内閣府調査 (「日本の公共料金の内外価格差」2010年1月20日:日本は東京, ドイツはベルリンが対象) によれば, 日本と比較したドイツの水道料金は, 日本を100とした水準で, 上水道料金193, 下水道料金366 (いずれも20m³使用時) である。他の公共料金についての比較指数は, 例えば, 電気104, 都市ガス77となっていることから見れば, 水道料金が突出して割高であることがわかる。統合的管理につき, 田島正廣編『世界の統合的水資源管理』((株) みらい, 2009年) を参照。

96　共通の視点として, 勢一智子「自然起因の健康リスク管理のための法政策」松村弓彦編『環境ビジネスリスク―環境法からのアプローチ』(社団法人産業環境管理協会, 2009年) 198頁。

97　地下水を共有自然資源とする国際的動向につき, 参照, 田中正「今後望まれる地下水利用方策」季刊河川レビュー146号 (2009年) 16頁以下。自然資源管理制度の変遷につき, 参照, 畠山武道／柿澤宏昭編『生物多様性保全と環境政策』(北海道大学出版会, 2006年) 4頁以下 (畠山武道執筆)。

第9章

中国における環境民主の原則をめぐる法的議論動向
——環境権および公衆参加を中心として

拓殖大学政経学部准教授　奥田　進一

I 90年代の理論動向──環境保護法6条への拘泥

　環境保護法6条は,「全ての単位及び個人は,環境を保護する義務を負い,かつ環境を汚染し破壊する単位及び個人を通報又は告発する権利を有する」と規定している[1]。この通報・告発権は,環境保護法以外の法律,例えば「大気汚染防治法」や「水汚染防治法」においても同様な規定があり,中国の環境保護法体系を貫く重要な権利規定である。

　公民の通報・告発権が,汚染者に対して行政機関等が刑事告訴あるいは民事または行政訴訟を提起する補助的役割を担っているか否かという問題がある。この場合,訴権はあくまでも行政機関に留保されており,一般の単位や公民はあくまでも行政機関等に行政的または司法的解決を促すにすぎないが,それが公民の権利なのか,それとも義務なのかという疑問が生じる。これは,公民の環境権を権利と義務の統一体として捉えるか否かという問題と深くかかわっている。1979年に制定された「環境保護法（試行）」以来,環境権利の実現は環境義務が規定されることを前提とするため,環境義務を履行する直接の目的は環境権利の実現でもあるから,環境権利と義務は統一的に捉えられなければならないという見解[2]が支配的である。1979年法が制定されてからの公民の通報・告発権は,同法4条が規定する環境保護活動の基本原則のひとつである大衆路線の反映であり,公民の環境保護に対する権利と義務として位置付けられていた。つまり,中国における民主の原則の法律上の体現として性格付けられ,1989年に制定された現行法についても同様の見解が続いている。

　確かに,現在なお,公民の通報・告発権,あるいは住民参加そのものを大衆路線が法律上に体現されたものとして位置付ける考え方は根強い[3]。

　そして,大衆路線の原則を貫徹するためには,①全人民の環境意識及び法制観念の向上,②環境保護教育の強化及び環境科学知識の普及,③環境保護の大衆監督制度の確立,④環境保護の大衆性組織の確立が必要とされる。③に関しては,「国務院及び省,自治区,直轄市の人民政府の環境保護行政部門は,定期的に環境状況公報を発布しなければならない」と規定する環境保護法11条により,環

境保護部門の職能が大いに発揮されるとともに，大衆の監督的作用もが発揮され，すでに多大な成果が挙がっているという[4]。この考え方は，環境保護全人民事業論がその理論的根底に存在するために，権利と義務の統一体的な考え方を採ることになるが，現実として，義務的側面のみが特に強調されている感がある。なぜなら，全人民の環境意識や環境教育の向上を後手にした大衆路線である以上，それはあくまでも行政主導で大衆をあるべき方向へと誘導する手法とならざるを得ず，公民の側からすれば上意下達の一種として，義務的印象を受けることになるからである。

環境保護法6条にいわゆる公民の通報・告発権を権利と義務の統一体として捉え，その結果，環境保護施策への公民の関与がどちらかといえば義務的性格の強いものとなる以上，公民の権利的性格を有する住民参加の法的根拠は他に求めなければなるまい。そうであるならば，環境保護法6条にいわゆる公民の通報・告発権から住民参加が直接的に導き出されるとは考えにくい。

他方で，公民の通報・告発権を，権利と義務とに峻別して捉える考えによれば，その具体的な権利内容あるいは住民参加の役割を明らかにすることで，環境保護法6条から住民参加を直接的に導き出すことができる。いずれにせよ，環境権全体の中での同条の位置付けを考慮しながら，住民参加の法的根拠が探求されることになる。

公民の通報・告発権を権利と義務の統一体と捉えながら住民参加の法的根拠を求めるのは，金瑞林教授の見解[5]および蔡守秋教授の見解[6]が代表的である。

II　環境権をめぐる議論

1　金瑞林教授の環境権論

金教授は，主に資本主義国家を指して，これらの国々が，環境権の規定から環境管理へ公衆が参与できる各種の権利を導き出していることと，社会主義法制の民主の原則とは同列に論ずることはできないとして，環境権を住民参加の根拠と考えない。中国における環境保護事業は，資本主義国家よりも広範な民主の原則

を踏まえて打ち立てられるべきであり，政府や企業の環境管理活動及び法律の執行は，人民大衆の広範な支持，参与，監督を基礎として行われるべきであると考える。したがって，環境権，国家の環境管理への公衆の参与権，環境汚染・破壊行為に対して監督，通報及び告発する公民の権利等は，あくまでも民主の原則が法律上に体現されたものとして捉える。

そして，まず，公民の環境権について，現行法は明確に規定していないが，憲法，環境保護法，民法通則等の関連規定において，人民の良好な生活環境を維持・保護するという精神が体現されていることに注目する。例えば，憲法26条は，「国家は，生活環境及び生態環境を保護及び改善し，汚染及びその他の公害を防治する」と規定し，環境保護法1条は，立法の趣旨に関して，「生活環境及び生態環境を保護及び改善し，汚染及びその他の公害を防治し，人体の健康…を改善するために，…」として，実質的に公民の環境権を規定している。また，民法通則83条は，通風・採光を含む不動産の相隣関係について規定し，隣人に妨害あるいは損害を与えた場合は，侵害の停止，妨害の排除，損害の賠償をしなければならない。これを，公民の通風，採光権を保証したものであるとする。このように，金教授は環境権を実体法の中の具体的な規定に求めるため，結果として環境権の内容が生命健康権的なものとなっている。

次に，国家の環境管理に公民が関与する権利については，「中華人民共和国の全ての権力は人民に属する（憲法2条1項）」，「人民は法律の規定に照らし，各種の方法及び形式によって，国家の事務を管理し，経済及び文化事業を管理し，社会事務を管理する（同2条3項）」と定める憲法の規定に基づいて，中国の公民は，国家の環境管理に幅広く関与することができると考える。ただし，公民が法律に基づいて国家の環境管理に関与する方法は，立法上の更なる具体化を待たなければならないとする。

最後に，環境汚染・破壊行為に対して監督，通報及び告発する公民の権利については，「環境保護法」，「大気汚染防治法」，「水汚染防治法」，「海洋環境保護法」等が，いずれも公民が享受する監督，通報及び告発する権利について規定しており，環境管理の民主の原則を十分に体現していると考える。ただし，実践において，公民が如何に真に有効に環境管理に関与し，監督及び通報に関与するのかについては，更に多くの困難が存在しているという。例えば，具体的な権利行使の

形式や手続，関係する具体的な法律の規定が欠けていることを指摘する。

　以上から，金教授は，環境保護法6条の規定を住民参加の法的根拠と捉えていないことが明らかとなる。つまり，環境権は憲法26条に，住民参加は憲法2条に，環境管理への公民の関与，通報及び告発権は環境保護法6条にそれぞれ法的根拠を求めているが，環境権，住民参加，環境管理への公民の関与，通報及び告発権は同等のものとして並列しており，いずれも社会主義法制の民主の原則を淵源としている。このうち，環境権は，生命健康権という形で表現され，内容的に比較的狭いものながらも具体的な権利として理解し易いが，他の2つの権利は，憲法を直接的な権限としているためか，抽象的すぎ，実定法において規定される権利としてはその内容があまりにも不明瞭で曖昧なものとなっている嫌いがある。しかも，憲法上の表記の問題もあるが，権利というよりは，どちらかというと義務的性格の強いものとしての印象を強く受ける。

2　蔡守秋教授の環境権論

　次に，蔡教授の見解について検討する。蔡教授は，環境権を権利と義務の統一体として捉え，それは環境立法および執法，環境管理及び訴訟の基礎であり，環境法学及び環境法制建設における基本理論であると標榜する。そして，憲法9条2項，10条5項，26条1項および環境保護法6条に環境権の法的根拠とその主要内容を求める。さらに，法律上の主体によって，環境権の種類を，個人環境権，単位環境権，国家環境権，人類環境権，自然体環境権の5種に分類する（後二者は2000年以降に付加されたもの）。個人環境権に関しては，これを自然人の環境権とし，自然人は適切な環境を享受する権利を有するとともに，環境を保護する義務をも有していると説明する。これにより，蔡教授が環境権自体を権利と義務の統一体と捉えていることが明らかになる。

　また，個人環境権の意義として次の3点を挙げる。
　①自然人が適切な環境において生存・発展する権利を享受すること，及び環境を保護する義務を履行することを確認し，自然人が法により環境資源要素あるいは環境効能を利用し，適切な生活環境条件を享受することを法律的に保障する。
　②個人の生活環境が汚染・破壊され，心身の健康及び財産が損害を受けること

を防治し,あるいは損害を受けた場合に法により救済を求めることの法律的武器となる。

③環境保護活動や国家の環境管理に参加・関与する資格を公民に平等に付与し,環境の民主及び環境の住民参加を実行する法的根拠となる。

蔡教授は,これらの個人環境権が有する意義から,各種の環境権の中で,個人環境権を最も基礎的な環境権と捉え,それは単位環境権,国家環境権及び人類環境権の基礎となるだけでなく,個人の財産権,労働権,休息権,生存権,生命健康権等のその他の基本的権利を実現する必要条件でもあると考えているが,具体的な履行義務に関しては触れていない。この点,蔡教授は環境権を環境管理の基礎であると考えるため,環境管理の具体的態様の中に,環境権に対極する公民の環境義務を見出そうとしているのではないであろうか。

さて,蔡教授は,まず憲法の諸規定と環境保護法6条に環境権の法的根拠を求め,さらに環境権を主体によって分化させ,公民は個人環境権を享受するとする。そして,住民参加は個人環境権の持つ環境管理機能の具体化であるという段階的構図が理解される。しかし,住民参加の法的根拠を環境権に直接求めることはしない。また,蔡教授は,環境管理という手法を通じて住民参加を行う法的根拠を公民に付与することを個人環境権の意義として挙げるが,個人環境権に住民参加の法的根拠を直接求めているとはいえない。

なお,蔡教授の見解を金教授のそれと比較すると,環境保護活動における大衆路線の基本原則を直接的に掲げていない点で概観上の差異がみられるが,蔡教授も基本的には大衆路線を環境民主の原則として念頭に置いており,そのことが個人環境権とその機能としての環境管理との結びつきを不明瞭にしているといえよう。また,両教授の見解によれば,いずれも環境権に住民参加の法的根拠を直接求めることができない。つまり,どちらも環境監督あるいは環境管理というフィルターを通さなければ住民参加が実施できないことになっているのである。ただし,金教授が環境権や環境保護法6条を住民参加の法的根拠として捉えないことで,義務的性格の住民参加しか存在できないのに対して,蔡教授は間接的ではあるが環境権に根拠を求めることから,権利的性格も有する住民参加の存在を可能とした。

ところで,蔡教授のいう「環境管理」とは,「社会による監督」を指すものと

考えられる。社会による監督とは，広範な群衆が，様々な形式，手段，方策によって幅広く主導的に環境法の実施に対する監督に関与することを指し，例えば，中国人民政治協商会議，民衆組織及び民主党派の社会組織による監督，新聞，放送局，ラジオ，テレビ等の社会世論による監督，投書，直接訪問，監督電話等の人民大衆による監督等がある。この説明により，社会監督という方法による環境管理の具体的な形態を知ることができるが，それが包括する具体的な行為形態はかなり広範なものとならざるを得ない。

以上の見解に対して，権利と義務とに峻別する見解は，公民の通報・告発権の内容及び住民参加の法的根拠についてどのように論理構成するのであろうか。当然のことながら，この見解は，大衆路線を明文で規定しない現行法制定以降に現れる。陳茂雲教授の論文[7]が代表的なものとして挙げられようが，なかには，環境保護法6条の規定を公民の環境権の権利と義務の部分に明確に分けて考えようとする見解[8]や，同条が規定する公民の通報・告発権を住民参加の法的根拠として明確に捉える見解[9]も存在する。

3　陳茂雲教授の環境権論

公民の通報・告発権を，現行法が規定する環境問題に関連した公民の権利とし，1979年に制定された「環境保護法（試行）」と，1989年に制定された現行法とにおける通報・告発権をめぐる中国における議論を整理したうえで，環境権を権利と義務の統一体として捉えず，権利は権利，義務は義務として主体に帰属するという考えを基礎として，現行法6条を核心環境権（環原権）から派生した派生環境権（環境補救権）という，公民の環境権を実現するための手段としての権利の位置付けを与える規定であるとする。陳教授に代表されるこの見解は比較的新しい考え方であり，1979年法以来の伝統的な見解に一石を投じるものであるといえよう。

陳教授は，公民の環境権を，公民が一定の質の環境で生活する権利である「核心環境権（環境原権）」と，核心環境権の存在から必然的に生じ，核心環境権を有効に実現するのに非常に重要な作用を果たす権利である「派生環境権（環境補救権）」に区分した上で，環境権の中心となる核心環境権が反映する社会関係か

ら見て，環境権は主に一種の人身権利であるが，しかし伝統的な人身権とは異なり，ある面では財産権に似た性質を示すことから，これを一種の新型の人格権であるとする。環境権の体系の中では，核心環境権が中心であり目的であるのに対し，派生環境権は手段という関係に立つという。

核心環境権の内容については，その権能面から分析し，環境利用権，環境受益権，環境主張権の3つに分類する。特に，環境主張権とは，環境について一定の主張をする権利であり，公民の生活に影響するような環境の命運について，公民は自己の利益に基づき，自己の名義で一定の要求を提出することができるものである。この権利は，ある区域内で，民衆や集団が環境についてその主張を提出する基礎であり，またその他の権利（例えば所有権）に対抗し，それを制限することが可能となる。

派生環境権については次のように論じる。派生環境権は公民の核心環境権が有効に行使されるように誕生したものであり，他の類型の権利を環境保護領域に応用したものであるとしたうえで，具体的な権利を4つ挙げる。

①国家の環境管理に公民が関与する権利

環境保護において国家の環境管理は突出した地位を占めるので，公民が国家の環境管理に，いかに有効に関与し，その環境権を守るかが重要であり，この関与の権利は，実際上は公民の民主権利の環境保護の領域での具体的な運用である。

②公民の環境利益の保護を請求する権利

具体的には更に3種類の権利からなる。調査請求権，規制措置請求権，訴権である。

③損害賠償請求権

これは汚染の発生によって，精神，健康，そして財産に一定程度の危害が生じた場合，この種の損失を補填するために加害者に対して賠償を請求する権利である。

④環境自衛権

環境汚染によって長期間危害が及んでいるにもかかわらず，公的な力による有効な救済手段がない時，とりわけ環境立法が不完全な状態にある時に，公民個人または集団はしばしば自力救済の手段を採ってきたが，それは法理上合理

的なものであり権利の1つである。

　派生環境権という考えは，環境保護にかかわる既存の法制度を環境権という権利の枠組みの中に位置付ける作業である。また，それは，既存の諸制度を環境権の体系の中で「手段」として位置付けることで，中心的な「環境原権」の存在を論理的に析出するという意味を持つものである。そして，陳教授の行った作業は，既存法制度を「手段」として位置付けることにより，それらの運用の根本原理である，公民の環境利益はすなわち環境権の保護であるという原理を明らかにするとともに，立法の不備な点もまた明確にしたものであると評価される[10]。

　中国の環境権論が提起してきた問題は，環境問題における公民の位置付けであったと考えられる。このように考えれば，環境保護活動への公民の関与を，公民の義務と捉える環境保護全人民事業論的な立場から，環境保護法が規律する法律関係の中で，権利を持つ主体として公民を位置付け，環境保護活動への公民の関与を公民の権利として捉える立場へと議論が進展したことがよく理解される。その結果，住民参加は，派生環境権の具体的な権利内容の1つ，すなわち「国家の環境管理に公民が関与する権利」という，公民が主体的に運用する権利的性格のものとして比較的限定的に捉えることを可能にし，その法的根拠は環境保護法6条に直接に求めることができる。つまり，同条を派生環境権に関する規定と捉えることにより，住民参加を含む各種の環境施策への関与を，環境管理への関与という手法による義務的性格を有するものから，権利的性格を有するものへとその概念的範囲を狭めることが可能となったのである。しかし，残念ながら，「国家の環境管理に公民が関与する権利」の具体的な内容が不明確であるため，いかなる行為までを権利の中に取り込むべきかという作業が残っており，これが完了するまでは住民参加の概念は依然として広範なままである。

4　2000年以降の理論的動向

(1) 呂忠梅教授の環境権論（環境権私権化論）

　中南財経政法大学の呂教授は，憲法上の権利としての環境権とは別に，私権としての環境権を構成する理論を展開している。呂教授は，物権法の立法過程にお

いても，環境権益を伝統的な民法理論の範疇に組込む作業を行っていた。その目的は，環境権益の侵害に対する救済を具現化する幅広い訴権の確立にある。注意すべきことは，私権としての環境権の性質を「社会公益性私権」としていることであり，物権の社会化，権利濫用の原則，無過失責任の原則などの現代民法理論の発展が，その基礎的条件を提供しているとする。

公民環境権に対する民法上の保護態様としては，実体法上の保護と手続法上の保護の両者があり，実体法上の保護には物権的保護，債権的保護の両者を包摂し，環境保護相隣権，環境人格権及び環境侵権行為制度を想定している。手続法上の保護には民事訴訟およびADRを想定している。公民環境権は，①環境使用権，②知る権利，③参加する権利，④請求権の4つから構成される。呂教授は，住民参加は公民の環境権を実現するために認められる，環境管理に参加できる権利として位置付けられることを明言している[11]。

(2) 陳泉生教授の環境権論

福州大学の陳教授は，伝統的な法体系や法制度あるいは権利概念ではもはや環境問題には対応できないのだから，憲法上の基本権として環境権を中心に据えることで，すべての法律が環境権に配慮しながらその枠組を再構成すべきだと主張する。権利は，公民環境権（生命権，健康権，財産権，日照権，通風権，採光権，安寧権，空気清浄権，水清浄権，観賞権），法人及びその他の組織環境権，国家環境権，人類環境権から構成される。

基本的には蔡教授の環境権論と呂教授の公民環境権論の折衷型の理論である。

(3) 環境手続権論

この考え方は，基本的には環境権を憲法上の基本権として位置付けながら，その個々の内容を個別法に委ねようとする点において陳茂雲教授の考え方を踏襲する。しかし，憲法上も，個別法上も具体的な権利内容を規定できない状態が継続して膠着状態にあることから，環境権が環境行政権と誤解されていると指摘する。そして，環境権を環境保護及び管理に対する公民の知る権利，参加する権利，監督権等の手続保障をする権利の総和として捉え，司法実務の場において具体化しようとする[12]。しかし，環境権に内在する不確定性という特徴が，結果と

して司法実務において環境権を積極的に評価できないのは，既存の法律において国家の環境管理及び公民の環境義務を過度に強調し過ぎることが，環境権を権利として構成できていない理由であると指摘する[13]。つまり，中国の環境法体系において，環境権は義務として構成されてきたことで具体化の機会を逸し，今後はこれを権利として構成する作業が必要であると説く。

III　地方環境条例における「環境権」に関する規定

1　環境保護法の規定

　環境保護法1条は，「生活環境と生態環境を保護及び改善し，汚染とその他の公害を防治し，人体の健康を保障し，社会主義現代化建設の発展を促進させるために，本法を制定する」と規定したうえで，同法6条において，「すべての単位及び個人は，環境を保護する義務を有し，かつ，環境を汚染し又は破壊する単位及び個人を検挙及び告発する権利を有する」と規定している。中国においては，環境保護法1条および6条の規定を，環境権の根拠とする学説が多い。しかし，法1条は法の制定趣旨を述べたものであって，わが国の憲法25条のようなプログラム規定といわざるを得ない。また，環境保護法6条が検挙・告発権を一般に広く認めたのは，環境汚染による被害者が危害排除のために実力行使に出ることを回避することが主目的であったと考えられる。

　実際に，1992年7月4日に河南省南召県において，工場からの排水汚染による被害を訴えた近隣住民が逮捕されるという事件（「七・四事件」）[14]が発生している。この事件は，末端の行政組織である郷政府が，住民側がそのような主張をなすこと自体を「採り上げる理のない」空騒ぎとして否定したことから，8人の住民が実力行使に出て，工場施設の破壊行為等を行い，集団生産破壊罪を理由として逮捕されたというものであるが，行政の「お上意識」を露呈しただけでなく，中国の地方においては行政が絶大な権力を有する機関であることの証左ともいえよう。本件はその後，県の環境保護行政主管部門が主導する調停によって円満に解決しているが，法6条が機能する，あるいは機能しない具体的場面を示した好

例といえる。

2 地方性環境保護条例の規定

地方性環境保護条例[15]のほとんどは，環境保護法6条の文言もしくは同法6条と同法8条に規定される報奨制度に関する文言を併記してそのまま引き写したものであるが，山東省[16]，福建省[17]，上海市[18]，寧夏回族自治区[19]の4つの省・市の条例は，法6条の文言を記したうえで，「公民は良好な環境を享受する権利を有する」と条文中に明記しており，環境権とまでは言い切っていないものの，少なくとも環境享受権については明文で規定しているものといえよう。このことはまた，環境権が法6条の規定から直ちに導かれるものではないことを明確にしている。また，福建省，山東省および重慶市[20]は「損害賠償請求権」についても規定し，重慶市はさらに「危害排除請求権」についても追加規定している点が特徴的である。

3 環境権の具体化

ところで，上海市等の環境保護条例によって，環境保護法6条から環境権が直ちに導かれるわけではないことが明らかにされたが，上海市等の条例では，公民は「良好な環境を享受する権利」を有すると規定しているにとどまり，その具体的な内容については不明なままである。しかし，地方における裁判例においては，環境権を根拠とするような法的判断をなすものもみられ，環境権の内容に関しては裁判例の検証から，ある程度の内容がすでに具体化されてきているものと推測できる。

たとえば，2000年に西安市において，分譲住宅（マンション）地の開発を手がけた宅地開発業者が，市の建設局に提出した都市計画書にはなかった2000台収容のコンクリート製の駐輪場を，居住棟間に存する緑地に突然建設したことに対して，事前に何の説明も受けなかった住民らが駐輪場の撤去と緑地の回復を求める事件が発生した。当初、住民らは建設局に苦情を申し立て、建設局は「西安市都市緑化管理条例」違反を理由として駐輪場の撤去、緑地の回復および罰

金33,900元を命ずる行政処罰決定書を下した。しかし，当該宅地開発業者がこれに従わなかったため，住民らは駐輪場の撤去と緑地の回復を求めて西安市雁塔区人民法院に訴訟を提起した。

第一審は，当該緑地が計画緑地ではないこと，駐輪場によって住民らが通風採光上の障害を受けないことを理由として住民らの請求を退けた（2000年6月18日判決）。これを不満とする住民らは，さらに西安市中級人民法院に上訴した。

上訴審は，駐輪場建設が計画になかったこと，当該緑地が住民らの入居以前から存在し，それを無断で改変できないことが住民らの合法的な権益であること等を主たる理由として，一審判決を取り消し，当該宅地開発業者に対して駐輪場の撤去および緑地回復を求める判決を下した（2000年8月16日判決）[21]。本件判決は，住民に「環境を享受する権利」が存在することを明示した点において先例的価値を有する。

Ⅳ 公衆参加をめぐる法政策

2002年に施行された中国の環境影響評価法は，事業の実施に際して，事業等により影響を受ける住民等を対象とした公聴会や論証会等の形による公衆参加を義務付けている。国家環境保護総局では，このような公衆参加を実現するための具体的方策を規定する実施細則を策定中であり，わが国のJICAも，同局の要請に基づき，日中友好環境保全センターのプロジェクトの一環として実施細則策定プログラムの支援を行っている。

しかし，国土面積が広範で，自然環境や生活環境の差異が地域によって大きく異なる中国においては，国家法レベルでは解決できない問題が存在する。また，地域または地方によっては国家法レベルでの法律法規の規定する内容を超えた，独自のシステムの構築を成し遂げ，国家法のモデルとなる場合もある。

地方都市では，上海市環境保護条例（4条，15条）[22]，山東省環境保護条例（3条，35条）[23]，福建省環境保護条例（3条）[24]に公衆参加に関する規定がある。このうち，上海市と山東省は，環境アセスメント手続における公聴会等に関する規定をさらに盛り込み，各級人民政府に期限目標を定めた環境保護計画と年度実

施計画の策定義務がある旨を別に規定している。しかし，いずれも具体的にどのような公衆参加を，どのように強化するのかについては全く不明である。なお，環境保護に関係する個別条例においても，公衆参加に関して独自の規定を設けている場合が存在する[25]。

　筆者は，中国の公衆参加には3つのレベルがあると考える。レベル1の公衆参加とは，植林，使用済み乾電池回収のような活動である。レベル2は，地方における事業実施にあたって，環境影響評価に参加し，事業者に対して意見を述べるというものであり，レベル3は，国の政策決定への参加である。現在がどのレベルにあるのかは地方ごとに異なる。また，現状においては，環境影響評価法の実施細則が未制定であるうえ，公衆参加の手続や手法などの研究が欠けているため，多くの事業では公衆参加が形式的なものになっている。事業実施者の認識不足や能力，また住民の理解能力も問題である。公衆参加におけるNGOの役割はますます重要となってきており，NGO等の民間団体も急速に成長してきているが，真の意味でのNGOの数はまだ少ない。

V　紛争事例から見る行政と公衆の関係

1　大連市の事例

　大連市では，環境NGOや市民運動家による自発的な環境保護活動が盛んである。しかし，NGOや市民活動家の多くは，行政に対して通常は陳情や署名活動などの手段で働きかけるものが多く，時にはデモや闘争のような強硬な手段に訴えるものもある。たとえば，前者のような活動例としては，いささか古い事例ではあるがつぎのようなものがある。2003年秋に，大連市の経済技術開発区にある大連大学の裏山に住宅団地の建設が発表された。これに対して，大連大学の教授らが中心となって大規模な署名活動を行い，その結果をもとに行政に働きかけた結果，開発が中止された。

　また，後者のような強硬手段による活動例として，甘井子区の住民運動がある[26]。大連国際空港の近隣にある甘井子区の山間に広がる農村部において大規模

な工業団地の建設が進められ，これに反対する農民及び居住民らが，開発を許可した大連市水務局を相手取って，2004年10月29日に大連市甘井子人民法院に差止請求訴訟を提起した。この裁判は，おそらくは大連市でもはじめての大規模な行政訴訟であり，行政及び司法にとってはじめての経験となり，相当程度の混乱を来たした。たとえば，11月12日の第一回口頭弁論及び12月6日の第二回口頭弁論においては，裁判所法廷規則において裁判公開の原則と傍聴の自由を規定しているにもかかわらず，裁判官が傍聴席にいた大連水産学院の楊君徳教授に対して退廷を求め，これに抵抗する楊教授との間で口論となるという事態が生じている[27]。楊教授は，「公民は誰しも「環境を享受する権利」を有しており，そこから環境に係る裁判に参加する権利が当然に導き出されるのだ」と主張しており，環境権及び自然享受権の考え方が提起されたものとして興味深い。

　このように，いわば住民運動ともいえるような活動が，中国の地方都市においてはすでに生じており，公衆の意見や要求を行政側がどれだけ汲み上げることができるのかは重大な関心事となっている。ところが，上述のような大連市の事例からもわかるように，行政や司法の側は公衆からのアクションに対して整合性のある対応を採ることができず，結果として強圧的で非合理的な解決をしているという状況を窺い知ることができる[28]。

　大連市では合法的な公衆参加以前に，住民運動のような手段で行政に環境紛争の解決を訴えかける行動も見られるが，公衆参加に関する立法が皆無というわけではない。大連市では，2004年7月30日に環境アセスメントにおける公衆参加に関する規定が公布され，2004年8月9日には環境影響評価報告書の審査手続きに関する規定が公布されている。

　また，大連市では，2003年6月5日から，市で発生した（または発生中の）10大環境問題について市長が3カ月に1回，各種メディアを通じて公表し，それについて説明しなければならないという制度が導入された。10大環境問題はA～Cまでの3等級に分けられる。A級は大気質，水質等の汚染情報に関するもので毎月追跡調査され，B級は3カ月ごとに追跡調査され，C級は局地的な情報とされている。

　大連市環境保護局環境教育課課長の陳江寧氏によれば，環境権は「参加する権利」，「知る権利」，「自己防衛の権利」の3つの内容から構成されるという。そし

て，公衆参加には環境権から発する個人利益保護に関する活動と，自発的な公益活動とに分類されるという。現状では公聴会やアンケート調査による公衆参加が主であるが，真の公衆参加は自発的な公益活動であり，こうした活動を日常的に継続することで環境アセスメント等に対して建設的な提言ができると主張する。しかし，環境アセスメントにおいて要求されている公衆参加は，環境権から発する個人利益保護に関する活動が基盤であるという反論も成立するのではないだろうか[29]。

ところで，楊君徳教授は，住民には自らの環境状況を知る権利（情報にアクセスする権利）があり，行政はこの点を十分に認識すべきだと考えている。しかし，行政側も，いずれの活動であっても基礎的な情報が行政によって公開されなければならないと認識しているようである。

2　上海市の事例

上海市では，2004年5月15日に「上海市実施《中華人民共和国環境影響評価法》弁法」が公布され，同年7月1日より施行された。同弁法は，「政策アセスメント」，「知る権利」を明文化するなど，公衆参加に関して充実した規定を盛り込んでいる。さらに，政府保有の環境情報公開に関する規定が2004年5月1日に施行され，情報公開の申請はネット上において行われており，他の都市と比較しても，国際的に比較してもかなり先進的で民主的なシステムが導入されている。

ところで，上海市環境保護局政策法規処の黄偉明氏によれば，上海市の環境アセスメントに関連する立法に際しては，シンガポール，日本，韓国等のアジア諸国の制度を参考にすることが多く，欧米の制度を参考にすることは少ないという。このことは，環境保護局の専門官の留学経験に関係している。環境保護局の職員の約1割は，1年以上の外国留学経験があり，その他の職員も短期ではあるが何らかの形で海外視察等の経験を積んでいるが，費用や語学上の理由により，前出の国々に偏っている。しかし，近時は欧米留学が主流となってきており，アジア諸国への留学者は急速に減少傾向にあり，幹部の世代交代とともに欧米の制度を参考にすることになろう。

ただし，法制度等の参考は，文字通りの参考程度のものであって，特定国の制

度や概念を直接導入するようなことはない。このことは地方性法規の立法に際しては特に考慮すべきこととされており，「三特の原則」と称されている。すなわち，立法に際しては，「中国の特色」，「地方の特性」，「時代の特徴」の3つの「特」を考慮しなくてはならず，特定国に偏向した参考はもとより，外国の制度をそのまま導入することは避けなければならないのだという。

　上海市人民代表大会常務委員会法制工作委員会主任の沈国明市及び前出の上海市環境保護局政策法規処の黄氏は，環境アセスメントにおける公衆参加を，「環境質の向上に必要不可欠のものである」とする。ただし，公衆参加の概念は非常に広く捉えており，諸外国のそれと単純に比較することはできない。種類としては，「投訴」,「来信来訪（電）」,「聴証会（公聴会）」,「挙報」,「公報」などがある。

　上海市の環境アセスメントの実施に際しては，現在のところ「聴証会（公聴会）」のみが行われているが，これには行政主導のものと市民からの開催要求によるものとの2種類が存在する。いずれも希望者は誰でも参加できるが，人数が多いときには，たとえば居住区の代表者や職場の代表者などの住民代表に限定せざるを得ない[30]。

　また，大規模なプロジェクトの実施に対しては環境アセスメントを行っているが，小規模なものや都市計画に基づく開発に対しては行っていない。この点について上海市環境保護局の担当者は，特に都市開発や観光開発に際しては，住民側がそれを望んでいるので，環境アセスメントを行う必要はなく，むしろ住民は積極的に行政側の事業に協力をし，行政は彼らの意見や要望を可能な限りくみ上げており，アセスを実施する必要はないのだという。加えて，公衆参加の手続きに関する法規が存在しないため，実務上の混乱が生じているという。

　ところで，公衆参加と環境権との関係に関しては，環境権は市民の訴権を広く認めるために必要なものであると認識されている[31]。また，環境権には公法上の権利と私法上の権利とが存在し，私法上の権利としてはある程度確立している[32]。上海市の環境保護条例でも明文の規定により環境権を規定し[33]，公衆参加はこの環境権を根拠として行われている。

3　北京市の事例

　北京市では，国家法の施行細則としては，大気汚染防治法及び水汚染防治法に関するものが整備されているのみであり，環境影響評価法の実施細則も未制定である。ちなみに，独自の環境保護条例も未制定である。このような状態にあることは，北京が首都であるということから，国家法適用のモデル地区であるからだと解することも可能であるが，各種実施細則等が未制定である理由の詳細は不明である。

　国家環境保護総局環境工程評価センター国際合作部の趙欣豊女史によれば，プロジェクト事業の環境アセスメントの過程において実施される公衆参加は，アンケート調査による手法が主であるが，その手法などが未統一であるという点が大きな問題とされている。また，プロジェクト事業の構想段階におけるアセス及び公衆参加の重要性も認識されつつある。

　公衆参加そのものについては，市場経済を急速に進める中で，政府機能を転換しなければならず，政府と公民とのパートナーシップを強化するためにも公衆参加は重要であるという認識を有している。また，新公共管理の理論が導入され，公共部門に経営手法を導入し，政府，企業，市民の三者による協調・友好関係を構築することを主唱する「新公共管理（NPM = New Public Management）」の理論[34]が注目され，環境問題を解決するためには，三者の協働が重要視され，政府は企業や市民の声を聞き彼らと協議しなくてはならないとされる。

　公衆参加そのものの評価基準としては，①住民は正確かつ完全な情報を入手できたか，②公衆参加のプロセスにおいて住民が自由に意見を述べられたか，③プロジェクトの代替案を住民に公表したか，④住民が平等に参加できたか，⑤住民のフィードバックを反映できるシステムがあるかの5点が挙げられている[35]。

　しかし，中国の環境NGOのなかには，公衆参加における情報公開と情報収集，環境アセスメントの結果の公開方法についての問題があると指摘するものもある。たとえば，事業者と住民は，プロジェクトの内容や環境保全情報を得る能力が異なり，そのことによって公衆参加の積極性や有効性が低減しているという。そもそも住民が情報を得るルートは限られており，有益な情報を得られることは

減多にない。また，行政が住民に情報を開示する時期的な問題もある。たとえば，事後報告的な情報開示や開示から公聴会までの日数が少ないなどの問題がある[36]。

VI　公衆参加の基盤としての「社区」

　上海市の環境保護条例は，国家法と比してもかなり先進的であるが，これは上海市民の法意識及び環境意識と関係がある。上海は狭隘な土地であるにもかかわらず人口密度が高いため，遵法こそが自らの権利を守ることにつながるという意識を伝統的に有している。このような意識は，環境保護にも当てはまり，自発的な環境保護活動や住民からの行政への積極的な働きかけの原動力となっている[37]。

　住民の自発的な環境保護活動やNGO活動等についての状況に関しては，後述する「社区」がゴミ分別回収，電池の回収，景観保持などの自主的な取り組みを行っており，行政もこのような社区を「緑色社区」として奨励，支援している。また，現在，上海市において活動しているNGOの多くは行政協力型であり，行政施策の啓蒙普及活動の一翼を担っている。ただし，中国において欧米あるいは日本のようなNGOは期待すべきではなく，むしろ伝統的な社区がすでにその機能は十分に果たしており，今後は社区をどのように位置づけ，積極的に活用すべきかが課題となろう[38]。

　また，北京市では，2008年に開催が予定されている北京オリンピックのテーマが「緑色五輪」であるだけに，官民あげての「緑色都市」建設が推進されている。こうした動きにおいて注目されるのが，やはり社区の役割である。

　北京市人民政府は，社区を行政の末端組織として位置づけており，行政権能の一部を担わせている[39]。また，社区の事務所や運営費等は行政が提供している。他方で，社区の指導者たちはこれを行政組織とは認識していないが，あくまでも行政からの指導を住民に伝達普及させる義務を担っている自治組織であると認識している。興味深いことは，行政も社区も，社区がNGO的機能を果たすことを期待しており，将来的には社区のNGO化や第三セクター化も視野に入れていることである。

ところで,「社区」について明確な定義をなしておく必要があろう。「社区」とは"community"の中国語訳であり, 一定の地域に住む人々の生活共同体を意味する。社区自体は, 規模の面での制約を持たない概念であるが, 一般に建国後の中国の社区建設は, 区政府の派出機構である街道弁事処と, その下に設けられた住民の自治組織である居民委員会により担われてきた。しかし, 従来の居民委員会の役割は, 行政の政策の宣伝や住民間の紛争仲裁といったものに限定されていた。

　1986年には, 経済体制改革と新たな社会保障制度の建設を並行的に進めるための方策の1つとして, 民政部が社区による民政サービスの必要を最初に提唱した。その後, 改革の進展にともない, 中央政府は社区建設を次第に重要視するようになり, 1998年の行政機構改革においては,「社区におけるサービスの管理活動を指導し, 社区建設を推進する」ことが民政部の任務の1つとして明記されることになった。中央政府が社区建設を重視した理由としては, つぎの3点が考えられる。

　まず, 治安維持の必要性である。流動人口が急増し, 就業形態が多様化するとともに, 都市部の住宅が高層化することにより, 社会の末端部分に生活する都市住民の管理が困難を極めるようになったのである。住民に対する組織力の低下は, 結果として犯罪の増加を招いた。その対策として, 各社区に治安維持のための班を組織させ, 公衆参加型の治安維持・防犯のネットワークを形成する試みが進められている。

　つぎに, 社会保障及び各種住民サービスの担い手としての必要である。現在, 養老年金や医療保険, 失業保険などについては, 企業保険から社会保険への転換が図られているが, それと連動して, 養老年金や失業保険の保険給付対象者の日常的管理についても社区への移管が進められている。また, 都市住民最低生活保障の給付についても, 街道弁事処及び居民委員会の役割がすでに法定化された。さらに, 養老・医療などの住民サービスについても社区に寄せられる期待は大きい。

　さらに, 住民サービスの分野における雇用機会の創出という経済効果に対する期待も, 社区建設推進の動因の1つとなっている。労働・社会保障部が瀋陽, 青島, 長沙, 成都の4都市の1600戸を対象に行った調査によると, 社区による

清掃, 家電修理, 新聞配達, 保安, 住宅改築等のサービスを必要とする家庭は40%に達するという。

このような, いわば新しい共同体としての社区が, 環境保護活動の主体として期待されることは必然的結果であった。上述のように, 社区はそこに居住する住民のために, 行政では行き届かないような各種サービスを提供する機能を担っている。環境保全活動も, 社区の住民に対するサービスの提供であるが, 社区ごとに抱えている環境問題は異なり, 行政がその管轄する地域全域に提供するサービスでは不十分である。したがって, 社区が自主的に, 自らに合致した方法で環境保護活動を行う必要がある。たとえば, 北京市宣武区にある椿樹園社区 (人口約1万人) では, 2003年から, 街道弁事処, 社区居委会, NGO北京地球村の指導のもとで, 住民が自発的に社区居民公共環境議事会をつくり, 独力で社区内の環境問題を解決するよう目指している。また, 居民公共環境議事会は, ゴミ分別班, ペット班, ゴミ資源化班, 省エネ班, 廃棄自転車処理班の5つの班に分かれて活動している。当該議事会の構成員は, 基本的にはすでに退職した住民の代表からなるが, 大学生や若い社会人なども加わっている。こうした社区における住民の自発的な行動が, 公衆参加の基盤となっていることは確かであろう。

おわりに

2002年の環境影響評価法において規定された公衆参加に対しては, 同法が, 住民と専門家が参加する計画と建設プロジェクトの環境影響評価の範囲, 手続, 方式及び住民の意見の法的地位に対して明確に規定していることから, 今後は大衆が異議を申立てるだけでなく, 積極的な提言をすることになろうという評価がなされている[40]。

しかし, 先決問題は, いかに民意を反映できる公衆参加を行うかという問題であって, 公衆参加を実施しているという既成事実ではない。中国の環境法分野では, 1979年環境保護法 (試行) 以来主唱されてきた「環境保護全人民事業論」及び「大衆路線」という考え方が存在する。これらを人民の責務や義務という強い表現で捉える考え方[41]があるが, 積極的な協力を仰ぐという感覚で捉えればよ

いのではないだろうか。むしろ，責務や義務を負うのは協力を仰ぐ側である。協力を仰ぐ以上は，協力者である住民に然るべき情報の提供や環境意識の向上・改善の努力を行う必要がある。このような努力がなされれば，たとえ行政主導型の公衆参加であっても，それは民意を十分に反映することのできるシステムとして成り立ち，立派な公衆参加としてその存在を主張できるものと思われる。

ところで，周知の通り中国では公害等による環境被害者が急増しており，被害救済をめぐる訴訟が頻発している。2002年には福建省において，大気汚染に苦しむ被害者1721人が原告となって，汚染源となった地元企業を被告として汚染差止等を求める訴訟を提起している[42]。中国の環境訴訟において注目したいのは，わが国が経験してきた一連の公害訴訟上の克服点に加えて，問題の発見，問題意識の共有，そして原告に対する訴訟支援という点である。中国の，とりわけ内陸部の公害被害者の多くは，被害そのものを認識できていない場合もある。どこにどのような問題があり，それによって何が発生しているのかを的確に把握するためには，いわゆる環境NGO等の力が必要となろう[43]。当然のことながら，問題意識を広く大衆が共有するためには行政機関等からの情報公開が必要である。大衆は常に公開される情報にアクセスし，これを昇華して具体的な問題解決に結びつけ，能力があれば政策提言を行うことになる。環境権を憲法上の基本権と位置付けるのか，それとも訴権として位置付けるのかという議論はわが国でもこれまで盛んになされてきたが，筆者は，中国の環境権というのは大衆活動の基になるものの総和であると認識する。近時は，環境公益訴訟に関する研究も盛んになってきている。この問題に関しては別稿に譲るが，国家機関が実施する環境保護活動に対して，大衆がいかに情報を得て（知る権利），活動に関与（公衆参与の権利）するのかを正当化するのが中国的環境権であり，個人の権益保護を主張するための訴権は別途構成されるという構造がおぼろげながら見えてきたようでもある。しかし，いずれにせよ環境権あるいは公衆参与がキーワードとなって，中国の環境保護活動の在り方が，かつてとは異なる意味での大衆路線に基づいており，そこに中国式の民主化の方法が潜在しているのではないだろうか。かつて，同じ分野を研究するある大先輩が，「中国では，環境問題が新しい革命の源となり得る」と繰り返し述べられていた。なるほど，環境民主の原則によって，中国社会はいま大きな変革期を迎えているのではないだろうか。

〈注〉

1　小賀野晶一「途上国の環境保全のための理念と法的枠組み」野村好弘・作本直行編『地球環境とアジア環境法』アジア経済研究所，1996 年，159 頁は，本条は訴権を認めているものと考える。
2　肖隆安「関于環境法体系若干問題的研究年，『中国環境科学』1990 年第 5 期 372 頁。
3　陳仁主編『環境法概論』法律出版社，1996 年，118 頁，陳仁・朴光洙主編『環境執法基礎』法律出版社，1997 年，94 頁，李飛君「在環境評価中導入聴証制度的必要性」『環境保護』1996 年第 4 期 28 頁等。陳仁主編『環境法概論』法律出版社，1996 年，117 頁によれば，大衆路線が中国の環境保護の重要な原則のひとつとされている理由としては次の 2 点が挙げられる。第 1 は，環境を保護し，人民大衆の健康を保証し，経済の発展を促進させることは，人民を幸福にする公益事業であり，人民の根本的な利益に適合していることである。これは，公民の権利であるだけでなく，公民の義務でもあり，各人が権利と義務をそれぞれ有し，環境を保護し，改善するために努力するものである。したがって，広範な人民大衆が有している環境保護への強烈な願望と要求が，この原則を通じて彼らの積極性を引き出し，環境保護の目的を達成させることが十分できるのである。第 2 は，汚染防治および環境保護の内容は複雑多岐であり，各個人及び各単位の全てが，直接的，間接的に環境の質的情況に影響するのだから，環境保護機関や少数の者に頼るだけでなく，各種および広範な人民大衆の才能に依拠して上手に行う必要があるということである。
4　陳仁主編『環境法概論』法律出版社，1996 年，118 頁。
5　金瑞林主編『環境法学』北京大学出版社，1990 年，111-114 頁。
6　蔡守秋主編『環境法教程』法律出版社，1995 年，33-35 頁。
7　陳茂雲「論公民環境権」『政法論壇』1990 年第 6 期 36 頁。
8　侯明光「論公民環境権」『法律科学（西北政法学院学報）』1991 年第 5 期 44-45 頁。
9　謝友寧「試論環境影響評価法立制度進一歩的完善」『環境保護』1997 年第 4 期 39 頁。
10　片岡直樹『中国環境汚染防治法の研究』成文堂，平成 9 年，535 頁。
11　呂忠梅『環境法』法律出版社，1997 年，134 頁。呂教授はさらに，住民参加のあるべき形態として，国家の環境管理の予測及び政策決定過程における参加は，選挙，討論，批評等の形態で行われるべきであり，開発利用に対する国家管理過程や環境保護監督活動における参加は公聴会が望ましいとする。
12　陳徳敏『環境法原理専論』法律出版社，2008 年，142-143 頁。
13　同上 149 頁。
14　事件の概要は，解振華主編『中国環境典型案件与執法提要』中国環境科学出版社，1995 年が詳しい。
15　憲法において地方自治の規定を有するわが国とは異なり，中国憲法には地方自治および地方公共団体に関する規定は存在しない。つまり，中国においては，地方自治体あるいは地方公共団体という概念はなく，地方政府はあくまでも国家機関の構成部分と位置づけられているのである。他方で，中央政府を代表する全国人民代表大会およびその常務委員会は，「国の唯一の立法機関」ではなく，憲法および「地方各級人民代表大会及び地方各級人民政府組織法（以下，組織法とする）」は，省，自治区および直轄市の人民代表大会が，憲法，法律及び行政法規に抵触しないことを前提として地方性法規を制定することを認めている（憲法 100 条，組織法 7 条 1 項）。また，省，自治区の人民政府の所在地である市および国務院の認可を得た比較的大きい市の人民代表大会も，当該市の具体的状況や実際上の必要性に基づいて，憲法，法律，行政法規及び当該省及び自治区の地方性法規と抵触しないことを前提として地方性法規を制定し，省及び自治区の人民代表大会常務委員会に報告して承認を受けた後にこれを施行することが認められている（組織法 7 条 2 項）。しかし，憲法や

組織法が地方政府に制定を認めている地方性法規の内容については，憲法，法律，行政法規および当該省及び自治区の地方性法規と抵触しないことを前提とするという簡単な条件があるものの，具体的にどのような事項が法規において規定可能であるのかについては不明であった。

「立法法（2000年7月1日施行）」によれば，地方性法規において規定できる事項は，法律，行政法規により規定できる事項，及び地方性事務に属し，地方性法規を制定する必要のある事項とされている（64条）。他方で，地方人民代表大会の制定権の及ばない事項は，刑事に関すること，裁判・検察制度，訴訟手続，国防・外交・軍事などの国家主権に関わること，国有財産に関すること，基本政治制度に関すること，基本経済制度に関することなどとされている（8条）。しかし，憲法や法律の枠を越えた大胆な改革措置（破産，株式会社，証券取引，国有土地使用権有償譲渡など）や計画出産などの重大な人権，人民の利益にかかわる制度や事項について規定されることがあると考えられている。つまり，制定権の及ばない事項以外であれば，地方政府が独自の地方性法規を制定できる裁量権は比較的広範にわたっていると考えられよう。

ところで，地方性法規は，一般的には「地方性規定」と「地方性規章」の2種類に分けられる。このうち，前者は地方政府の部や委員会が立法し，地方人民代表大会において採択されるため裁判規範となりうるが，後者は地方政府の各局が局長の許可を経て公布するため裁判規範とはなりえない。つまり，民意を反映する民主的手続によって制定された法規であるか否かが重視されているのである。また，裁判において国務院の部（わが国の「省」に相当する）が制定した規章と地方性法規が抵触した場合，その効力は等しきものとして扱われ，事案に即していずれかが裁判規範として選択される。

16　山東省環境保護条例（1996年12月14日採択，2001年12月7日改正）6条「1項　公民は良好な環境を享受する権利を有する」

同条2項「全ての単位及び個人は環境を保護する義務を負い，環境を汚染し，破壊する行為に対して通報及び告発する権利を有し，かつ環境汚染による損害に対して賠償を請求する権利を有する」

17　福建省環境保護条例（1995年7月5日採択・公布，1995年10月1日施行）9条2項「公民は良好な環境を享受する権利を有し，かつ，環境を保護する義務を負う」

18　上海市環境保護条例（1994年12月8日採択，1995年6月1日施行，1997年5月27日改正条例採択，1997年7月1日施行）6条「公民は良好な環境を享受する権利を有し，環境を保護する義務を負う。全ての単位及び個人は，環境を汚染し，破壊する行為に対して通報及び告発する権利を有する」

19　寧夏回族自治区環境保護条例（1990年4月17日採択）8条「全ての単位及び個人は，良好な環境を享受する権利を有し，かつ，環境を保護する義務を負う。環境を汚染し及び破壊する行為に対して，通報及び告発する権利を有する」

20　重慶市環境保護条例（1998年5月29日採択・公布，1998年7月1日施行）8条1項「全ての単位及び個人は環境を保護する義務を負い，環境を破壊し及び損害を与える行為に対して通報及び告発する権利を有する。環境汚染の危害によって直接損失を受けた単位及び個人は，加害者に対して危害の排除及び損失の賠償を要求する権利を有する」

21　尹力主編『今日説法（2001年3号）』（中国人民公安大学出版社，2001）157-164頁。

22　上海市環境保護条例4条「本市の環境保護活動の原則：…（5）専門管理と公衆参加を結合させること」

同15条「環境保護計画を策定し，あるいは環境に対して汚染をなし得る大規模ないし中規模のプロジェクトを建設するには，様々な形式を用いて住民の意見を聴取しなければならない」

23　福建省環境保護条例3条「環境保護は以下の原則を遵守しなければならない：…（5）専門管理

と公衆参加を結合させること」

24　山東省環境保護条例3条「環境保護は以下の原則を遵守しなければならない：…（7）政府の管理と公衆参加を結合させること」

　　35条「大規模ないし中規模の建設プロジェクトおよび特定のプロジェクトが環境に対して汚染および破壊をなし得る場合は，様々な形式を用いて住民の意見を聴取し，必要なときは公示あるいは聴聞を行うことができる」

25　例えば，「上海市市容環境衛生管理条例」，「江蘇省エネルギー節約条例」，「浙江省歴史文化古都保護条例」，「福州市歴史文化古都保護条例」，「青島市都市計画条例」，「湖北省大気汚染防治条例」など。

26　原告代表である楊衛光氏は，独自のホームページ（http://www.dlsun.org/）を開設して，本件事件の顛末と訴訟の進捗状況等について詳細に紹介している。

27　『法制日報』2004年12月10日第2版。

28　王樹義主編『環境法系列専題研究（第一輯）』（科学出版社，2005）14-17頁。

29　周訓芳『環境権論』（法律出版社，2003）205-209頁。

30　尹継佐主編『2004年上海社会発展藍皮書—小康社会：従目標到模式』上海社会科学院出版社，2004年，182頁。

31　尹継佐主編『2004年上海社会発展藍皮書—建設循環経済型的国際大都市』上海社会科学院出版社，2004年，112頁，徐祥民・田其雲等『環境権—環境法学的基礎研究』北京大学出版社，2004年，170-179頁。

32　前註27周書262-267頁。

33　上海市環境保護条例6条「公民は良好な環境を享受する権利を有し，環境を保護する義務を負う。全ての単位及び個人は，環境を汚染し，破壊する行為に対して検挙及び告発する権利を有する」

34　新公共管理論について法的側面から扱った邦語文献としては，山村恒年編『新公共管理システムと行政法』信山社，2004年，小林武・見上崇洋・安本典夫編『「民」による行政』法律文化社，2005年がある。自治体経営あるいは行政経営と称されることもある。近時の中国においても，社区を理論的に説明付けるために同理論が盛んに援用される傾向があり，関連する文献も数多く出版されている。たとえば，張塁主編『社区行政與管理』中国軽工業出版社，2003年，王偉『政府公共権力効益問題研究』人民出版社，2005年，常鉄威『新社区論』中国社会出版社，2005年，于雷・史鉄尓主編『社区建設理論與実務』中国軽工業出版社，2005年などが理論的に詳細に記述している。

35　李艶芳『公衆参与環境影響評価制度研究』中国人民大学出版社，2004年，93-96頁。

36　前註28王書60頁。

37　尹継佐主編『2004年上海社会発展藍皮書—培育上海城市精神』上海社会科学院出版社，2004年，42-48頁。

38　前註35李書8-9頁。

39　雷潔琼主編『転型中的城市基層社区組織—北京色相社区組織與社区発展研究』北京大学出版社，2001年，5-56頁。

40　「重慶積極評価環境影響評価法」『中国環境報』2003年9月6日第1版。

41　肖隆安「関干環境法体系若干問題的研究」『中国環境科学』1990年第5期372頁。

42　本件訴訟の概要に関しては，櫻井次郎「環境公害訴訟の事例研究」北川秀樹編著『中国の環境問題と法・政策』法律文化社，2008年，84頁以下に詳しい。

43　公害被害者への救済支援をいち早く手がけた中国政法大学「公害被害者法律援助センター（CLAPV）」の活動は着目すべきものであり，当該活動の経緯と詳細については相川泰『中国汚染』ソフトバンク新書，2008年，203頁以下に詳しい。

[編著者]

永野 秀雄（ながの　ひでお）
法政大学人間環境学部教授
米国ゴンザガ法科大学院ジュリス・ドクター・コース卒，米国ジョージ・ワシントン大学法科大学院LL.M.コース卒。専門は日米比較法。単著に『電磁波訴訟の判例と理論』（三和書籍，2008年），共著に『先端科学技術と法—進歩・安全・権利』（日本学術協力財団，2004年），『我が国防衛法制の半世紀』（内外出版，2004年）など。

岡松 曉子（おかまつ　あきこ）
法政大学人間環境学部准教授
上智大学大学院法学研究科博士後期課程単位取得満期退学。専門は国際法。共著に『地球環境条約』（有斐閣，2005年），『環境法へのアプローチ』（成文堂，2007年）など。

[著者]（五十音順）

青木 節子（あおき　せつこ）
慶應義塾大学総合政策学部教授
カナダマッギル大学法学部附属航空・宇宙法研究所博士課程修了。D.C.L.（法学博士）。専門は国際法，宇宙法。単著に『日本の宇宙戦略』（慶應義塾出版会，2006年），共著に『国際社会とソフトロー』（有斐閣，2008年），『核軍縮不拡散の法と政治』（信山社，2008年）など。

奥田 進一（おくだ　しんいち）
拓殖大学政経学部准教授
早稲田大学法学部卒業，早稲田大学大学院法学研究科修士課程修了。専門は民法，環境法，中国法。単著に『農業法講義』（成文堂，2008年），共著に『環境法へのアプローチ』（成文堂，平成19年）など。

勢一 智子（せいいち　ともこ）
西南学院大学法学部教授
九州大学大学院法学研究科博士課程単位取得退学。ドイツ連邦共和国コンスタンツ大学法学部客員研究員（2002年10月～2003年9月，2005年10月～2006年3月）。専門は，行政法，環境法。近著として，『確認環境法用語230』（成文堂，2009年，共編），『環境ビジネスリスク—環境法からのアプローチ』（（社）産業環境管理協会，2009年，共著）など。

長井 正治（ながい まさはる）
国際連合環境計画（UNEP）環境法条約局上級法務官
早稲田大学大学院政治学研究科修士課程修了。専門は国際法。1988年より現在（2010年）にいたるまでUNEP本部（ナイロビ）に勤務し、国際環境条約の形成や国際環境政策の策定のための多国間交渉に事務局の法制度専門家として従事してきた。

中西 優美子（なかにし ゆみこ）
専修大学法学部教授
2000年一橋大学法学研究科博士後期課程退学，1999年ドイツ・ミュンスター大学法学博士取得。専門はEU法。共著に『EU論』（放送大学教育振興会，2006年），『EU環境法』（慶應義塾大学出版会，2009年），『EU法基本判例集』（第2版）（日本評論社，2010年）など。

柳 憲一郎（やなぎ けんいちろう）
明治大学法科大学院教授
筑波大学大学院環境科学研究科修了，ケンブリッジ大学客員研究員（1995～1996）。専門は環境法。単著に『環境法政策』（清文社，2001年），『環境アセスメント法』（清文社，2000年），共著に，『ロースクール環境法（補訂第二版）』（成文堂，2010），『多元的環境問題論（増補改訂版）』（ぎょうせい，2010），『環境法［第3版補訂版］』（有斐閣，2006年）など。

吉田 脩（よしだ おさむ）
筑波大学大学院人文社会科学研究科准教授
連合王国エディンバラ大学法科大学院国際公法学専攻博士課程修了。Dr.Phil.（国際法）。墺国ヴィーン大学法学部国際法・国際関係研究所客員研究員（2004年～2005年）。専門は国際法。単著に，International Legal Régime for the Protection of the Stratospheric Ozone Layer: International Law, International Régimes and Sustainable Development (Kluwer Law International, London/The Hague, 2001)，共編書に『近代国際関係条約資料集―帝国主義期ヨーロッパ外交の発展―』第19～22巻（龍渓書舎，2006年），共訳書に『国際環境法』（慶應義塾大学出版会，2007年）など。

環境と法
国際法と諸外国法制の論点

2010年5月25日　第1版第1刷発行

編著者　永　野　秀　雄
　　　　©2010 Hideo Nagano
　　　　岡　松　暁　子
　　　　©2010 Akiko Okamatsu

発行者　高　橋　　　考
発　行　三　和　書　籍

〒112-0013　東京都文京区音羽2-2-2
電話 03-5395-4630　FAX 03-5395-4632
sanwa@sanwa-co.com
http://www.sanwa-co.com/
印刷／製本　モリモト印刷株式会社

乱丁、落丁本はお取替えいたします。定価はカバーに表示しています。
本書の一部または全部を無断で複写、複製転載することを禁じます。

ISBN978-4-86251-083-9 C2032

三和書籍の好評図書

生物遺伝資源のゆくえ
知的財産制度からみた生物多様性条約

森岡一 著
四六判　上製　354頁　定価：3,800円＋税

●生物遺伝資源とは、遺伝子を持つすべての生物を表す言葉であり、動物や植物、微生物、ウイルスなどが主な対象となる。漢方薬やコーヒー豆、ターメリックなど多くの遺伝資源は資源国と先進国で利益が鋭く対立する。その利益調整は可能なのか？　争点の全体像を明らかにし、解決への展望を指し示す。

【目次】
- 第1部　伝統的知識と生物遺伝資源の産業利用状況
- 第2部　生物遺伝資源を巡る資源国と利用国の間の紛争
- 第3部　伝統的知識と生物遺伝資源
- 第4部　資源国の取り組み
- 第5部　生物遺伝資源の持続的産業利用促進の課題
- 第6部　日本の利用企業の取り組むべき姿勢と課題

知的資産経営の法律知識
—知的財産法の実務と考え方—

弁護士・弁理士／影山光太郎著
A5判　並製　300頁　2,800円＋税

●本書は、「知的資産経営」に関する法律知識をまとめた解説書です。「知的資産経営」とは、人材、技術、組織力、顧客とのネットワーク、ブランドなどの目に見えない資産（知的資産）を明確に認識し、それを活用して収益につなげる経営を言います。本書では、特許権を中心とした知的財産権を経営戦略に利用し多大の効果が得られるよう、実践的な考え方や方法・ノウハウを豊富に紹介しています。

【目次】
- 第1章　知的財産権の種類
- 第2章　知的財産権の要件
- 第3章　知的財産権の取得手続
- 第4章　知的財産権の利用
- 第5章　知的財産法と独占禁止法
- 第6章　知的財産権の侵害
- 第7章　商標権及び意匠権の機能と利用
- 第8章　著作権の概要
- 第9章　不正競争防止法
- 第10章　その他の知的財産権
- 第11章　産業財産権の管理と技術に関する戦略
- 第12章　知的財産権を利用した経営戦略
- 第13章　知的財産権の紛争と裁判所、b弁護士、弁理士
- 第14章　知的財産権に関する国際的動向